山东省大中小学海洋文化教育研究指导中心推荐

职业院校海洋通识教育教材

# 海洋中国

威海海洋职业学院　编

中国海洋大学出版社

·青岛·

**图书在版编目（CIP）数据**

海洋中国／威海海洋职业学院编 . —青岛：中国海洋大学出版社，2024.7

ISBN 978-7-5670-3768-7

Ⅰ . ①海… Ⅱ . ①威… Ⅲ . ①海洋 – 文化史 – 中国 – 教材 Ⅳ . ① P7-092

中国国家版本馆 CIP 数据核字（2024）第 026578 号

MARITIME CHINA

海洋中国

| | |
|---|---|
| **出版发行** | 中国海洋大学出版社 |
| **社　　址** | 青岛市香港东路23号　　　邮政编码　266071 |
| **网　　址** | http://pub.ouc.edu.cn |
| **出 版 人** | 刘文菁 |
| **选题策划** | 孟显丽 |
| **责任编辑** | 孟显丽　孙宇菲　　　　电　　话　0532-85902121 |
| **电子信箱** | 1079285664@qq.com |
| **印　　制** | 青岛国彩印刷股份有限公司 |
| **版　　次** | 2024 年 7 月第 1 版 |
| **印　　次** | 2024 年 7 月第 1 次印刷 |
| **成品尺寸** | 210 mm × 285 mm |
| **印　　张** | 16.75 |
| **字　　数** | 295 千 |
| **印　　数** | 1 ~ 8900 |
| **定　　价** | 52.80 元 |
| **订购电话** | 0532-82032573（传真） |

发现印装质量问题，请致电 0532-58700166，由印刷厂负责调换。

## 总顾问

曲金良　国家重大学术工程主持人，国家社科基金重大项目首席专家，集美大学"杰出人才"岗位教授，国务院政府特殊津贴专家，兼任中国中外关系史学会副会长、海洋文化教育联盟副会长

## 顾　问

王海涛　中国海洋大学教育系主任、海洋文化教育研究中心副主任，教育部信息化教学指导专委会委员，中国教育发展战略学会教育教学创新专委会副理事长，教授
吴克俭　中国海洋大学海洋与大气学院教授，博士生导师
刘怀山　中国海洋大学海洋地球科学学院教授，博士生导师
苏文菁　福建海洋文化研究中心主任，海上丝绸之路区域发展与文化传承研究院首席专家，福州大学教授
万志强　中国人民解放军海军博物馆展馆宣教主任，高级工程师
吉　国　原国家海洋局北海分局潜航员管理办公室主任、大洋调查设备技术管理中心主任

## 总策划

王海涛　刘宗寅　刘文菁　王星淘

## 执行策划

刘宗寅　于春晓　孟显丽

## 主　编

王星淘　于春晓

## 副主编

（以姓氏笔画为序）

甘晓燕　刘　航　杨　琼　季岸先　黄　翔

## 编　者

（以姓氏笔画为序）

于春晓　王月凯　王星淘　冯阳阳　吕云云　高洪霞

海洋是生命的摇篮、资源的宝库、交通的命脉、战略的要地，与人类的生存与发展息息相关。

我国是一个陆海兼备的大国，拥有约960万平方千米的陆地国土，主张管辖海域面积约为300万平方千米，分布在广袤海域中的海岛有11 000多个，大陆海岸线和海岛海岸线长约32 000千米。这样的地理环境孕育了海洋文化，使中华民族成为人类海洋文化的主要缔造者之一。萌芽于商周、发展于春秋战国、形成于秦汉、兴于唐宋、盛于元明，持续了2 000多年的古代海上丝绸之路，是古代东西方经贸往来和文化交流的重要载体，影响深远；郑和七下西洋是我国古代规模最大、历时最久的系列海上航行，堪称世界航海史上的空前壮举，意义非凡。

海洋为中华民族的发展与繁荣做出了重要贡献。"海洋强，则国家强；海洋兴，则民族兴。"我国的海洋经济、海洋科技、海洋文化、海洋国防等海洋事业在新中国成立后获得了重塑，尤其在改革开放后得到了迅速发展。党的十八大提出"建设海洋强国"，党的十九大要求"坚持陆海统筹，加快建设海洋强国"，党的二十大强调"发展海洋经济，保护海洋生态环境，加快建设海洋强国"，建设海洋强国是实现中华民族伟大复兴的重要战略任务。2013年10月，习近平主席访问东盟国家时提出共建21世纪海上丝绸之路的倡议，引领丝绸之路沿线国家和地区共同实现可持续发展。如今，海洋强国建设如火如荼，有力地促进着中国式现代化发展、推动着中华民族伟大复兴；共建21世纪海上丝绸之路，带动着沿线国家和地区的经济发展，推动着人类文明的交流互鉴，为区域经济融合、文化包容、政治互信、安全保障等注入强劲活力。

海洋是全球合作与发展的重要领域。海洋环境应由世界各国共同保护，海洋资源应由世界各国共同享用，海洋事务应由世界各国共同管理。面对全球海洋生态环境问题日益严峻、海上安全问题层出不穷、海洋治理面临各种挑战的形势，2019年4月，习近平主席提出"构建海洋命运共同体"重要理念，从全新视角阐释了人类与海洋和谐共生的关系，为全球海洋治理提供了中国方案、贡献了中国智慧。

为建设海洋强国和构建海洋命运共同体，习近平总书记一再强调要关心海洋、认识海洋、经略海洋。为此，实施海洋教育十分重要。为对大学生进行海洋通识教育，在大学生中普及海洋知识、弘扬海洋文化，增强大学生的海洋意识，提升大学生的海洋素养，山东省大中小学海洋文化教育研究指导中心、中国海洋大学海洋文化教育研究中心、中国海洋大学出版社和威海海洋职业学院共同策划并由威海海洋职业学院编写了《海洋中国》这本教材，这是一件非常有意义的事情。希望当代大学生，在习近平新时代中国特色社会主义思想的指引下，树立不负人民的家国情怀，培养正确的海洋价值观与可持续发展观，为海洋强国建设贡献自己的力量。

2024年7月12日

（吴德星　国际欧亚科学院院士，物理海洋学家，中国海洋大学原校长、教授、博士生导师）

# 加强海洋教育　提升海洋素养

　　为了建设社会主义现代化强国、实现中华民族伟大复兴，党的十八大提出"建设海洋强国"，党的十九大要求"坚持陆海统筹，加快建设海洋强国"，党的二十大强调"发展海洋经济，保护海洋生态环境，加快建设海洋强国"，建设海洋强国已成为推进中国式现代化的重大战略举措。随着海洋强国战略的深入实施，我国普及性海洋教育蓬勃发展起来，并由以普及海洋知识为主，发展到以增强海洋意识为主，再发展到以培养海洋素养为主。现在，包括普及性海洋教育在内的海洋教育已成为海洋强国战略的重要支撑之一。

　　"素养"一般指人的修养，是沉淀在人身上的对人的生活、学习、工作、发展有价值、有意义的品质，表现为人在特定情境中综合运用知识、技能分析、解决问题的能力。海洋素养是一个人在看待和处理海洋问题时所表现出来的素养，具有较高海洋素养的人能够正确地理解人类与海洋的关系、自觉地维护人类与海洋的和谐共生，因此实施以培养人的海洋素养为核心目标的海洋教育已成为国内外海洋教育界的基本共识。

　　2017年6月召开的联合国支持实施可持续发展目标SDG14的高级别会议，为进一步在国际上推广海洋素养概念和框架提供了平台。联合国教科文组织与相关机构和合作伙伴提交的《全民海洋素养：提高保护、恢复和可持续利用海洋意识的全球战略》报告提出"全民海洋素养"行动计划，指出要"鼓励海洋教育方面的合作与交流，以改善海洋文化框架；提高海洋与人民日常生活之间双向互动的意识，使公民能够调整日常行为；采用创新手段培养具有海洋文化素养的公民，承认环境挑战，并就海洋管理和海洋资源利用问题作出系统的知情和负责任的决定"。此外，联合国海洋会议（UN Ocean Conference）以"行动呼吁"的形式，以协商一致的方式通过了政府间达成的声明，"支持促进海洋相关教育的计划，例如将其作为教育课程的一部分，以提升海洋素养和保护、恢复和可持续利用我们海洋的文化"。2017年12月联合国教科文组织发布的《全民海洋素养：工具包》，介绍了海洋素养的定义、发展历史、核心原则以及活动案例，为世界各地的教育者提供工具、方法和资源，以推动以海洋素养为中心的海洋教育工作。2021年，《联合国"海洋科学促进可持续发展国际十年"内的海洋素养行动框架》发布。该行动框架包含三部分内容：一是介绍海洋素养（涉及海洋认知、海洋意识、海洋教育和海洋文化等）及其对"海洋十年"的重要作用，二是提出海洋素养行动框架，三是描述现有海洋素养发展措施与"海洋十年"参与机制之间的相互联系。

　　习近平总书记关于建设海洋强国的系列重要论述为我国海洋教育的开展指引了方向、提供了遵循。我们应在习近平新时代中国特色社会主义思想指引下，实施以培养人的海洋素养为核心的海洋教育，将海洋教育目标提升到培养人的海洋素养的层次。

为此，中国海洋大学海洋文化教育研究中心组织了为期三年多的学生海洋素养专项研究。为了在习近平新时代中国特色社会主义思想指引下，落实立德树人教育根本任务的要求，努力培养和发展学生的海洋素养，中国海洋大学海洋文化教育研究中心初步提出培养和发展学生海洋素养的4个层面和12个基本要点。

## ● 认知层面

**丰富海洋知识**　丰富海洋自然科学知识，初步了解海洋现象、性质和发展变化规律，具有一定的分析海洋现象、探究海洋奥秘的能力；丰富海洋社会科学知识，认识到人与海洋和谐共生的重要性和必要性，理解维护国家的海洋权益和海洋安全的重要意义；丰富海洋人文科学知识，理解海洋文化的丰富内涵，认识到中国海洋文化历史悠久、源远流长、丰富多彩、特色鲜明，是中华文明的重要组成部分；具有自主学习、数字化学习和终身学习海洋知识的意识和能力，能够不断地完善海洋知识体系、丰厚海洋文化积淀。

**理解海洋价值**　了解海洋的生态价值、气候作用、资源功能和空间意义，认识到海洋是人类生存与发展的重要基础、海洋始终伴随着人类文明进步的脚步，树立起正确的海洋价值观；了解我国既是陆地大国，也是海洋大国，主张管辖的海域面积约为300万平方千米，认识到海洋在我国维护国家主权、安全和发展利益，建设社会主义现代化强国，实现中华民族伟大复兴中的重要作用；了解海洋在国际政治、经济、军事、科技等领域竞争中的突出战略地位，能够认真学习和积极践行构建海洋命运共同体理念。

**发展海洋思维**　了解海洋思维是一种开放性思维、包容性思维和协作性思维，相较于陆地思维具有更显著的"开放包容、互动交换、协同合作、勇于创新"等特征，更能顺应新时代发展的需要；理解海洋思维始终伴随着危机意识和竞争精神；认识到更高水平改革开放需要海洋思维，构建人类命运共同体需要海洋思维；能够主动地发展海洋思维，建立起以"开放包容、相互合作"为核心的海洋思维模式，具有较高的运用海洋思维分析、解决问题的能力。

## ● 情感层面

**欣赏海洋之美**　了解海洋美是包括海洋景观美、海洋社会美、海洋科技美、海洋艺术美等的多元之美，具有发现、感知、欣赏、评价和表达海洋美的兴趣和能力；认识到海洋绘画、海洋雕塑、海洋摄影、海洋音乐、海洋戏剧等海洋艺术形式不仅表达了海洋之美，而且展现了人类与自然之间相互依存、共同发展的和谐关系；了解海洋美是美丽中国的重要组成部分，熟知我国海洋艺术的杰出成就以及海洋艺术对于促进我国社会发展和文明进步的重要意义，能够积极宣传中国海洋之美。

**厚植海洋情怀**　认识到海洋与人类的生存与发展息息相关，对海洋抱有崇敬之情和感恩之心，能够像对待生命一样关爱海洋；知道浩瀚深邃的海洋奥秘无穷，具有探索海洋奥秘的浓厚兴趣，能够主动地为认识海洋造福人类而走向海洋、亲近海洋；赞赏海洋"生生不息，潜力无限"的特质，树立起海洋般宏大的家国情怀，充满民族自豪感和爱国热情，积极投身于建设海洋强国、实现中华民族伟大复兴的宏伟事业之中。

**崇尚海洋精神**　认识到中华海洋精神是中华民族的海洋价值取向、思维方式和优秀品质的集中反映，具体表现为"天人合一"的哲学精神、"海纳百川"的包容精神、"战风斗浪"的拼搏精神、"以苦为乐"的奉献精神、"四海一家"的和合精神、"勇立潮头"的创新精神；理解现代中华海洋精神的"开放包容、和平发展、开拓创新、与时俱进"和"关注海洋、以海图强、统筹兼顾，人海和谐"的价值追求，能够积极主动地学习中华海洋精神、弘扬中华海洋精神、践行中华海洋精神。

## ● 意志层面

**尊重海洋属性**　认识到海洋是地球上的客观存在，是一个由固态、液态、气态物质组成且无生命物质与有生命物质物共存的复杂统一体；理解海洋像地球上其他的客观事物一样，具有自己的自然属性及其所决定的发展变化规律，而且这种自然属性和发展变化规律不以人的意志为转移，人类应当顺应海洋的自然属性和发展变化规律；能够积极主动地了解海洋的自然属性和发展变化规律，尊重海洋的自然属性和发展变化规律，促进人海和谐共生良好关系的建立。

**遵循海洋伦理**　了解海洋伦理是人类在开发与利用海洋过程中形成的人与人、人与社会、人与海洋关系所应遵循的行为准则和行为规范；认识到人类在开发利用海洋资源的过程中，必须遵循一系列原则和道德规范，以确保海洋资源的可持续利用和海洋生态系统的健康；认识到当代人所拥有的开发利用海洋资源的权利和所承担的保护海洋资源的义务都是平等的，每一代人都要为下一代人保存丰富的资源、保护良好的环境；能够遵循海洋伦理来认识海洋的开发与利用问题，规范涉海行为。

**维护海洋法治**　了解国内以及国际上有关海洋的法律法规，理解海洋立法对于开发利用海洋资源、发展海洋经济、保护海洋环境、维护海洋权益和海洋安全等的重要意义，认识到依法治海会让人类与海洋更加和谐，能够促进人类社会与海洋的可持续发展；知道我国全面推进依法治海、加速建设法治海洋是贯彻依法治国的应有之义与建设海洋强国的基本保证，能够认真学习和践行海洋法律法规，积极宣传依法治海，支持国家法治海洋建设。

## ● 行为层面

**建设海洋强国**　了解"依海富国、以海强国、人海和谐、合作共赢"是我国新时代海洋观的核心，认识到建设海洋强国是中国特色社会主义事业的重要组成部分，是实现中华民族伟大复兴的重大战略任务，共建21世纪海上丝绸之路是建设海洋强国、实现中华民族伟大复兴的重大战略举措；认识到新时代学生在建设海洋强国、实现中华民族伟大复兴新征程中的使命任务与责任担当，能够积极主动地学好建设海洋强国的本领，深入了解和积极宣传我国建设海洋强国和共建21世纪海上丝绸之路所取得的伟大成就。

**参与海洋治理**　了解海洋是人类寻求解决陆地资源匮乏、环境恶化、人口膨胀三大难题的希望所在；认识到当今全球海洋所面临的海洋健康问题、不合理地开发利用海洋资源问题和非传统安全问题等，理解全球海洋治理的紧迫性和重要性；认识到构建海洋命运共同体理念为全球海洋治理指明了前进方向，为建设和呵护美丽繁荣的海洋家园提供了中国方案，能够认真学习、积极宣传、主动践行构建海洋命运共同体理念，以保护海洋环境的实际行动助推全球海洋治理。

**热心海洋实践**　了解人类的海洋探索之旅，认识到人类开发、利用和保护海洋等实践活动对于人类社会发展的重要影响；理解海洋技术对于海洋开发、利用、保护等海洋实践活动的重要作用，熟知我国在海洋技术方面取得的重大成果；能够积极主动地参与包括海洋研学活动、海洋宣传活动和海洋公益活动在内的各种海洋实践活动，注重通过活动体验丰富海洋认知、陶冶海洋情感、弘扬海洋精神、增强海洋意识、培养和发展海洋素养。

中国海洋大学海洋文化教育研究中心关于学生培养海洋素养的研究还在进行中，对学生培养海洋素养的4个层面12个基本要点也在不断充实和优化；期间，山东省大中小学海洋文化教育研究指导中心、中国海洋大学海洋文化教育研究中心、中国海洋大学出版社和威海海洋职业学院共同策划并由威海海洋职业学院组织编写了职业院校海洋通识教育教材《海洋中国》，这为探究大学生海洋素养培养问题提供了新的平台。

《海洋中国》是以海洋与中国发展的关系为载体，普及海洋知识，弘扬中华海洋文化，发扬中华海洋精神，着力增强海洋意识、培养和发展海洋素养的海洋通识教育教材。这本教材，充满对中国自古至今向海图强、向海而兴的赞美，饱含对海洋促进中国不断走向辉煌的感激，着眼人海关系所面临的种种挑战，探讨人海和谐共生实现可持续发展的深层次问题，十分适合在职业院校开展海洋通识教育。愿广大大学生积极参加海洋通识教育课的学习，学好用好《海洋中国》等海洋通识教育教材，认真探讨如何通过海洋通识教育课学习提升海洋素养，为推动职业院校的普及性海洋教育，加快建设海洋强国，把我国建设成社会主义现代化强国，实现中华民族伟大复兴贡献自己的力量！

王海涛　刘宗寅

2024年7月18日

# 致同学们

　　海洋是生命的摇篮，是风雨的故乡，是人类生存与可持续发展的重要物质基础和广阔空间。

　　我国是陆海兼备的海洋大国，海洋文明是中华文明的有机组成部分，开发、利用和保护海洋是推进中国式现代化事业发展的重要途径。2013年7月30日，习近平总书记在十八届中央政治局第八次集体学习时强调，"要进一步关心海洋、认识海洋、经略海洋，推动我国海洋强国建设不断取得新成就"。2022年4月10日，习近平总书记在考察中国海洋大学三亚研究院时指出："建设海洋强国是实现中华民族伟大复兴的重大战略任务。"习近平总书记的一系列重要讲话，为我国建设海洋强国、实现中华民族伟大复兴指明了方向、提供了根本遵循。

　　建设海洋强国离不开全民海洋知识的普及、海洋意识的增强、海洋精神的发扬和海洋素养的培养。作为新时代的大学生，同学们更应在这些方面有所作为，以便将来积极投身于国家的海洋强国建设，为实现中华民族伟大复兴而团结奋斗。

　　知识是客观事物的固有属性或内在联系在人们头脑中的一种主观反映。知识是人类进步的阶梯，知识就是力量。海洋是一个复杂的综合体，海洋知识既包括海洋自然科学知识，又包括海洋社会知识，还包括海洋人文知识。丰富的海洋知识会使同学们的认知结构更加完善、更加优化；尤其是，海洋知识是同学们发现、提出、分析、解决海洋实际问题的重要基础，是同学们增强海洋意识、发扬海洋精神、培养海洋素养的有效载体。

　　海洋意识是人们对海洋的自然规律、战略价值和重要作用的认识，是人在社会活动中涉海行为的自我反映。我们经常说，"意识决定行动"。只有增强"陆海统筹"的海洋国土意识、"依海富国"的海洋经济意识、"与海为善"的海洋环保意识、"守海有责"的海洋权益意识、"和谐包容"的海洋合作意识，同学们才能正确地处理人海关系、促进经济社会的可持续发展，才能积极参加海洋强国建设、努力实现中华民族伟大复兴。

　　精神，一般是指人的意识、思维、情感、意志等生命体征和一般心理状态，其内涵可扩展为理想信念、价值追求、思维方式、道德规范、气质胸襟、人格情怀等。海洋不仅是人类的生命摇篮和资源宝库，而且是人类的精神家园。海洋精神是与特定时代相联系的海洋族群的思维方式、思想状态、内在品质以及价值追求的统一体，全面体现在人海关系中的认知关系、实践关系、价值关系和审美关系之中，是海洋文化的核心和灵魂，具体包括"天人合一"的哲学精神、"海纳百川"的包容精神、"战天斗浪"的拼搏精神、"以苦为乐"的奉献精神、"四海一家"的和合精神、"勇立潮头"的创新精神。习近平总书记告诫我们："人无精神则不立，国无精神则不强。"海洋精神是精神的有机组成部分，是同学们实现"人立"和助力"国强"的动力保证。

海洋素养是指一个人在涉海方面所具备的素质和修养。海洋素养培养是海洋教育目标的核心内容。同学们在海洋通识教育过程中，要注意将海洋素养培养要求融合到相关学习内容的学习目标中，结合学习内容重点培养和发展相应的海洋素养，全面完成学习任务；而且，还要注意通过海洋素养的培养和发展来促进自身核心素养的构建，使自己成为社会主义强国建设需要的优秀人才。

《海洋中国》是一本在普及海洋知识、弘扬海洋文化、发扬海洋精神的基础上以增强新时代大学生海洋意识、培养新时代大学生海洋素养为宗旨的海洋通识教育教材，包括8个主题20个专题。

本教材强调同学们在老师的指导下，以目标为引领，以任务为驱动，通过"自主探究"和"合作学习"来完成学习任务。教材中每一专题皆分为"任务·目标""情境·问题""探究·发现""拓展·深化"四大模块。"任务·目标"模块列出本专题要求同学们完成的学习任务和要达到的学习目标。"情境·问题"模块为同学们的学习提供生动的海洋素材，铺设问题情境，设置情境问题。"探究·发现"是每一专题的主体模块，引导同学们对本专题的内容进行深入的发现学习和生动的活动体验，为此设置了"自主探究"（自主探究学习）、"合作研讨"（小组合作学习）、"创意制作"（实践操作学习）三大活动栏目。"拓展·深化"模块为同学们提供了作业性活动内容。

希望同学们在老师的指导下，以本教材为蓝本，将课堂学习与课后学习有机结合起来，努力学习海洋知识，大力弘扬海洋文化，切实增强海洋意识，积极培养海洋素养，为建设海洋强国做出贡献。

王星渊

2024年7月16日

# 目录

# 主题一
## 陆海兼备，筑起国家现代化建设的坚实基础

从太空看，地球就像一颗蓝色的水球。地球表面约七成是海洋，大陆则主要集中在北半球。我国位于北半球、东半球，是一个陆海兼备的大国。

"四海翻腾云水怒，五洲震荡风雷激。"惊涛拍岸、沧海桑田是自然界时间轴上海洋与大陆相互作用的景象。

"大洋↔近海↔海岸带↔航线↔船舶↔港口/港区↔货车/班列↔公路/铁路↔内陆"，海洋与大陆以港口/港区为枢纽，以航线、陆路为血脉，彼此呈放射状延伸、拓展。海岸线不再是一条简单的海洋与陆地的分界线，更像是海洋的指尖在触摸陆地；海岸带也并不再局限于沿海，更像是大海和陆地共同的交流场所，向内陆延伸；海洋和陆地之间的物质流、能量流、信息流……每时每刻都在传输交换。

潮起东方，向海而歌。21世纪，海洋在国家经济发展格局和对外开放中的作用更加显著。习近平总书记高度重视海洋强国建设，多次强调"要进一步关心海洋、认识海洋、经略海洋"。建设海洋强国上升至国家战略，中国的海洋事业发展迎来全新时代。

海兴则国强民富，海宁则国泰民安。坚持陆海统筹、向海图强、人海和谐、合作共赢，魅力无限的海洋将为中国式现代化展开一幅蔚蓝色的宏伟画卷！

## 陆海兼备的地理优势

### 任务·目标

（一）任务

1. 学习本专题中"陆地与海洋及其价值"，思考分析传统"重陆轻海"观念对于经济社会发展的影响，自主探究我国建设海洋强国的重要意义，网上观看央视纪录片《航拍中国》并撰写观后感。

2. 学习本专题中"我国陆海兼备的地理优势"，观察分析神舟航天员王亚平从"天宫"拍摄的壮美中国照片，以黄海海陆变迁带来的价值为例，合作研讨海洋对于我国社会主义现代化强国建设的重要意义，撰文论述"我国的陆海兼备与共建'一带一路'的意义"。

3. 学习本专题中"我国的纬度位置优势、地理环境优势及其重要意义"，合作研讨我国陆海兼备及地理位置的特点对经济发展的重要影响。

4. 学习金一南教授关于当前我国面临的地缘政治形势解析的报告，撰文论述"如何维护我们的国家安全"。

（二）目标

1. 能从"陆地主要由大陆和岛屿组成""陆地上的土地是人类赖以生存和发展的重要物质基础"等角度认识陆地的重要性，并从"海洋是生命的摇篮""海洋是气候的调节器""海洋是资源的宝库"等角度认识海洋的重要性，树立科学的海陆一体观。

2. 了解我国地域辽阔、海域广袤的陆海分布情况，能全面理解濒海国家的国土概念，增强国土意识以及"亲海、爱海、护海"的海洋情感。

3. 能够从纬度位置和海陆位置两个角度具体说明我国地理位置的优势及其意义，提升运用地理学知识和经济学知识分析、解决实际问题的能力。

### 情境·问题

#### 神舟航天员从"天宫"拍摄壮美中国

2021年11月18日，神舟十三号航天员王亚平（图1-1-1）从正在太空轨道上飞行的中国"天宫"空间站组合体上拍摄了一组地球照片。王亚平从"天宫"带领人们领略地球之美！

当"天宫"空间站进入我国空域（图1-1-2）时，王亚平按下了手机相机的"快门"，留下了壮美中国的珍贵照片。通过对照在地球上拍摄的图片（图1-1-4、图1-1-6、图1-1-8、图1-1-10、图1-1-12），王亚平拍摄的照片中的长江（图1-1-3）、黄河（图1-1-5）、青海湖（图

图1-1-1　航天员王亚平

图1-1-2　"天宫"空间站进入我国空域（拍摄者：任雨枫）

1-1-7）、祁连山（图1-1-9）等山川湖泊清晰可辨，许多城市及其地标建筑（图1-1-11）的位置清楚，令人震撼！

图1-1-3　从"天宫"拍摄的长江下游地区照片

图1-1-4　悠悠长江

图1-1-5　从"天宫"拍摄的黄河上游地区照片

图1-1-6　九曲黄河

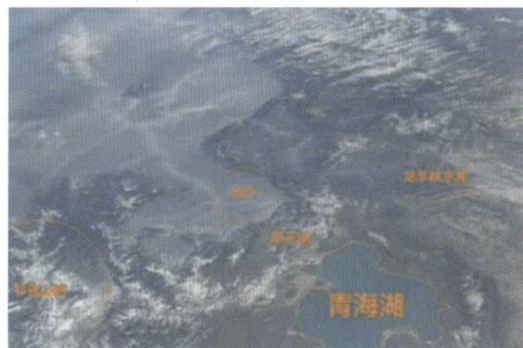

图1-1-7　从"天宫"拍摄的青海湖照片

图1-1-8　美丽的青海湖

图1-1-9 从"天宫"拍摄的祁连山脉照片

图1-1-10 巍峨的祁连山脉

从王亚平在太空中拍摄的照片看祖国大好河山,自豪之情油然而生。

我国是一个陆海兼备的国家,位于全球最大的大陆——亚欧大陆的东部,东边濒临全球最大的大洋——太平洋。

神州大地繁花似锦,浩瀚海洋欢歌如潮。壮美中国,令我们骄傲!

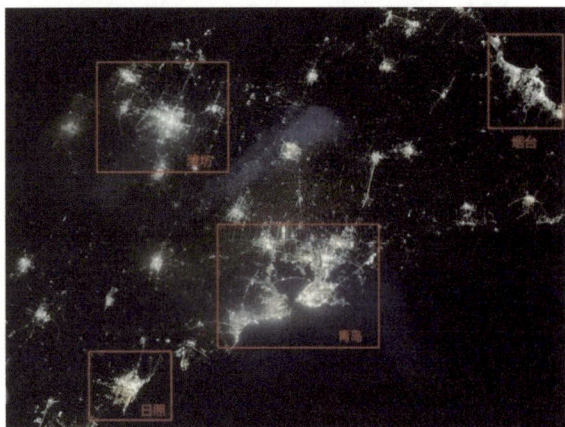

图1-1-11 从"天宫"拍摄的山东半岛部分城市照片

图1-1-12 王亚平的故乡——烟台

问题导引

1. 海洋和陆地各有何价值?

2. 如何理解我国陆海兼备的优势?

3. 我国的地理位置优势对于我国经济社会的发展具有什么重要意义?

探究·发现

## 一、陆地与海洋及其价值

### （一）陆地及其价值

地球表面未被水淹没的部分叫作陆地。地球上陆地总面积为1.489亿平方千米，占地球表面积的29.2%。

#### 1. 陆地主要由大陆和岛屿组成

大陆是指面积广大（面积大于最大的岛屿——格陵兰岛）的陆地。全球有亚欧大陆、非洲大陆、南美洲大陆、北美洲大陆、南极洲大陆和澳大利亚大陆六块大陆，总面积为1.391亿平方千米，约占地球上陆地总面积的93%。

（1）亚欧大陆：也叫作欧亚大陆，是欧洲大陆和亚洲大陆的合称，是地球上面积最大的大陆。

（2）非洲大陆：位于地球东半球西部，在欧洲大陆之南、亚洲大陆以西，地跨赤道南北，约占地球上陆地总面积的1/5，是世界上面积第二大的大陆。

（3）南美洲大陆：东边濒临大西洋，西边濒临太平洋，北边濒临加勒比海，南边隔德雷克海峡与南极洲相望。

（4）北美洲大陆：东边濒临大西洋，西边濒临太平洋，北边濒临北冰洋，南边以巴拿马运河为界同南美洲大陆分开。

（5）南极洲大陆：位于地球的最南端，是南极洲除周围岛屿以外的陆地，95%以上的面积覆盖着厚厚的冰雪，素有"白色沙漠"之称，是世界上发现最晚的大陆。

（6）澳大利亚大陆：位于南半球大洋洲，是世界上面积最小的大陆。

岛屿是指四周被海水包围的小块陆地。岛屿总面积约为997万平方千米，约占地球上陆地总面积的7%。

1982年颁布的《联合国海洋法公约》明确规定，"岛屿是四面环水并在高潮时高于水面的自然形成的陆地区域"。现在人们普遍认为，被海水包围起来的陆地就是海岛。

海岛的形成主要有三个原因。一是海岛原本是大陆的一部分，地质构造变动、地壳运动等导致部分陆地断陷沉降、海水入侵，小部分陆地与原大陆分离形成海岛。我国的台湾岛和海南岛就是这样形成的。二是陆地上的河流携带大量的泥沙进入海洋，泥沙在入海口长年累月堆积，逐渐变成高出海面的陆地，慢慢就变成了一个独立存在的海岛。我国的崇明岛就是这样形成的。三是海底火山喷发的固体喷发物或珊瑚虫造礁作用生成的礁体堆积而形成的岛屿。前者如夏威夷群岛，后者如我国的西沙群岛、南沙群岛等。

#### 2. 陆地上的土地是人类赖以生存和发展的重要物质基础

首先，没有土地，人类就不能生存。土地中的土壤是地球上各类生物生存的载体。所谓土壤，指的是发育在地球陆地表面的、具有一定肥力且能够使植物生长的疏松表层（包括海、湖浅水区）。植物通过光合作用，吸收并转化太阳能，使所转化的太阳能在生物群落中不断流转，其基础就是土壤。土壤是食物链能量流动的载体，能量从土壤里流出，流经植物、动物、微生物，最终又流回土壤，形成能量循环。从这个意义上说，土壤滋养了万物。人类从承载着土壤的土地中得到赖以生存的衣、食、住、行的基本条件，土地的人口负载量和人们的生活质量受到土地的数量、质量、分布等的制约。正确处理人地关系，科学开发、利用、改造和保护土地，人类就不仅能够从土地上取得所需要的产品，而且能够实现土地的可持续利用和人类自身的可持续发展。

其次，充足、优质、合理分布的土地是发展国民经济的必备条件之一。土地不仅是农业发展的基础，而且是非农行业的空间操作平台，如土地的数量、质量、位置直接影响着工业、建筑业、交通业等的生产及其效益。图1-1-13展示的是不同用途的土地。

耕地

园地

林地

草地

湿地

建设用地

图1-1-13 不同用途的土地

再次，人地关系是人类生存和发展的基本关系。人地关系，狭义上是指人口与土地的关系；广义上是指人口与自然地理环境的关系。人地关系受一定社会生产方式的制约。在人类的经济活动中，土地所有制决定着基于土地所有制的生产关系，即生产过程中人与人之间的相互关系和分配关系。

**（二）海洋及其价值**

海洋面积约占地球表面积的70.8%、平均水深约为3 795米，是一个极其庞大的水体，这庞大的水体覆盖着辽阔无垠的海底世界。

海洋是生命的摇篮，拥有丰富多样的生态系统，其生物的多样性是全球生物多样性的重要组成部分。海洋是人类所需蛋白质的最大供应基地，全球人口所需摄入的动物蛋白质中15%以上来自海产品。

海洋是地球上最大的储热体，海洋吸收、存储着辐射到地球上一半以上的太阳能，并慢慢地向外发散热量，而海流则是地球表面最大的热能传送带。海洋调节着地球的气候和温度，使其适合不同形式生命体的生存。

海洋吸收并存储了世界上约30%因人类活动产生的二氧化碳，海洋浮游植物产生的氧气量占到地球生命所需氧气的50%以上，使海洋成为地球的重要"呼吸系统"。

海洋是全球水体循环的源头，世界海洋每年蒸发的淡水有450万立方千米，其中90%通过降雨返回海洋，10%变为雪落在大地上，然后随地表径流又返回海洋。

海洋拥有极其丰富的生物资源、矿产资源、海水资源和动力资源。

海洋具有巨大的自净能力，为地球"藏污纳垢"且分解着大量的有毒物质。

海洋是全球物理系统的重要组成部分，其中的质能过程、地质过程的变化都会显著地影响海洋中和陆地上的各种生命过程。

**自主探究**

　　查阅资料，通过具体事例分析说明传统的"重陆轻海"观念对于我国经济社会发展的影响，进一步加深对21世纪我国建设海洋强国重要意义的理解。

### 二、我国陆海兼备的地理优势

　我国既是陆地大国，也是海洋大国，兼具陆地发展与海洋发展的双重优势。

#### （一）我国陆疆辽阔

　我国陆地面积约为960多万平方千米，陆地幅员辽阔，拥有丰富的陆地自然资源，利于合理布局各种产业，便于获得丰富多样的农业产品；陆上邻国众多，陆域边境线绵延万里，有利于与周边各国贸易交往；西北部深入亚欧大陆的内部，横贯亚欧大陆的铁路线使我国可以通过陆上交通与中亚、西亚、欧洲各国直接交往，开展经济贸易活动。

#### （二）我国海域宽广

　我国濒临渤海、黄海、东海和南海四大海，主张管辖的海域面积约300万平方千米。

#### 1. 渤海

　渤海是一个三面被陆地包围的半封闭海，拥有辽东湾、渤海湾、莱州湾，通过渤海海峡与黄海相通，面积约为7.7万平方千米，属于典型的内陆海。渤海虽然是我国面积最小的海，但数十条大小河流如辽河、滦河、海河、黄河等注入其中；河流从陆上带来大量有机物质，河口浅水区饵料丰富，加上海面风浪较小，使渤海成为天然的优良渔场，盛产对虾、三疣梭子蟹（图1-1-14）和黄花鱼等地方性渔产。入海河流携带大量泥沙，在黄河入海口（图1-1-15）堆积形成大片滩涂、湿地，每年造陆达20平方千米，使渤海面积不断变小、水深不断变浅（目前渤海平均水深仅有18米）。渤海既是我国华北和东北各省的出海要道，又是京津的门户，具有重要的政治、经济、军事地位。

图1-1-14　三疣梭子蟹

图1-1-15　黄河入海口石碑

## 2. 黄海

黄海位于我国与朝鲜半岛之间，是西太平洋的一个典型的半封闭边缘海（图1-1-16），面积约为38万平方千米。黄海海底地形大体是北高南低、西高东低，海底被细泥沉积物覆盖；西侧海底沉积物主要是淮河、黄河等河流携带来的泥沙；东侧海底沉积物来自朝鲜半岛的汉江、大同江和清川江。黄海海域生物种类多、数量大，重要的海洋生物资源有鱼类、甲壳动物、软体动物、海藻等。黄海拥有黄海烟威渔场（图1-1-17）、石岛渔场、海州湾渔场、大沙渔场等众多渔场。

图1-1-16  黄渤海分界线

图1-1-17  黄海烟威渔场

### 合作研讨

传说上古时期，洪水时有暴发，导致民不聊生。为了万千平民百姓，一个叫鲧的人，将帝尧的宝物"息壤"偷出来治理洪水。帝尧知晓此事后勃然大怒，命祝融将鲧处死了。"息壤"威力强大，士兵们用它来修筑堤坝，结果这个堤坝可以随着洪水变化，洪水涨它就涨，洪水落它就落，最终洪水被它制服了。

神奇的"息壤"只存在于神话故事中，但黄海确实具有"可以生长的土地"，当然这与黄河是分不开的。1128年，南宋守将杜充为了阻止金人入侵，将黄河改道，黄河便南下夺淮入海。黄河将从黄土高原上带来的大量泥沙携带入黄海。经过大河数百年的冲刷、重组、再造，黄海慢慢退海成陆，产生了大面积的陆地和沿海滩涂，这些陆地和滩涂至今依然在不断生长变化。

小组合作，查找资料，交流研讨黄海海陆变迁及其带来的价值。

## 3. 东海

东海是指我国长江口外的广大海域，位于太平洋西北部，面积约为77万平方千米，多数水深在200米以内。东海北接黄海，南通南海，东北经对马海峡与日本海相连接，是东亚地区最具战略意义的海上通道。东海之畔的海岸线是我国大陆海岸线最为曲折的一段，沿线密布着诸多的天然优良港湾，其中著名的海港有上海港（图1-1-18）、宁波－舟山港、福州港、厦门港等。东海是我国渔业资源最为丰富的海区，海洋捕捞总产量占全国的40%～50%，东海渔业在我国海洋渔业中具有举足轻重的地位。东海大陆架还蕴藏着丰富的石油、天然气以及稀有矿产资源，其中以油气资源最为诱人；已探明的东海平湖油气田面积达2.2万平方千米，天然气储量超过700亿立方米，具有广阔的开发前景。图1-1-19为东海平湖油气田海上综合平台。

图1-1-18　上海洋山深水港一角

图1-1-19　东海平湖油气田海上综合平台

### 4. 南海

南海是指我国大陆南方的广阔水域，位于太平洋的西部，面积约为350万平方千米。南海平均水深为1 200米左右。南海之所以如此之深，与它的海底地形有关。南海的海底，从海岸向外依次为浅海大陆架、大陆坡、中央海盆，呈现同心圆似的三层环形结构。浅海大陆架深度在200米以内。大陆坡比较陡峭，起伏不平，有海台、海丘、峡谷、沟槽等地貌形态。中央海盆面积大，平均深度在4 000米以上，其中最大水深达5 559米。南海水温适宜、水质肥沃，渔业资源十分丰富，是石斑鱼（图1-1-20）、银鲳鱼等200多种经济鱼类和海参、龙虾等珍贵海产的重要产区。南海海域蕴藏着丰富的海底矿产资源，如石油、天然气和钛铁矿（图1-1-21）等。南海地理位置特殊，在政治、经济、军事诸方面都具有重要的战略意义。

图1-1-20　石斑鱼

图1-1-21　钛铁矿

我国拥有众多的岛屿和漫长的海岸线。我国海岛有11 000多个，海岛海岸线总长约为14 000千米。我国大陆海岸线北起辽宁的鸭绿江口、南达广西的北仑河口，总长约为18 000千米。

我国海洋资源丰富多样，有利于发展海洋经济；沿海良港众多，便于商船停泊，有利于发展对外贸易；海上交通便捷，通过海洋可以直接抵达许多国家，有利于对外交往。

### 三、我国的纬度位置优势、地理环境优势及其重要意义

#### （一）纬度位置优势及其重要意义

地球依据经度分为东半球、西半球，依据纬度分为南半球和北半球。我国位于地球的东半球和北半球。

我国位于北半球，纬度在北纬3°52′到北纬53°37′左右之间，大部分位于北半球中纬度地区。对于一个国家的发展来说，纬度位置至关重要。它一方面关联着气候，而气候又影响着一个国家的农业发展与城市建造；另一方面关联着人类的饮食，而饮食又影响着人类的生活方式。

根据地球积温，全球分为热带、南温带、北温带、南寒带、北寒带五大温度带。积温指的是一年内日平均气温大于等于10 ℃持续期间日平均气温的总和。积温关系到作物的生长活跃期，低于积温，作物就微弱生长或不生长，所以在物候学上常以积温来划分地理区域。

根据积温，我国分为五个亚温度带，它们分别是热带、亚热带、暖温带、中温带和寒温带。

我国地域辽阔，南北跨度大，具有热带、亚热带和温带等多种热量带，致使我国气候类型复杂多样。

我国是世界上季风最发达的区域之一。大陆和海洋热力性质差异突出。冬季寒冷的亚洲内陆形成了寒冷的高压区，我国东南海洋形成热低压区，高压区空气流向低压区，形成寒冷、干燥的偏北离陆风；相反，夏季大陆热于海洋，高温大陆成为低压区，凉爽海洋成为高压区，形成由海上来的潮湿、温暖的偏南气流。由于大陆风带来干燥气流，海洋风带来潮湿空气，我国降水多发生在5～9月份。我国的季风特征主要体现在风向的转变和干湿的变化上：从东南沿海往西北内陆，气候的大陆性特征逐渐增加，依次出现湿润、半湿润、半干旱、干旱的气候区。季风是我国西北地区特别干旱、植被稀疏的根本原因之一。

气候分布的总趋势加上复杂的地形作用，使得我国各地的气候呈现各自的特征。一方面，地形对低层气流的屏障作用阻滞了水分和热量的重新分配。另一方面，水热状况随地形海拔的变化导致气候的垂直变化，使得山顶和山麓的气候显著不同。我国东西走向的一系列山脉成为我国气候的水平分界线。例如，秦岭山脉在冬季削弱了北方冷空气南下，使山脉南北侧的气候呈现显著差异。

青藏高原对大气环流的阻挡作用对我国的气候有很大的影响。处在高空西风带上的、平均海拔4 000米的青藏高原，在冬季将西风气流分为南北两支：北支形成高压脊，南支形成低压槽，它们绕过高原后在高原的东侧汇合，影响着我国东部地区的气候。另外，青藏高原还通过冷源和热源之间的相互作用影响东亚大气环流，增强了季风，影响着我国东部地区的气候。

具体说来，我国东部和南部濒临海洋，靠近赤道的地区，热量更高，降水充沛，是热带、亚热带季风气候；华北和东北地区热量较低，降雨量较小，是温带季风性气候；西北地区由于远离赤道和海洋，水汽较少，降水量小，是温带大陆性气候；而西部、西南部地区因地势较高，是高原高山气候。从全国范围来看，我国除了高山地区有高寒气候外，大部分地区四季分明，夏季高温，冬季北冷南凉。

我国地处东亚季风区，气候多样，有利于第一产业发展。具体表现如下所述。

寒温带主要作物：春小麦、大麦、马铃薯等；作物熟制：一年一熟。

中温带主要作物：春小麦、大豆、玉米、亚麻、甜菜等；作物熟制：一年一熟。

暖温带主要作物：冬小麦、花生、玉米等；作物熟制：两年三熟或一年两熟。

亚热带主要作物：冬小麦、水稻、油菜等；作物熟制：一年两熟到三熟。

热带主要作物：水稻、甘蔗等；作物熟制：一年三熟。

我国形成北方主要种小麦、南方主要种水稻的农业格局，而且各种粮食作物都可以获得高产。农业的丰收为人们提供了多样性的食品原料，有利于满足人们的饮食需求、促进人们的身体健康、丰富人们的饮食文化。我国南方多雨潮湿，人们喜辣除湿；北方干燥寒冷，人们喜食汤面。这些饮食传统在展示不同地域文化的同时，也彰显了纬度因素对于人类生活方式的重要影响。

### （二）地理环境优势及其重要意义

我国自然地理特征是我国地质构造在漫长的发展过程中各种地质作用综合结果的集中反映。

我国地形主要包括山地、高原、盆地、平原、丘陵等。各种地形面积在陆地总面积中的占比如下：山地约为33%，高原约为26%，盆地约为19%，平原约为12%，丘陵约为10%。

地势是地表高低起伏的总趋势。我国地势大致呈阶梯状分布。

地势的第一级阶梯是横断山脉以西的青藏高原（图1-1-22）。青藏高原素有"世界屋脊"之称，平均海拔4 000米以上。青藏高原西南边缘是雄伟的喀喇昆仑山脉和喜马拉雅山脉，北缘是昆仑山脉、阿尔金山脉和祁连山脉，东缘是横断山脉；珠穆朗玛峰为世界第一高峰，乔戈里峰为世界第二高峰。青藏高原上山高峪宽、湖泊广布，东亚、南亚各大河流多从这里发源，为我国和其他多个国家源源不断地提供着淡水，使其又有亚洲"水塔"之称。图1-1-23为长江的发源地。

地势的第二级阶梯主要包括地形崎岖的云贵高原、沟壑纵横的黄土高原（图1-1-24）、起伏和缓的内蒙古高原、山清水秀的四川盆地（图1-1-25）、沙漠广布的塔里木盆地、草原宽广的准噶尔盆地等。

图1-1-22 万米高空鸟瞰青藏高原（源自新华网）

图1-1-23 长江发源于"世界屋脊"青藏高原的唐古拉山脉各拉丹冬峰西南侧

图1-1-24 沟壑纵横的黄土高原

图1-1-25 山清水秀的四川盆地

地势的第三级阶梯海拔多在500米以下，以平原、丘陵为主，主要包括略有起伏的东北平原（图1-1-26）、辽阔坦荡的华北平原（图1-1-27）以及湖泊众多的长江中下游平原等，其东部分布有辽东丘陵、山东丘陵、东南丘陵。

图1-1-26　略有起伏的东北平原

图1-1-27　辽阔坦荡的华北平原

从我国地势的第三级阶梯继续向海洋延伸，就是近海大陆架，这是大陆向海洋自然延伸的部分，一般深度不大、坡度较缓。我国近海大陆架比较广阔，包括渤海和黄海的海底全部、东海海底的大部分和南海海底的一部分。

我国地势西高东低，向海洋倾斜，有利于太平洋的暖湿气流深入内陆地区、北方冷空气长驱南下，形成降水；许多大河滚滚东流，既沟通了东西交通，便于沿海和内地的经济联系，又因逐级下降、江河落差大而水能蕴藏丰富。东去江河，浩浩荡荡，一往无前，在陆地与海洋交界处所携带的泥沙因通道突然变宽、流速突然降低而逐渐沉积下来形成三角洲，使陆地向海洋延伸几十千米以上。三角洲地区一般地势低平、河网密布，因而多为良好的农耕地区，如我国的珠江、长江等河口的三角洲皆是农业高产区；三角洲地区不仅是良好的农耕区，还蕴藏着丰富的石油和天然气资源，如我国的黄河三角洲油气资源就非常丰富。

我国多种多样的地形为因地制宜发展农、林、牧、副、渔业生产提供了有利条件。我国幅员辽阔、疆域广大，地质条件复杂多样，拥有丰富的石油、天然气、煤矿、铁矿等资源，为工业的发展奠定了良好基础。

我国的地理环境具有许多优势，但也存在一些劣势，如地形多样但高原、山地面积占比大而平原面积占比小，洪灾、旱灾、地震、台风、冰雹、沙尘暴、山体滑坡等自然灾害多，近海空间较小等。在经济社会发展过程中，我们要重视这些劣势的存在，扬长避短，获取最大的发展效益。

**合作研讨**

　　小组合作，查阅资料，通过具体事例交流研讨我国陆海兼备的地理环境的特点对我国经济发展的重要影响。

陆海兼备是我国的自然地理优势之一。党的二十大报告高度概括了中国式现代化具有的人口规模巨大、全体人民共同富裕、物质文明和精神文明相协调、人与自然和谐共生、走和平发展道路五大中国特色；其中，人与自然和谐共生强调顺应并凸显陆海兼备的自然地理优势，走陆海统筹的可持续发展之路，建设社会主义现代化强国，实现中华民族伟大复兴。在党的二十大精神指引下，经过全国人民的努力奋斗，中国将以陆海统筹、全面发展的社会主义现代化强国的姿态更加雄伟地屹立在世界的东方！

## 拓展·深化

1. 网上观看央视纪录片《航拍中国》，了解我国的大好河山，写一篇观后感。

2. 陆海兼备是我国推进"一带一路"建设的先决条件。根据我国陆海兼备的优势，查阅资料，撰写"我国的陆海兼备与共建'一带一路'的意义"小论文。

3. 拓展研究：2019年，中国人民解放军国防科技大学教授金一南在应邀作题为"当前我国面临的地缘政治形势解析"的报告时提出："中国陆海兼备的地缘特征，使我们有可能借助陆海屏障之利，形成向陆海两个方向发展的机遇，又使我们同时负有陆海两个方向防卫的繁重任务。怎样维护国家安全？"请查阅资料，撰文论述"如何维护我们的国家安全"。

# 专题 2

## 陆海统筹的发展策略

### （一）任务

1. 学习本专题中"陆海统筹的内涵与意义"，以江苏省建设具有世界聚合力的双向开放枢纽为例，合作研讨陆海统筹的重要意义。

2. 学习本专题中"陆海统筹，加快建设海洋强国"，以山东省陆海统筹、向海图强为例，分析总结海洋强省建设的具体措施，创意制作江苏省盐城市滨海县陆海统筹加快建设海洋强县的课件，撰文论述"家乡所在地区的陆海统筹协调发展"。

3. 学习本专题中"陆海统筹，实现东中西部联动发展"，合作交流西部陆海新通道的打造带来的变化，网上观看纪录片《陆海新通道》或介绍西部陆海新通道的视频并撰写观后感。

### （二）目标

1. 认识陆海统筹的内涵，能从"陆海之间的动态平衡""陆地思维和海洋思维的复合""国际发展潮流"等角度理解陆海统筹的特征，能说明陆海统筹发展的重要意义，树立全面、协调、可持续的科学发展观。

2. 了解我国陆海统筹发展的主要任务，能从"促进海洋经济高质量发展""优化海洋开发和保护格局""全方位推进陆海生态文明建设"等方面认识我国陆海统筹建设社会主义现代化强国的重要措施，掌握陆海统筹所蕴含的战略性思维和方法论，增强新时代大学生的责任担当意识。

3. 能说明如何通过陆海统筹实现我国东中西部联动发展，提升用陆海统筹战略性思维和方法论分析、解决问题的能力。

---

**情境 · 问题**

---

### 陆海统筹，建设社会主义现代化强国

习近平总书记在党的二十大报告中指出，中国共产党的中心任务就是团结带领全国各族人民全面建成社会主义现代化强国、实现第二个百年奋斗目标，以中国式现代化全面推进中华民族伟大复兴。全面建成社会主义现代化强国，总的战略安排是分两步走：从2020年到2035年基本实现社会主义现代化；从2035年到21世纪中叶把我国建成富强民主文明和谐美丽的社会主义现代化强国。党的二十大报告擘画出全面建成社会主义现代化强国的宏伟蓝图，吹响了全国各族人民团结奋进的响亮号角。

我国是一个陆海兼备的发展中大国，陆海统筹是建设社会主义现代化强国的重大战略举措之一。陆海统筹发展涉及资源、经济、社会、生态和主权权益维护等内容，关系到国家发展和安全大局，具有十分重要的意义。

陆海统筹中的"陆"指的是我国主权范围内的陆域国土；"海"包括我国具有完全主权的内海和领海，专属经济区和大陆架，并拓展至对我国具有战略利益的公海、国际海底和南北极等区域。

陆海统筹，是指将陆地系统和海洋系统作为整体来考虑，发挥二者的经济、生态和社会功能，以全面、协调、可持续的科学发展观为指导，实施统一的国土开发规划，通过陆海资源开发、交通通道建设、生态保护等领域的统筹协调，促进海陆两大系统的优势互补、良性互动和协调发展，构建陆地文明与海洋文明兼容并济的可持续发展格局，促进陆海一体化发展。

关于陆海统筹，在我国有两方面议题：一个是区域经济发展、海岸带与海洋综合管理，如沿海地区经济发展、陆海生态文明构建；另一个是全国一盘棋，实现东中西部联动发展。

陆海统筹，既是一种全新的发展观又是一种重要的方法论。作为一种发展观，它将海洋和陆地视为一个有机整体，在国家发展战略上倚陆向海，实现海洋资源与陆地资源的协调开发、陆海交通基础设施和通道建设的合理联通、陆海生态环境的科学保护、陆海安全的联合互动。作为方法论，它将有助于我国破解发展过程中所面临的诸多难题。

增强陆海统筹的思想意识、把握陆海统筹的丰富内涵、加强陆海统筹的科学设计、提升陆海统筹的综合实力，将会有力地促进我国的社会主义现代化强国建设，并为世界贡献更多的中国智慧和更强的中国力量。

### 问题导引

1. 陆海统筹具有怎样的内涵与特点？
2. 陆海统筹对于我国的社会主义现代化强国建设具有哪些重大战略意义？
3. 目前，我国是如何从国家层面和区域层面实施陆海统筹战略的？

## 探究·发现

### 一、陆海统筹的内涵与意义

#### （一）陆海统筹的内涵

对于一个沿海国家来说，国土空间包括海洋、沿海地区和内陆地区三大部分，而陆海统筹的实质是处理海洋与沿海地区、沿海地区与内陆地区、海洋与内陆地区之间的关系，涵盖陆海经济、生态环境、管理体制三个领域，涉及陆海空间布局、陆海资源开发、陆海产业发展、陆海基础设施建设、陆海生态保护与环境治理、陆海管理体制机制统筹。以江苏省为例，为深入学习贯彻习近平总书记关于完整、准确、全面贯彻新发展理念的重要论述，从2022年5月开始，江苏省开展大调研，系统总结新时代江苏以新发展理念引领推动高质量发展的生动实践，为每个重点功能区明确发展定位、量身定制政策支持，以跨江融合为重点推动扬子江城市群全面转型升级，以港产融合为重点推动沿海地区高质量发展，以提升城市能级为重点建设淮海经济区中心城市，以江苏永续发展的"绿心"重点建设江淮生态经济区。

陆海统筹的内涵可表述为：在社会经济活动中，根据陆域系统和海域系统的特点，国家或区域综合运用规划、政策等手段，对陆地和海洋的资源开发、产业布局、生态环境保护等进行综合管理与宏观调控，充分发挥陆地、海洋各自的经济功能、生态功能和社会功能并实现陆海综合效益的最大化，以促进经济社会的可持续发展以及人与自然的和谐共生。

**（二）陆海统筹的意义**

陆海统筹是对陆地和海洋的统一谋划，具体地说，就是对陆海的发展空间与资源环境的整合，具有以下重要意义。

**1. 陆海统筹是陆海之间动态平衡关系的客观要求**

陆地与海洋是彼此间存在相互作用、相互影响、相互依赖、相互制衡关系的两个地理系统。

（1）以自然过程为主导的陆地与海洋的相互作用。

在以自然过程为主导的陆地与海洋的相互作用中，海洋蒸发产生的水汽被输送到陆地上，给陆地带来降雨，而地表径流等又将陆地上大量的淡水、泥沙、无机盐及污染物移送至海洋，使海洋的物质组成、资源结构、生态平衡与环境质量发生变化；反过来，波浪、潮汐、洋流等海洋动力因素频繁作用于海岸带，加速了陆海空间的物质交换和能量流动，同时对海岸带的地形地貌、生态系统也产生了巨大影响。

在沿海地区，陆域系统与海域系统以海岸带为纽带构成陆海复合体系，如图1-2-1所示。

从生态角度看，陆域系统的生态子系统与海域系统的生态子系统之间，通过各种自然过程不停地进行着物质交换和能量交流，并在长期的互动过程中建立起一种动态平衡，其中的任何一方的变化都会导致这一动态平衡的失衡。从环境角度看，陆海复合体中的陆域系统的环境子系统

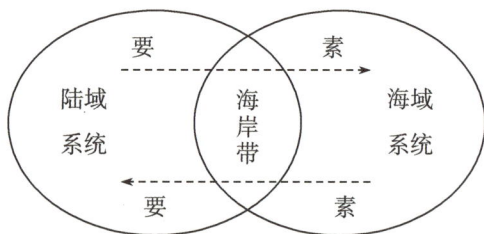

图1-2-1　陆海复合体系示意图

与海域系统的环境子系统之间存在着双向制约关系。陆域系统的环境子系统中的各类污染物进入海洋，对海域系统的环境子系统产生巨大影响，若这种影响超出了海洋自净能力所能承受的程度，就会引起海洋环境的污染；反过来，台风、风暴潮等海洋灾害对陆域环境也会产生严重影响。

（2）以人类经济活动为主导的陆地与海洋的相互作用。

在以人类经济活动为主导的陆地与海洋的相互作用中，陆地经济与海洋经济之间的联动效应十分明显。陆地资源系统与海洋资源系统之间存在互补关系，海洋资源的开发利用能有效地缓解陆地资源短缺的危机，从而成为经济社会发展的重要支撑。随着科技水平的不断提高，海洋资源系统的潜力逐渐凸显，海洋资源的开发利用越来越受到重视。陆地交通系统与海洋交通系统之间存在着衔接关系。海上航线通过沿海港口与陆地上的铁路、公路以及内河航道等航线连接，共同构成"四通八达"的交通网络。丰富的资源、便利的交通等吸引着陆地经济向海洋经济进行延伸（图1-2-2）。在这一过程中，陆地经济系统相关产业将技术、资金、人才和制度等输送给海洋经济系统，使海洋经济系统的发展得到陆地经济系统的大力支持；而海洋经济的发展又会为陆地经济的发展提供广阔的空间，带动陆地经济系统相关产业的进一步发展。

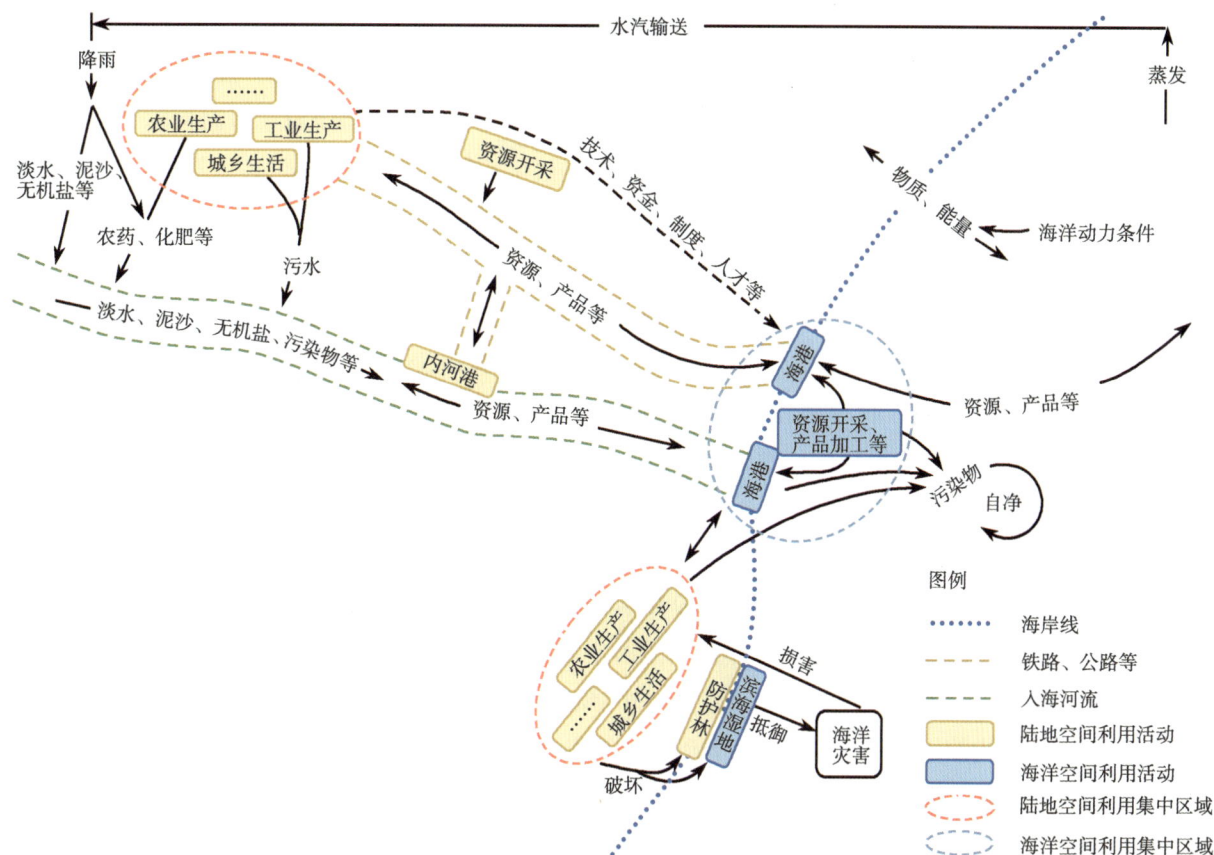

图1-2-2 陆海系统物质、能量、信息及要素流动示意图（源自李彦平，刘大海，罗添.国土空间规划中陆海统筹的内在逻辑和深化方向——基于复合系统论视角［J］.地理研究，2021，40（7）：1905）

陆海之间的动态平衡关系决定了陆海统筹内容的综合化。陆海统筹涉及陆海开发规划的统筹、陆海经济产业一体化调控、陆海生态环境的保护以及海岸带综合管理等多个领域，它并不局限于海岸带、沿海地区和某一区域，而是面向全国。

**自主探究**

查阅资料，思考：为什么说陆海之间的动态平衡关系决定了经济社会的发展必须陆海统筹？如何利用具体事例说明陆海统筹内容的综合性和范围的广泛性？

### 2. 陆海统筹是由陆地思维和海洋思维复合而成的战略性思维

陆海统筹思维以国家的整体发展利益为出发点，充分考虑海洋与陆地的密切关联性、强大互补性与高度综合性，立足当下，放眼未来，持之以恒地实现陆地经济、海洋经济与生态环境的全面协调发展。

海洋系统与陆地系统这两大系统在资源、环境和社会经济发展等方面存在的必然联系决定了陆海统筹是陆地经济系统与海洋经济系统相互作用的必然趋势，正确处理海洋经济发展和陆地经济发展的关系是国家经济健康发展的必由之路。但是，陆海统筹并不意味着陆海"平均发展"，而要分出轻重缓急；也就是说，国家发展的不同历史时期和阶段，因所面临的经济状况和地缘政治形势不同，对陆地经济和海洋经济发展的调控也会有所差异。我国强调实施陆海统筹发展战略，一方面是由于经济发展长期"重陆轻海"，陆地经济得到了快速发展，但陆地系统在资源、环境、发展空间等方面的承载力趋于下降，且东、中、西部区域发展差距明显，迫切需要通过陆海统筹"以海促陆"，突破陆地经济发展中存在的众多瓶颈；另一方面是我国需要通过陆海统筹"以陆带海"，促进包括海洋资源开发与保护、海洋科技体制建设、海洋产业布局与海洋经济发展、海洋人才培养等在内的海洋事业快速发展。

从本质上说，陆海统筹已成为我国在宏观层面处理海陆开发关系、平衡海陆整体发展的长期战略部署。陆海统筹涉及陆地、海洋两大系统，既冲破了单纯的行政区划，又超越了诸多部门的管理职能，必须由中央政府或地方政府综合运用包括制定实施海洋发展战略、区域发展规划、产业发展规划、海洋功能区规划、围填海年度计划以及相关法律法规等在内的经济、行政、法律等手段，进行战略引领与统筹调控。

### 3. 陆海统筹是国际潮流和发展大势

陆海统筹相关理论是我国首先提出的。1996年，《中国海洋21世纪议程》首次提出"要根据海陆一体化的战略，统筹沿海陆地区域和海洋区域的国土开发规划，坚持区域经济协调发展的方针"，从而为陆海统筹基本理念的建立奠定了基础。在国外，对于陆海统筹的研究较为鲜见，但从20世纪60年代开始，世界范围内的以海岸带与海洋综合管理为重点的新海洋治理运动兴起并一直延续至今，体现的也是陆海统筹发展，这说明陆海统筹是一种国际潮流和发展大势。

海洋综合管理是一种促进沿岸地区和海洋的环境、经济、文化长期平衡、协调发展的可持续管理，主要目标是实现沿岸地区和海洋所具有的资源的可持续开发和利用。海洋综合管理着眼于生态、社会、文化和经济相关因素及其相互作用，依据沿岸地区和海洋可持续发展原则、环境及其发展原则等基本原则，在一定地理范围内建立与实施密切结合的、有连贯性的管理体制，对沿岸地区和海洋区域内人的活动进行规划和管理。国际上制定了若干关于海洋综合管理的框架和准则，如1992年联合国制定的《21世纪议程》中第17章专门论述了海洋、海洋保护和海洋资源的合理利用与开发问题。

进入21世纪以来，沿海国家的沿海产业与工程建设进入一个新的发展时期，各国基于海岸带综合管理，注重海洋空间规划，提高沿海产业发展与工程布局的系统性和协调性。

（1）以大型港口为核心的物流体系覆盖海陆空。例如，荷兰的鹿特丹港，以高速公路直接连接欧洲的公路网覆盖欧洲各国，以铁路直达欧洲各主要城市，以水上航运直通欧洲各主要水网，成为储、运、销一体化的国际物流中心。

（2）以跨海大桥打通受海洋阻隔而产生的陆地交通瓶颈。例如，我国的港珠澳跨海大桥极大地缩短了香港、珠海和澳门三地间的距离，其作为中国从桥梁大国走向桥梁强国的里程碑之作，被誉为桥梁界的"珠穆朗玛峰"，英国《卫报》称其为"现代世界七大奇迹"之一。

（3）以海底隧道连接海陆交通。据不完全统计，全世界已建成和计划建设的海底隧道有20多条，主要分布在日本、美国、西欧国家和中国。国外著名的跨海隧道有英吉利海峡隧道、丹麦的斯特贝尔海峡隧道、挪威的莱尔多隧道、日本的青函隧道和东京湾海底公路隧道等。目前，我国著名的隧道有厦门翔安海底隧道，全长约为8.7千米；青岛胶州湾隧道，全长约为7.8千米；香港海底隧道，是香港第一条过海行车隧道，全长约为1.9千米；港珠澳大桥海底隧道，全长约为5.7千米，是我国第一条外海沉管隧道，也是世界最长的公路沉管隧道和唯一深埋沉管隧道；汕头海湾隧道，全长约为6.7千米。

（4）以海岛开发带动海洋经济的发展。例如，从20世纪末开始，美国就实施了包括"海岛纳入联邦贸易行动项目"等的一系列行动，通过给予海岛开发宽松的税收政策，促进海岛对外开放以吸引投资者，从而推动了美国海岛经济和社会的发展；印度尼西亚对外开放了100个岛屿，建成了一批国际知名海岛旅游和度假产业基地；马尔代夫根据本国不同岛屿的具体情况，制定了不同的开发模式，并利用国外资金发展了颇具特色的海岛经济，形成了海岛开发的"马尔代夫模式"。

> **合作研讨**
>
> 　　江苏省正在建设"具有世界聚合力的双向开放枢纽"。"双向开放"就是全方位的开放，包括对内和对外、向东和向西、陆上和海上，目标是形成陆海内外联动、东西双向互济。"枢纽"指的是各类要素的汇聚之地，包括物质和非物质要素、有形和无形要素、通道设施和关系网络，目标是形成要素之间相互联系的中心环节。
>
> 　　小组合作，查阅资料，从陆海统筹的角度交流研讨江苏省建设"具有世界聚合力的双向开放枢纽"的重要意义。

## 二、陆海统筹，加快建设海洋强国

2010年10月18日，中国共产党第十七届中央委员会第五次全体会议通过的《中共中央关于制定国民经济和社会发展第十二个五年规划的建议》明确提出："坚持陆海统筹，制定和实施海洋发展战略，提高海洋开发、控制、综合管理能力。"2012年，党的十八大报告指出："提高海洋资源开发能力，发展海洋经济，保护海洋生态环境，坚决维护国家海洋权益，建设海洋强国。"2017年，党的十九大报告提出："坚持陆海统筹，加快建设海洋强国。"2018年，《人民日报》发表专论《以陆海统筹建设海洋强国》。2022年，党的二十大报告再次强调："发展海洋经济，保护海洋生态环境，加快建设海洋强国。"

实施陆海统筹发展战略，建设海洋强国，是我国作为典型的陆海复合型国家在处理海洋与陆地关系问题上作出的科学的高瞻远瞩的战略选择。实施陆海统筹发展战略，建设海洋强国，既要提升国家海洋经济、军事、科技等硬实力，又要增强全民海洋意识、海洋文明等软实力；要坚持经济建设、政治建设、文化建设、社会建设和生态文明建设一起抓，在统筹推进陆地事业和海洋事业共同发展的过程中，努力建设海洋经济发达、海洋科技先进、海洋生态健康、海洋安全稳定、海洋管控有力的海洋强国。

### （一）陆海统筹，促进海洋经济高质量发展

海洋蕴藏着丰富的资源，是经济社会实现高质量发展的战略保障。通过陆海统筹促进海洋经济高质量发展，需要确立海陆资源优化配置、综合利用的现代海洋经济发展意识，构建陆海经济一体化发展的新格局，实现海洋经济向质量效益型转变、海洋开发方式向循环利用型转变、海洋科技向创新引领型转变、海洋维权向统筹兼顾型转变，推动单一的海洋产业向三次产业融合发展的现代化大海洋产业体系迈进。

### （二）陆海统筹，优化海洋开发和保护格局

建立完善的陆海统筹的空间规划体系，需要牢固树立大生态、大空间、大保护的理念，明确海洋在空间规划体系中的地位，统筹陆域开发与海域利用，统筹推进海岸带和海岛开发建设，统筹近海与远海开发利用，构建陆海统筹的国土空间开发与管制框架体系，实现海岸带和海洋自然资源的可持续开发和利用。

改革开放以来，我国东部沿海地区在发展外向型经济过程中实现了快速发展。珠江三角洲、长江三角洲和京津冀地区已成为我国发展水平高、质量优、活力足的经济中心地带，成为新时代建设海洋强国的重要依托和引领力量。

**（三）陆海统筹，全方位推进陆海生态文明建设**

习近平总书记在党的二十大报告中指出："大自然是人类赖以生存发展的基本条件。尊重自然、顺应自然、保护自然，是全面建设社会主义现代化国家的内在要求。必须牢固树立和践行绿水青山就是金山银山的理念，站在人与自然和谐共生的高度谋划发展。"坚持陆海统筹，推进海洋生态文明建设，要坚持以习近平生态文明思想为指导，准确把握陆域、海域空间治理的整体性和联动性，依托海洋构建人与自然和谐共生的命运共同体。

---

**自主探究**

阅读《大众日报》报道《从一船一港，看山东陆海统筹向海图强》案例，分析山东省是如何加强陆海统筹加快海洋强省建设的。

---

### 三、陆海统筹，实现东中西部联动发展

根据我国社会主义现代化建设发展的需要，以习近平同志为核心的党中央谋划了陆海统筹的新布局。我国新一轮开放的重要任务是要让内陆和沿边地区成为开放的新前沿。

习近平总书记指出，要加强"一带一路"建设同京津冀协同发展、长江经济带发展等国家战略的对接，同西部开发、东北振兴、中部崛起、东部率先发展、沿边开发开放的结合，带动形成全方位开放、东中西部联动发展的局面。这是对我国开放布局的统筹谋划，意味着在继续做好面向海洋、面向发达国家开放的同时，更多向我国西部、向周边国家开放。

内陆地区与海洋之间的联结既要依靠沿海地区的中介作用，也要着眼于内陆地区与海洋的直接联系。内陆地区对于海洋的诉求主要表现在两个方面："进"，即包括海洋渔业资源、矿产资源等海洋资源能直接流进来；"出"，即内陆地区的商品、生产要素通过海洋空间走出去。无论是"进"还是"出"，都要涉及不同类别的交通运输方式。这就意味着要打造内陆地区与海洋的直接通道，建立一种高效、综合的交通运输体系。图1-2-3为江苏省连云港中哈物流合作基地。为此，2017年8月，重庆、广西、贵州、甘肃4省、区、市签署了"南向通道"（"陆海新通道"的前身）框架协议，建立了联席会议机制，共同建设"陆海新通道"。后来，"陆海新通道"的合作范围拓展为重庆、广西、贵州、甘肃、青海、新疆、云南、宁夏、陕西等省、区、市。为了推进"陆海新通道"的建设，国家发展和改革委员会于2019年8月印发了《西部陆海新通道总体规划》。

图1-2-3 江苏省连云港中哈物流合作基地

《西部陆海新通道总体规划》指出，西部陆海新通道具有以下重要功能。

其一，推进西部大开发形成新格局的战略通道。发挥毗邻东南亚的区位优势，统筹国际国内两个

市场两种资源，协同衔接长江经济带，以全方位开放引领西部内陆、沿海、沿江、沿边高质量开发开放。

其二，连接"一带"和"一路"的陆海联动通道。纵贯中国西南地区，有机衔接丝绸之路经济带和21世纪海上丝绸之路，加强中国-中南半岛、孟中印缅、新亚欧大陆桥、中国-中亚-西亚等国际经济走廊的联系互动，使西部陆海新通道成为促进陆海内外联动、东西双向互济的桥梁和纽带。

其三，支撑西部地区参与国际经济合作的陆海贸易通道。推动西部陆海新通道成为构建开放型经济体系的重要支撑。

其四，促进交通物流经济深度融合的综合运输通道。发挥交通支撑引领作用，使西部陆海新通道成为交通、物流与经济深度融合的重要平台。

西部陆海新通道的空间布局如下。

主通道。建设自重庆经贵阳、南宁至北部湾出海口（北部湾港、洋浦港），自重庆经怀化、柳州至北部湾出海口，以及自成都经泸州（宜宾）、百色至北部湾出海口三条通路，共同形成西部陆海新通道的主通道。

重要枢纽。着力打造国际性综合交通枢纽，充分发挥重庆位于"一带一路"和长江经济带交汇点的区位优势，建设通道物流和运营组织中心；发挥成都国家重要商贸物流中心作用，增强对通道发展的引领带动作用。建设广西北部湾国际门户港，发挥海南洋浦的区域国际集装箱枢纽港作用，提升通道出海口功能。

核心覆盖区。围绕主通道完善西南地区综合交通运输网络，密切贵阳、南宁、昆明、遵义、柳州等西南地区重要节点城市和物流枢纽与主通道的联系，提高通道整体效率和效益，有力支撑西南地区经济社会高质量发展。

辐射延展带。强化主通道与西北地区综合运输通道的衔接，联通兰州、西宁、乌鲁木齐、西安、银川等西北重要城市。

经济、高效、便捷、绿色、安全的西部陆海新通道将于2025年基本建成，到2035年全面建成。

陆海新通道建设有力地推动了西部地区的经济社会发展。

---

**合作研讨**

小组合作，阅读中新社报道《距离缩短，合作"拉长"，西部陆海新通道五年来改变了什么？》并查阅其他资料，交流研讨西部陆海新通道的打造带来了哪些变化。

---

**拓展·深化**

1. 观看纪录片《陆海新通道》（广西壮族自治区广播电视台于2020年制作）或介绍西部陆海新通道的视频，写一篇观后感。

2. 江苏省盐城市滨海县坚持"向海而兴"导向，将发展赛道"换"到沿海、招商重心"转"向沿海、园区载体"融"入沿海，主动扛起黄海新区建设重大使命，全面吹响向海图强集结号，坚决打好陆海统筹主攻仗，奏出向海发展最强音。查阅资料，制作关于江苏省盐城市滨海县陆海统筹加快建设海洋强县的课件。

3. 查阅资料，调查研究，撰写家乡所在地区、陆海统筹协调发展的调查报告。

# 主题二
## 海洋经济，谱写国家经济发展的崭新篇章

　　中国，作为海洋大国，拥有绵长的海岸线和丰富的海洋资源，为海洋产业的发展创造了优越条件。

　　向海而生，因海而兴，生长在海边的人们自古以来就过着"兴渔盐之利、通舟楫之便"的生活。随着现代海洋科学的发展，不仅有更多的海产品被搬上千家万户的餐桌，各种海洋矿产资源、海洋化学资源、海洋能量资源等资源的开发利用也孕育着新的经济增长点，成为海洋经济发展的财富密码和新型动能。

　　向海图强，扬帆致远。今天的中国海洋产业蓬勃发展、蒸蒸日上：中国制造的现代海上"巨无霸"闻名世界，勘探、开采平台林立，海上轰鸣作响，现代海洋化工与海水利用综合展开，海洋牧场成为"渔业良田""蓝色粮仓"，海洋旅游展现着无限活力……

　　党的二十大报告明确要求，发展海洋经济，保护海洋生态环境，加快建设海洋强国。科学地开发利用海洋资源，大力发展海洋产业，促进海洋经济的繁荣，我国"依海富国、以海强国、人海和谐、合作共赢"的发展道路就会越走越宽，我国社会主义现代化强国建设的宏伟目标就会早日实现！

专题 **1**

## 储量丰富的海洋资源

### ·任务·目标

（一）任务

1. 学习本专题中"海洋资源——人类生存与发展的重要物质基础"，创意制作"海洋资源——我国建设社会主义现代化强国的重要物质基础"微视频。

2. 学习本专题中"我国的海洋生物资源"，创意绘制标有我国各个渔场位置、名称与主要特点的轮廓图，合作研讨我国发现并命名新物种对我国和世界生物多样性具有的重要意义，网上观看2019年自然资源部世界海洋日宣传片《珍惜海洋资源 保护海洋生物多样性》并撰写观后感。

3. 学习本专题中"我国的海洋矿产资源"，自主探究我国海洋矿产资源的分布特点以及渤海、黄海、东海和南海蕴藏的海洋矿产资源。

4. 学习本专题中"我国的海洋化学资源"。

5. 学习本专题中"我国的海洋能量资源"。

6. 合作研讨我国的海洋空间资源及其开发利用状况。

（二）目标

1. 认识海洋资源的含义，能从"海洋资源种类与储量""海洋资源空间复合程度""海洋资源的地域差异性""海洋资源赋存环境"等方面说明海洋资源的特点，能从不同的角度对海洋资源进行分类并概述各类海洋资源，深刻认识科学开发利用海洋资源的重要意义，增强海洋资源意识。

2. 了解我国的海洋资源，能从"我国的海洋生物资源""我国的海洋矿产资源""我国的海洋化学资源""我国的海洋能量资源"视角，说明我国海洋资源的储量丰富以及对建设社会主义现代化强国的重要作用，进一步树立正确的海洋价值观。

### 情境·问题

#### 南海生物资源大调查

南海是我国面积最大、平均水深最深、自然资源十分丰富的海域，也是全球海洋生物多样性最具代表性的海域之一。图2-1-1展示的是我国南海的部分生物。

海龟

鲻鱼

海马

梅花参

龙虾

大珠母贝

红脚鲣鸟

红树林

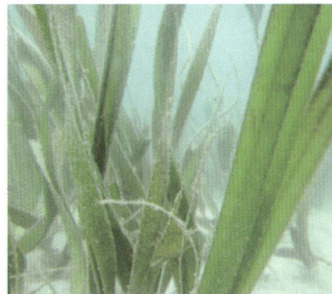
海菖蒲

图2-1-1 我国南海的部分生物

为了进一步掌握南海外海渔业资源中心渔场位置，摸清南海岛礁植物、海洋藻类以及微生物等现状"家底"，2018年4月9日，由农业农村部立项支持的"南海生物资源调查与评估"专项在广州启动。仅从以下活动片段，我们就可以看出开展这一项目的重要意义。

2018年6月17日，历时近一个半月，中国热带农业科学院科研考察队完成了"南海生物资源调查与评估"专项第一期部分考察任务。此次对南海9个典型岛礁附近海域藻类资源、微生物资源、岛礁土壤资源与植物病虫害状况等的调查和评估工作，采集到了大量海洋生物、海水和底泥等样品，从中初步分离出200余株形态不同的细菌和真菌；采集到17种大型海藻；发现了尚未有记录的植物40余种，野生、栽培及人为带入的植物共400余种。

2019年5月4日，中国水产科学研究院南海水产研究所"南锋"号、"中渔科301"号渔业科学调查船从广州启航，前往我国南海执行"南海生物资源调查与评估"2019年第一航次调查任务。该航次调查主要开展南海重点海域生物资源及生态环境调查和探捕验证任务，包括渔业资源、渔场环境要素、渔场生物要素、捕捞技术、岛礁生态系统、海洋生物遗传多样性和生物体质量样品采集调查等。

2020年6月22日，"南锋"号渔业科学调查船从广州启航奔赴南海，开展南海北部陆坡、北部湾湾口、中西沙群岛及南沙群岛中北部等海域的生物资源及生态环境调查和探捕验证工作。

2021年6月，"南锋"号、"中渔科301"号渔业科学调查船圆满完成"南海生物资源调查与评估"项目2021年夏季航次调查任务。该航次调查历时30天。其中，"南锋"号先后完成南海8个断面共30个大面站位的渔业声学、环境和生物要素等调查，对冷泉区3个站位进行中层拖网和浮游生物连续采样，对3个重点岛礁的珊瑚礁生态系统、鱼类标本、鱼体微生物样品进行了全面调查；"中渔科301"号完成了南海北部陆坡区5个断面30个大面站位调查，包括渔业声学、环境和生物要素、鱼类凭证标本、DNA条形码和种群遗传多样性分析等任务。

2022年5月24日，"南锋"号、"中渔科301"号渔业科学调查船从广州启航，前往我国南海中南部海域执行农业农村部财政项目"南海生物资源调查与评估"2022年第一航次调查任务。"南锋"号渔业科学调查船主要开展南海重点海域渔业资源、渔场理化环境、渔场生物要素、渔业种质资源、海洋微生物及岛礁生态系统等调查工作；"中渔科301"号渔业科学调查船主要完成以灯光罩网作业方式采集渔业资源生物样本，同步获取渔业声学数据、理化环境数据并开展声波驱赶海豚实验等任务。

南海不仅拥有丰富多彩的生物资源，还拥有储量巨大的矿产资源；另外，渤海、黄海、东海的海洋资源也非常丰富且各有特色。丰富的海洋资源为我国社会主义现代化强国建设提供了强有力的资源保证。

**问题导引**

1. 什么是海洋资源？海洋资源都包括哪些类型？
2. 海洋资源具有什么特点？
3. 我国的海洋资源有何优势，分布情况如何？
4. 海洋资源开发利用对于我国建设社会主义现代化强国具有什么重要意义？

**探究·发现**

### 一、海洋资源——人类生存与发展的重要物质基础

**（一）海洋资源的含义**

海洋资源是一种自然资源。所谓自然资源，是指存在于自然界的、人类可以直接获得并用于生产和生活的物质与能量，主要包括空气、水、土地、森林、草原、野生生物、各种矿物和能源等。海洋资源是海洋中所蕴藏的各种物质资源的总称，通常是指在海洋内外应力的作用下形成并分布在海洋地理区域内、可供人类开发利用的自然资源，主要包括各种海洋生物资源、海洋矿产资源、海洋化学资源及海洋能量资源等。

**（二）海洋资源的特点**

**1. 海洋资源种类多，储量巨大**

海洋是巨大的资源宝库。就海底油气资源来说，据估计，世界石油极限储量为1万亿吨，可采储量为3 000亿吨，其中海底石油就约有1 350亿吨；世界天然气储量为255亿～280亿立方米，海洋储量就占了140亿立方米。世界上绝大部分天然气水合物（可燃冰）分布在海洋里，海洋里天然气水合物的资源量约为1.8亿亿立方米，是陆地天然气水合物资源量的100倍以上。

**2. 海洋资源空间复合程度高**

海洋资源是一个有机大系统，各种海洋资源都是海洋资源大系统中的子系统。这些子系统按一定的层次相互关联，彼此之间相互影响、相互制约、相互依存而共同发展；尤其是一些可再生资源子系统，其可再生的条件几乎全部有赖于本系统以外的其他子系统的发展变化过程。海洋中许多资源在同一海区共存，在一个海区里既有生物资源，也有非生物资源；有些溶存或生活在海水中，有些储藏在海底或海底之下……这就决定了海洋的每一部分都拥有多种价值、多种功能。

### 3. 海洋资源具有地域差异性

海洋面积辽阔，使得海洋资源具有明显的地域差异性，但洋流与流经的海区进行着大规模的水量和热量交换，使海洋资源的地域差异性又有所减弱。海洋的深度，使海洋资源在垂直维度上的分布存在差异。

### 4. 海洋资源赋存环境复杂

海洋环境的复杂性给海洋资源的开发利用带来了一定的困难。例如，海上风浪、海水盐分、深海压力、海洋灾害等使得海洋资源的开发不仅技术要求高、开发难度大，而且有较大的风险。

## （三）海洋资源的分类

海洋资源从不同的角度有不同的分类。

从有无生命的角度，可分为海洋生物资源和海洋非生物资源。

从空间角度，可分为水体上面的大气、水体本身和水体之下的底土。

从自然本质属性及种类的角度，可分为海洋物质资源、海洋空间资源和海洋能量资源。

从自然属性和开发利用需求的角度，可分为海洋生物资源、海洋矿产资源、海洋化学资源和海洋能量资源。

从性质、特点及存在形态的角度，可分为海洋生物资源、海底矿产资源、海洋空间资源、海水资源、海洋新能源和海洋旅游资源。

通常根据海洋资源的自然属性，将海洋资源分为海洋生物资源、海洋矿产资源、海洋化学资源、海洋空间资源和海洋能量资源，见表2-1-1。

表2-1-1　海洋资源分类

| | |
|---|---|
| A 海洋生物资源 | D2 海岛 |
| 　A1 海洋植物 | 　D21 半岛 |
| 　　A11 海洋藻类 | 　D22 岛屿 |
| 　　A12 海洋种子植物 | 　D23 群岛 |
| 　　A13 海洋地衣 | 　D24 岩礁 |
| 　A2 海洋动物 | D3 海洋水体空间 |
| 　　A21 海洋鱼类 | 　D31 海洋水面空间 |
| 　　A22 海洋软体动物 | 　D32 海洋水层空间 |
| 　　A23 海洋甲壳类动物 | D4 海底空间 |
| 　　A24 海洋哺乳类动物 | 　D41 陆架海底 |
| 　A3 海洋微生物 | 　D42 半深海底 |
| 　　A31 原核微生物 | 　D43 深海海底 |
| 　　A32 真核微生物 | 　D44 深渊海底 |
| 　　A33 无细胞生物 | D5 海洋旅游资源 |
| B 海洋矿产资源 | 　D51 海洋自然旅游资源 |
| 　B1 滨海矿砂 | 　　D511 海洋地文景观 |
| 　B2 海底石油 | 　　D512 海洋水域风光 |
| 　B3 海底天然气 | 　　D513 海洋生物景观 |
| 　B4 海底煤炭 | 　　D514 海洋天象与气候景观 |
| 　B5 大洋多金属结核 | 　D52 海洋人文旅游资源 |
| 　B6 海底热液矿床 | 　　D521 海洋遗址遗迹 |
| 　B7 可燃冰 | 　　D522 海洋建筑与设施 |

（续表）

| | |
|---|---|
| C 海洋化学资源 | D523 海洋旅游商品 |
|   C1 海水本身 |   D524 海洋人文活动 |
|   C2 海水溶解物 | E 海洋能量资源 |
| D 海洋空间资源 |   E1 海洋潮汐能 |
|   D1 海岸带 |   E2 海洋波浪能 |
|     D11 海岸 |   E3 海流能 |
|     D12 潮间带 |   E4 海风能 |
|     D13 水下岸坡 |   E5 海水温差能 |
| |   E6 海水盐度差能 |

（源自孙悦民，宁凌.海洋资源分类体系研究［J］.海洋开发与管理，2009，26（5）：45）

## 二、我国的海洋生物资源

海洋生物资源是指海洋中蕴藏的经济动物和植物的群体。海洋是生命的摇篮，按生物学特征分类，海洋生物资源分为海洋动物资源、海洋植物资源和海洋微生物资源。从第一个细胞诞生开始至今仍有20多万种生物生活在海洋中。从海洋低等植物到海洋高等植物，从海洋植食动物到海洋肉食动物，再加上海洋微生物，海洋中蕴藏着巨大的生物资源。据估计，地球上80%的生物资源在海洋中；海洋每年可提供30亿吨水产品，能够养活300亿人口。海洋动物资源是海洋生物资源中最重要的部分。其中，鱼类有近万种，可供食用的就有1 500多种；对虾等甲壳类有2万多种，贝壳类等软体动物有8万多种。海洋植物是海洋中进行光合作用以生产有机物的自养型生物。它们既能够产生大量的有机物质为海洋动物提供充足的食物，也能释放大量的氧气（年总产量可达360亿吨，占地球大气氧气含量的70%）。海洋微生物主要包括细菌、放线菌、霉菌、酵母菌、病毒等，它们数量极大、分布不均；海洋中如果没有微生物，那么一切生物将不复存在。

### （一）我国丰富多彩的海洋生物

研究发现，我国管辖海域拥有2万多种海洋生物，约占全球海洋生物总种数的10%。它们隶属5个生物界44个生物门。在我国丰富多彩的海洋生物中，有许多珍稀生物，如儒艮、中华白海豚、中华鲟、短尾信天翁、白腹军舰鸟、库氏砗磲、鹦鹉螺、红珊瑚等。

儒艮（图2-1-2），是一种海洋草食性哺乳动物，是世界上最古老的海洋动物之一，是海洋哺乳类中唯一的素食者。它们主要分布于西太平洋和印度洋海底植被茂盛的海域，雌性儒艮会抱着幼崽在海面上哺乳。

中华白海豚（图2-1-3），素有"海上大熊猫"之称。它属于鲸类的海豚科，和鲸、海豚一样都是哺乳类动物。

中华鲟（图2-1-4），是大型江海洄游性鱼类，为我国国家一级保护动物。中华鲟生于与海洋相通的江河中，长于大海，成熟后又洄游产卵于江河中。长江是中华鲟主要的繁衍、生存的家园。

短尾信天翁（图2-1-5）是一种大型海鸟。它们常年生活在海上，繁殖期间栖息在海岛或岩壁上，属于居留性鸟类，不迁徙。短尾信天翁寿命长40～60年；由于人类捕杀和火山喷发等因素，其数量逐年减少，已被列入世界自然保护联盟（IUCN）濒危物种红色名录。

白腹军舰鸟（图2-1-6），属于大型热带海洋鸟类；喉部有喉囊，用以暂时贮存所捕食的鱼类；善于飞翔，不善于陆地行走和游泳。它们分布在我国广东沿海一带，数量稀少。

库氏砗磲（图2-1-7），被誉为"双壳贝类之王"，是双壳类中个体最大的贝类动物。库氏砗磲在海南岛、台湾岛南部以及南海诸岛海域均有分布，主要生活于热带珊瑚礁浅海区，喜欢栖息于低潮线附近的珊瑚礁间；种群数量少，生长缓慢，寿命很长，有的可活1个世纪。

鹦鹉螺（图2-1-8），被称作海洋中的"活化石"，在研究生物进化和古生物学等方面有很高的价值。鹦鹉螺在古生代几乎遍布全球，现已经基本绝迹，只在南太平洋的深海里还存在着6种鹦鹉螺。

红珊瑚（图2-1-9），被称为"有机宝石"。红珊瑚只生长在台湾海峡、日本海峡、波罗的海、地中海等水深为100~2 000米的海中，受海域限制，极为珍贵。在我国古代，红珊瑚就被视为祥瑞幸福之物，代表高贵权势。

图2-1-2 儒艮

图2-1-3 中华白海豚

图2-1-4 中华鲟

图2-1-5 短尾信天翁

图2-1-6 白腹军舰鸟

图2-1-7 库氏砗磲

图2-1-8 鹦鹉螺

图2-1-9 红珊瑚

**合作研讨**

蛇尾是棘皮动物中种类最多的类群，约有2 100个已知种，在全世界海洋中广泛分布，多栖息于海底，也有些种类附着在珊瑚、海绵上，是海洋底栖生物的主要类群之一。我国研究人员通过对2016—2021年"深海勇士"号载人深潜器在南海、西北太平洋等海域采集的深海蛇尾样品的形态学和分子系统学研究，鉴定出4个目7个科15个属的共36种深海蛇尾，分别对新物种进行了描述和命名（两个新物种以"深海勇士"号命名）。图2-1-10是我国发现并命名的深海蛇尾新物种。

小组合作，交流研讨我国发现并命名新物种对我国和世界生物多样性具有哪些重要意义。

图2-1-10 我国发现并命名的深海蛇尾新物种

### （二）我国各具特色的四大渔场

我国海域宽广、海岸线绵长，形成了很多渔场。其中，四大渔场分别是黄渤海渔场、舟山渔场、南海渔场、北部湾渔场。我国目前记录在册的海洋鱼类为3 023种，其中软骨鱼类237种、硬骨鱼类2 786种，海洋鱼类约占我国全部海洋生物种类的1/7。

黄渤海渔场分布在渤海、黄海，是山东和辽宁两省渔民进行捕捞工作的主要渔场，拥有黄姑鱼（图2-1-11）、带鱼、鲈鱼（图2-1-12）等18种海洋生物，盛产小黄鱼、中国对虾（图2-1-13）、蓝点马鲛（图2-1-14）等。

图2-1-11　黄姑鱼　　　　图2-1-12　鲈鱼　　　　图2-1-13　中国对虾　　　　图2-1-14　蓝点马鲛

舟山渔场是我国最大的渔场。它地处东海，位于杭州湾以东，是暖寒流的交汇处，长江水也注入此地。良好的自然环境和丰富的饵料为各种鱼类提供了上佳的栖息之所，带鱼（图2-1-15）、大黄鱼（图2-1-16）、小黄鱼（图2-1-17）、乌贼（图2-1-18）等成为舟山渔场的主要渔业产品。

图2-1-15　带鱼　　　　图2-1-16　大黄鱼　　　　图2-1-17　小黄鱼　　　　图2-1-18　乌贼

南海渔场分布在广东沿海，是我国著名的热带渔场，拥有400余种鱼类，产量多的有金枪鱼（图2-1-19）、石斑鱼（图2-1-20）、飞鱼（图2-1-21）等，还有鲍鱼（图2-1-22）、海参等渔业产品。

图2-1-19　金枪鱼　　　　图2-1-20　石斑鱼　　　　图2-1-21　飞鱼　　　　图2-1-22　鲍鱼

北部湾渔场地处我国南海的西北部，面积大约有26 000平方千米，资源和饵料都非常丰富，拥有真鲷（图2-1-23）、沙丁鱼、竹荚鱼（图2-1-24）、蓝圆鲹、金枪鱼、比目鱼（图2-1-25）、鲳鱼、鲭鱼等50余种有经济价值的鱼类以及虾、蟹（图2-1-26为锯缘青蟹）、贝类等。

图2-1-23　真鲷　　　　图2-1-24　竹荚鱼　　　　图2-1-25　比目鱼　　　　图2-1-26　锯缘青蟹

**创意制作**

查阅资料，画一张中国轮廓图，在轮廓图上自北向南标出我国各个渔场的位置和名称，并注明各渔场物产的主要特点。

### 三、我国的海洋矿产资源

海洋矿产资源是海滨、浅海、深海、大洋盆地和洋中脊底部的各类矿产资源的总称，按矿床成因和赋存状况可分为砂矿、海底自生矿产、海底固结岩中的矿产三大类。砂矿主要来源于陆上的岩矿碎屑，经河流、海流与潮汐、冰川和风的搬运与分选，最后在海滨或陆架区的最宜地段沉积富集，主要矿种有金属矿物中的钛铁矿、金红石、锆石、磁铁矿，稀有金属矿物中的锡石、铌钽铁矿，稀土矿物中的独居石、磷钇矿，贵金属矿物中的砂金、银、铂，非金属矿物中的石英砂、贝壳、琥珀等。海底自生矿产是指由化学、生物和热液作用等在海洋内生成的自然矿物。其中，海底磷矿是通过生物沉积或生物化学沉积作用富集于海底的含磷沉积物，其主要成分为磷灰石；多金属结核含有锰、铁、镍、钴、铜等几十种元素，主要是由铁锰氧化物和氢氧化物组成的黑色"球状"沉积团块，在4 000～6 000米深度赋存量最丰富。全球多金属结核资源总量达3万亿吨，仅太平洋结核资源总量就达1.7亿吨。富钴结壳是一种生长在海底岩石或岩屑表面的皮壳状铁锰氧化物、氢氧化物集合体，因钴含量高而得名。结壳一般厚0.5～6厘米。富钴结壳主要分布于各大洋水深为800～3 500米的海岭、海山和海台的斜坡及顶部。海底多金属硫化物是由海底的热液作用形成的硫化物矿床，主要分布于海底扩张中心地带，如大洋中脊的裂谷带、年轻的扩张海盆或弧后盆地。在那里，富含金属的高温热水从海底喷出，因环境改变在喷口附近沉淀下来形成多金属硫化物。多金属硫化物主要有两种类型：一类是产于洋中脊裂谷带的块状多金属硫化物，它们富含铜、铅、锌、铁、锰、金、银等元素；另一类是产于缓慢扩张带的层状重金属泥，它们富含铁、锰、锌、铜、镍、钴、铬、钼等元素。海底固结岩中的矿产如硫矿及煤矿等，大多属于陆上矿床向海底的延伸。海洋中蕴藏的石油资源丰富，约占全球石油资源总量的34%。可燃冰是一种被称为天然气水合物的新型能源，通常分布在大陆架外的陆坡、深海和深湖的沉积物以及永久冻土带里。

#### （一）我国的近海矿产资源

浅海矿产资源主要指大陆架、部分大陆架斜坡区域的矿产资源，包括大陆架油气、天然气水合物、滨海砂矿等。

##### 1. 大陆架油气

据探测，我国渤海、黄海、东海以及南海北部大陆架海域石油资源量达275.3亿吨，天然气资源量达15.8万亿立方米。

渤海是华北沉降堆积的中心，大部分新生代沉积物厚达4 000米，最厚处约7 000米，周围陆上的大量有机质和泥沙沉积其中，浅海的沉积又是在新生代适于海洋生物繁殖的温暖气候下进行的，这对油气的生成极为有利。基于此，我国首先在渤海勘探、开发了海底油田。

黄海海底是个封闭的大盆地，从大陆流注入海的大量泥沙在盆地里不断沉积，东南部盆地堆积有较厚的古近纪含油气的沉积层。南黄海坳陷越深，海相地层发育得越好，新生代地层厚约5 000米，对油气生成与储集十分有利。

东海大陆架宽广，地壳从古近纪开始下沉，沿台湾海峡至冲绳列岛形成狭长的东海盆地。古长江带来的泥沙在东海盆地里下沉，形成很厚的堆积层，钓鱼岛附近和台湾海峡的沉积层分别厚达9 000米和7 000米。东海大陆架拥有海相、陆相及海陆交互相沉积，这对古近纪的油气生成极为有利。东海新近纪至更新纪地层中油气含量丰富，古近纪及中生代地层中也富含油气。有专家认为，东海是世界上石油远景最好的地区之一，其天然气储量潜力可能比石油储量潜力还要大。

南海大陆架新生代地层厚为2 000～3 000米，有的地方厚为6 000～7 000米。古近纪、新近纪沉积有海相、陆相及海陆交互相沉积，具有良好的生油和储油岩系。我国台湾岛与海南岛之间的大陆架一带是南海石油开发潜力最大的区域。另外，越南到加里曼丹岛之间的最宽陆架区里拥有很厚的中生代沉积层，该区域是世界海底石油的富集区。

### 2. 天然气水合物——可燃冰

我国的南海海域、东海海域、青藏高原冻土带及东北冻土带等区域都蕴藏有天然气水合物（可燃冰）资源。从水深、沉积物和地质环境来看，南海是我国天然气水合物储量最为丰富的区域。2007年6月，我国科学家在南海北部海面下200米处，首次发现了面积约430平方千米的天然气水合物矿藏。我国成为世界上第四个成功钻获天然气水合物实物样品的国家。据初步推测，南海北部天然气水合物的远景资源量约合100亿吨石油；西沙海域，天然气水合物分布面积达5 242平方千米，资源量估计可达4.1万亿立方米，仅这里的天然气水合物储量就已达到我国陆上石油总储量一半左右的当量；东海陆坡–冲绳海槽区域具有存在巨量天然气水合物资源的前景。地质勘查证实我国海域有2个千亿立方米级的大型天然气水合物矿藏。

### 3. 滨海砂矿

我国滨海砂矿资源丰富，总储量约为31亿吨。

我国滨海砂矿资源主要有钛铁矿、金红石、磷钇矿等几十种，此外还有金刚石和砷铂矿颗粒；成矿带主要有8个，包括海南岛东部、粤西南、雷州半岛东部、粤闽、山东半岛、辽东半岛、广西和台湾岛北部及西部海滨带，其中广东海滨砂矿资源储量居全国首位。

我国大陆东部经受了多次地壳运动，岩浆活动频繁，因此钨、锡、铁、金和金刚石等储量丰富，广泛分布的岩浆岩、变质岩和火山岩中也含有各种重矿物。在辽东半岛、山东半岛、福建和广东沿海以及台湾岛周围，现已发现有钛、锆、铍、钨、金和其他稀有金属矿藏分布，尤以台湾岛和海南岛周围最为丰富。

砂石矿是第四纪堆积的砂、石，可供沿海城市建设使用，具有巨大的经济价值。

滨海砂矿分布较为分散，开发成本高，开发活动破坏生态环境。所以，开采滨海砂矿需遵守遵法、有序、有度、有偿、保护生态环境的原则。

### （二）我国拥有的国际海底的深海矿物资源

深海一般指大陆架或大陆架边缘以外的海域，深海面积占据海洋面积的92.4%和地球面积的65.4%。深海矿物资源主要包括多金属结核、多金属硫化物、富钴结壳等。截至目前，我国是世界上拥有国际海底矿区数量最多、矿种最全的国家，国际海底矿区数量为5个、矿区面积达23.5万平方千米。

### 1. 多金属结核

2001年5月，中国大洋协会与国际海底管理局在北京签订了《国际海底多金属结核资源勘探合同》，以法律形式明确了中国大洋协会对7.5万平方千米的合同区内多金属结核具有专属勘探权和优先商业开采权，这也是我国首份国际海底区域勘探合同。初步估算，该勘探合同区有4.2亿多吨金属结核，其中含锰11 175万吨、铜406万吨、镍514万吨、钴98万吨，在当时可预期的回采率条件下可满足年产300万吨多金属结核矿开采20年的需求。

2015年7月，国际海底管理局核准了中国五矿集团公司提出的东太平洋海底多金属结核资源勘探矿区申请。该矿区位于东太平洋克拉里恩－克利珀顿断裂带，面积为7.274万平方千米。这也是发展中国家以企业名义获得的第一块矿区。

2019年7月，在牙买加首都金斯敦举行的国际海底管理局第25届会议上，北京先驱高技术开发公司提交的多金属结核勘探工作计划获得批准。多金属结核勘探矿区位于西太平洋国际海底区域，面积约为7.4万平方千米。

### 2. 多金属硫化物

2011年7月，中国大洋协会在西南印度洋国际海底区域获得了1万平方千米具有专属勘探权的多金属硫化物资源矿区，并在未来开发该资源时享有优先开采权。这是自国际海底管理局2010年5月7日通过《"区域"内多金属硫化物探矿和勘探规章》后接受和核准的第一份矿区申请。

### 3. 富钴结壳

我国自1997年正式开始对中太平洋海山区（位于中太平洋海盆北缘，夏威夷－天皇海岭以西，美国威克专属经济区与夏威夷专属经济区之间的国际海域）进行有计划的调查。2013年7月，国际海底管理局核准了中国大洋协会提出的西太平洋富钴结壳矿区勘探申请。此次申请的富钴结壳区位于富钴结壳资源分布富集的西太平洋海底区域，面积为3 000平方千米。自此，我国成为世界上首个拥有3种主要国际海底矿产资源专属勘探矿区的国家。

---

**自主探究**

　　查阅资料，了解我国海洋矿产资源的分布特点，进一步了解渤海、黄海、东海和南海蕴藏的海洋矿产资源情况。

---

## 四、我国的海洋化学资源

海洋化学资源是指海水中所含的大量化学物质。地球表面海水的总储量为13.18亿立方千米，占地球总水量的96.5%。科学家现已发现海水中溶存着80多种元素（图2-1-27）。据计算，每立方千米海水中含有3 750万吨固体物质；其中，除了约3 000万吨氯化钠外，镁、钾、溴、碘、

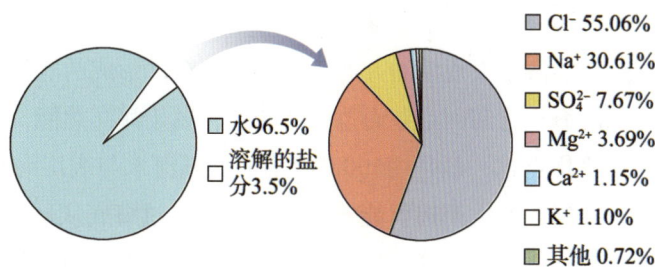

- $Cl^-$ 55.06%
- $Na^+$ 30.61%
- $SO_4^{2-}$ 7.67%
- $Mg^{2+}$ 3.69%
- $Ca^{2+}$ 1.15%
- $K^+$ 1.10%
- 其他 0.72%

水96.5%　溶解的盐分3.5%

图2-1-27　海水中的化学物质含量示意图

钍、钼、铀等化合物的量也十分可观。据估计，可以从海水中提取的化学物质约60种。海水资源利用包括海水直接利用、海水淡化、海水综合利用以及海水农业利用等。海水直接利用是用海水代替淡水作为工业用水和生活用水。海水淡化是海水利用的重点，大多采用热法和膜法来制取淡水。

### （一）对海水溶解物的利用

海盐是我国盐业生产的重点，我国在5 000年以前（仰韶时期）就已能从海水中提盐。从辽东半岛到海南岛，我国沿海12个省、自治区、直辖市都有盐场分布。

目前，我国从海水中提取的化学元素主要有镁、溴、碘等，对其他元素的提取还在研究之中。镁在海水中含量很高，主要以氯化镁和硫酸镁的形式存在，工业上主要利用制盐的苦卤生产各种含镁化合物，然后通过电解镁的化合物来制取金属镁。溴在海水中的浓度较高，地球上99%以上的溴都贮存在海水里，故溴被称为"海洋元素"；溴主要以溴化镁、溴化钠等形式存在于海水中，可借助于制盐的卤水提溴，也可以从海水中直接提溴。碘属于微量元素；某些海藻可以从其周围海水中富集碘，如海带含有高达0.5%的碘，故以海藻为原料间接从海水中提取碘较普遍。钾在海水中的储量远远超过陆地上钾盐矿物储量，我国在陆地上尚未发现大储量可溶性钾矿，主要是从制盐生产的苦卤中提取钾，目前以天然无机交换剂为富集剂从海水中提取钾的方法已通过千吨级的中试试验，为建立我国的海水提钾工业奠定了基础。

### （二）海水直接利用与海水淡化

一是直接利用海水。我国在沿海地区电力、冶金、化工等行业推广海水冷却，在沿海地区生活领域推广使用海水冲洗、除尘、消防等。现在我国火力发电总用水量约为500亿吨，如果沿海地区新建和扩建的电厂都使用海水做冷却水，则每年可节省350多亿吨的淡水。

二是海水淡化。截至2020年年底，我国有海水淡化工程135个，工程规模约为165万吨/日。海水淡化主要用于工业和生活两方面：工业用水主要集中于沿海经济发达地区的重工业行业；生活用水主要集中于海岛地区和天津、青岛2座城市。

### 五、我国的海洋能量资源

海洋能量资源主要包括海水运动过程中产生的潮汐能、潮流能、波浪能、海流能，海水因温差和盐度差而引起的温差能与盐差能以及海洋风能，其特点为蕴藏量巨大、可以再生。潮汐能是指受月球和太阳对地球产生的引潮力的作用而周期性涨落所储存的势能，是人类开发最早的一种海洋能。截至2019年，全世界海洋潮汐能的总储量至少为30亿千瓦。潮流能是指月球和太阳的引潮力使海水产生周期性的往复水平运动而形成的动能，规律性较强，能量稳定，具有较高的开发价值。波浪能是指蕴藏在起伏的波涛中的能量，是海洋能源中蕴藏量最丰富的一种，是潮汐能蕴藏量的几十倍。波浪能的能量转化装置相对简单，具有储能大、能量密度高、对环境影响小等优点。海流能是指海流所具有的动能，海洋中由于海水温度、盐度分布的不均匀而导致海水密度不均和压力梯度，或由于海面上风的作用产生的海水大规模的方向基本稳定的流动形成的能量，可用于助航、发电等。温差能是指表层海水与深层海水之间因温差而蕴含的能量，属于海洋热能，具有储量巨大以及可再生、清洁、能量输出波动小等优点，一般是用500米以下的低温海水与表层海水的温度差来发电。海洋热能包括海洋表面层吸收并储存的太阳辐射能、海洋热流（通过海底从地球逸出的热量）、海洋其他物质生成或其他形式能量转换成的热能等。盐差能是指海水与淡水之间或两种含盐浓度不同的海水之间的化学电位差能，主要存在于河流与海洋的交接处。据推算，每条江河在入海口的渗透压能相当于一个240米高的水位所产生的势能；地球上存在着$26 \times 10^8$千瓦可利用的盐差能。海洋风能是指海面上空的风具有的动能，主要用于风力发电。与陆地相比，海面上空气压中心附近的风没有阻挡，风力很大。

### （一）我国的潮汐能利用

我国沿海的潮汐主要是太平洋潮汐传入形成的，受天文、径流以及海湾形态等多种因素的影响，近海平均潮差分布及变化的总趋势为南海最小、黄海和渤海次之、东海最大。在世界范围内，我国的潮差属中等水平，潮汐能资源理论蕴藏量为1.1亿千瓦，可开发利用的装机容量约为2 000万千瓦，可开发的年发电量约为600亿千瓦时；其中，福建和浙江两省优势显著，可开发利用的装机容量占全国的88%。

我国拥有许多适合建造500千瓦以下装机容量潮汐发电站的站址。我国从20世纪50年代开始研究潮汐能发电技术，并于1958—1970年间，建设过约50座潮汐试验电站。1972年，浙江建成海山潮汐电站，这是我国唯一的双库、单向、全潮蓄淡、蓄能发电和库区水产养殖综合开发的小型潮汐电站；1980年，第一座"单库双向"式温岭江厦潮汐电站（图2-1-28）建成，总装机容量为3 000千瓦，是当时世界第二大潮汐发电站；2007年，浙江省乐清湾北端的江厦港建成采用双向发

图2-1-28　温岭江厦潮汐电站

电的灯泡贯流式水轮发电机组，总装机容量约为3 900千瓦，位居全球第四。

**（二）我国的潮流能利用**

我国潮流能资源空间分布不均，总体来看，东海和黄海近岸海域的潮流比渤海强。我国潮流能资源蕴藏量约为833.38万千瓦。其中，浙江省潮流能资源最丰富，约为516.77万千瓦，占全国潮流能资源蕴藏量的50%以上；其次是辽宁、山东、江苏、福建、广东、海南，潮流能资源蕴藏量约占全国潮流能资源蕴藏量的38%；其他沿岸海域潮流能资源较少。

潮流能可用于发电，其基本原理与风力发电类似，即先将海水动能转换为机械能，再将机械能转换为电能。自20世纪70年代起，我国开始研究潮流能利用技术。2002年，我国在浙江岱山县建成第一座潮流实验电站，总装机容量为70千瓦。2016年，我国建成世界上首台"3.4兆瓦LHD模块化大型海洋潮流能发电机组"首期1兆瓦发电模块，下海发电并成功并入国家电网，实现了大功率发电、稳定发电、并入电网三大跨越。2019年，"600千瓦海底式潮流发电机整机制造"项目通过验收，标志着我国潮流能机组研制水平迈上新台阶。2020年，浙江大学在舟山摘箬山岛建设的潮流能试验电站，最大发电功率达到637千瓦，有效降低了开发利用成本、提升了规模化应用。2022年2月，世界上单机容量最大的LHD1.6兆瓦潮流能发电机组"奋进号"（图2-1-29）再次下海，经过2个多月试用后，正式并入国家电网，预计年发电量为200万千瓦时，每年可以实现减排二氧化碳近2 000吨。目前，我国潮流能总装机规模已达3 820千瓦，居全球第二位，仅次于英国，我国成为世界上少数几个掌握规模化潮流能开发利用技术的国家，并在潮流能发电机组连续运行时间等方面达到世界先进水平。

图2-1-29　世界最大单机容量潮流能发电机组"奋进号"

**（三）我国的波浪能利用**

我国近海离岸20千米波浪能蕴藏量约1.5亿千瓦，可开发利用量为2 300万～3 500万千瓦，波浪能资源相当可观。我国波浪能分布极不均匀，北方低于南方，近海少于外海，蕴藏量以广东、福建沿海最多。

图2-1-30 鹰式波浪能发电装置中的"鹰头"

波浪能发电的基本原理是通过物体的运动将波浪能转换为机械能，或者利用波浪爬高将波浪能转换为水的势能，再利用能量转换装置将水的势能转换为机械能，然后通过传动机构、汽轮机、水轮机或油压马达驱动发电机发电。我国很早就开展了对波浪能的研究。1984年，中国科学院广州能源研究所研制了航标式微型波能转换装置并在沿海海域投入使用。2013年，山东大学开发了120千瓦漂浮点吸收式液压波浪发电系统，采用双定子、双电压结构进行波浪发电。2014年，中国海洋大学在青岛市黄岛区斋堂岛海域成功投放10千瓦级组合型振荡浮子波能发电装置。2020年，采用鹰式波浪能发电装置"舟山号"建成的山东威海浅海海上综合实验场和广东珠海万山波浪能实验场正式交付使用，首台装机功率达500千瓦，是我国单台装机功率最大的波浪能发电装置，为我国波浪能利用技术的工程化、实用化和规模化积累了经验。图2-1-30为鹰式波浪发电装置中的"鹰头"。

### （四）我国的海流能利用

我国海域辽阔，既有风海流又有密度流，既有沿岸海流又有深海海流，这些海流流量变化不大且流向稳定。我国海流能可开发的资源量约为1 400万千瓦，其中以浙江沿岸最多，占全国海流能可开发的资源总量的一半以上。海流能主要用于发电，其原理类似风力发电，因而风力发电机皆可改造成海流能发电机。海流能发电装置可以固定于海底，也可以安装在一个浮体的底部，然后用锚链将浮体固定在海上。海流能发电技术比陆地上的河流发电优越得多，既不受洪水的威胁，又不受枯水季节的影响，水量和流速常年不变，是一种非常可靠的能源。

20世纪70年代末，我国舟山的何世钧先生曾进行过海流能开发研究，建造了一个试验装置并得到了6.3千瓦的电力输出。20世纪80年代初，哈尔滨工程大学开始研究一种直叶片的新型海流透平，获得较高的效率，并于1984年完成60瓦模型的实验室研究，之后开发出千瓦级装置在河流中进行试验。20世纪90年代以来，我国开始计划建造海流能示范应用电站，在"八五""九五"科技攻关中均对海流能进行连续支持。2020年，哈尔滨工程大学建造了75千瓦的潮流电站。我国与意大利合作在舟山地区联合开展了海流能资源调查，计划开发140千瓦的示范电站。在国家海洋局专项资金的支持下，浙江舟山联合动能新能源开发有限公司历经7年研发，首套发电机组自2016年7月下海测试发电，安全平稳运行了168天。在此之前，世界上仅有英国和美国掌握海流能发电并网技术，而能否实现海流能稳定发电仍是技术难题。2017年1月12日，国家海洋可再生能源资金项目——LHD-L-1000林东模块化大型海流能发电机组（图2-1-31）项目（一期）在浙江舟山通过专家验收。该项目破解了海流能稳定发电的技术难题，使我国成为世界上继英国、美国之后，第三个实现海流能发电并网的国家。2020年，由浙江

图2-1-31 浙江大学自主研发的海流能发电机组

大学自主研发的大长径比半直驱高效水平轴650千瓦海流能发电机组恢复并网发电，创国内最大发电功率纪录。

### （五）我国的温差能利用

我国近海各海域温差能分布情况存在较大差异，但总体上温差能储量丰富。据调查和估算，理论蕴藏量为$1\,518.9\times10^{16}$千焦。其中，渤海水深较浅，表层和深层温差不大，基本不存在开发价值；黄海海域为$14.1\times10^{16}$千焦，温差较小，开采经济效益差；东海海域为$208.8\times10^{16}$千焦，温差能资源随季节变化波动较大，开发难度较大；南海海域为$1\,296\times10^{16}$千焦，约占90%。南海海域表层海水与深层海水温差等于或大于18 ℃，十分有利于温差能的开发利用。

温差能的开发利用方式主要是利用表层海水蒸发或使工质蒸发来推动涡轮机运转。20世纪80年代初，国家海洋技术中心、中国科学院广州能源研究所和中国海洋大学等单位开始开展海洋温差能利用研究。2004年，天津大学成功利用温差能驱动研发了水下滑翔器；2008年，中国科学院广州能源研究所利用电厂蒸汽余热加热工质进行热循环，完成了发电装置用于温差能模拟研究。2012年，国家海洋局第一海洋研究所建成了我国首座自主研发的温差能试验发电站（图2-1-32），总装机容量为15千瓦，使我国成为继美国和日本之后第三个实现温差能发电的国家。

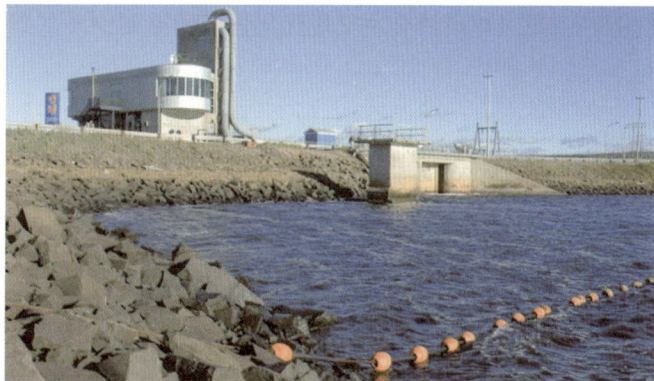

图2-1-32 国家海洋局第一海洋研究所自主研发的温差能发电站

### （六）我国的盐差能利用

我国近海省份盐差能总蕴藏量丰富，达$1.13\times10^{8}$千焦。其中，长江口及其以南沿岸海域盐差能资源蕴藏量达$1.07\times10^{8}$千焦，占全国盐差能资源总蕴藏量的94%；而长江口是入海河流盐差能资源蕴藏量最大的，约为$0.77\times10^{4}$千焦，占全国盐差能资源总蕴藏量的68%。

1979年，我国开始研究盐差能发电。1985年，西安冶金建筑学院（今西安建筑科技大学）利用半渗透膜法和干涸盐湖盐差研制了发电试验装置。2015年，国家海洋可再生能源专项资金首次设立盐差能项目，资助中国海洋大学承担的"盐差能发电技术研究与试验"项目，主要用于盐差能相关技术研究和试验。2018年，中国科学院理化技术研究所与吉林大学合作，成功制备了系列表面电荷密度和孔隙率可调控的大面积3DJanus多孔膜。现在，我国的盐差能开发利用主要处于原理探索和实验室研究阶段。

### （七）我国的海洋风能利用

我国近海属于风能丰富区和较丰富区，其中台湾海峡和东海南部海区风能最为丰富。我国沿海滩涂面积大、地形平坦，近海30～50米水深的海域广阔，适合海洋风能的开发利用。

我国的大型海上风电场主要集中在东部沿海地区。2007年，中国海洋石油总公司在渤海辽东湾建成了我国首座海上风力发电站，标志着我国海上风力发电有了实质性突破。2010年，我国第一个海上风电示范项目——上海东海大桥海上风电场并网运行。2019年，我国累计装机容量4.9吉瓦，首次成为世界上已投运项目装机容量排名前三的国家，全球23个在建海上风电项目中有13个在我国。截至2021年底，我国可再生资源发电机达到10.63亿千瓦，占总发电装机容量的44.8%，海上风电装机规模跃居世界第一。国际能源署预测，到2040年，我国海上风电装机容量将与欧盟相当。

合作研讨

　　小组合作，参照表2-1-1"海洋资源分类"，查阅资料，交流研讨我国的海洋空间资源及其开发利用情况。

## 拓展·深化

　　1. 网上观看自然资源部世界海洋日宣传片《珍惜海洋资源，保护海洋生物多样性》，了解我国的海洋资源，写一篇观后感。

　　2. 储量丰富的海洋资源是我国建设社会主义现代化强国的重要物质基础。搜集资料，制作"海洋资源——我国建设社会主义现代化强国的重要物质基础"微视频。

# 专题 2

## 蓬勃发展的海洋产业

### 任务·目标

（一）任务

1.学习本专题中"造船业"，自主探究近年来我国制造的"海上巨无霸"。

2.学习本专题中"海盐业、海洋化工与海水淡化"，网上观看纪录片《生命之盐》并撰写观后感，创意绘制我国现代海水资源开发利用思维导图。

3.学习本专题中"海洋渔业"，合作研讨我国的海洋牧场建设。

4.学习本专题中"海洋运输业""海洋油气业"，合作研讨我国海洋运输业和海洋油气业的发展情况。

5.学习本专题中"海洋旅游业"，合作研讨我国海洋旅游业的主要特点和发展趋势。

6.撰文论述"中国海洋产业发展"。

（二）目标

1.认识海洋产业的种类，能说明各海洋产业的特点，增强海洋经济意识。

2.了解我国海洋产业的发展状况，能说明我国造船业、海盐业、海洋化工与海水淡化、海洋渔业、海洋运输业、海洋油气业以及海洋旅游业的发展历史，能说明现代海洋产业对于建设社会主义现代化强国的重要意义，增强新时代大学生的责任担当意识。

### 情境·问题

#### 海洋产业，大有作为

《中华人民共和国国民经济和社会发展第十四个五年规划和2035年远景目标纲要》明确提出，我国要"积极拓展海洋经济发展空间""协同推进海洋生态保护、海洋经济发展和海洋权益维护，加快建设海洋强国"。在我国宏观经济发展平稳、政治社会环境持续优化、海洋资源蕴藏丰富、海洋科创环境持续向好的大背景下，我国海洋经济增长势头强劲，为我国经济发展注入了新活力。其中，以海洋科技创新为主要着力点推动我国海洋产业朝着高端化、绿色化、集群化与智能化方向发展起到了十分重要的作用。

2022年11月24日，在2022全球海洋中心城市论坛开幕式上，中国海洋发展基金会副理事长兼秘书长潘新春总结了我国海洋产业的五大特点：一是在空间布局上形成三大经济圈，二是在经济效应上形成集群发展，三是在产业优势上出现多个全球第一，四是在科技驱动上自创成果显著，五是在海洋强省建设上速度不断加快。

潘新春进一步指出，海洋产业一定是朝着绿色、低碳、智能、高效、安全方向发展的产业（图2-2-1），不断进行新旧动能转换即用新技术替代旧技术、新材料替代旧材料、新模式替代旧模式、

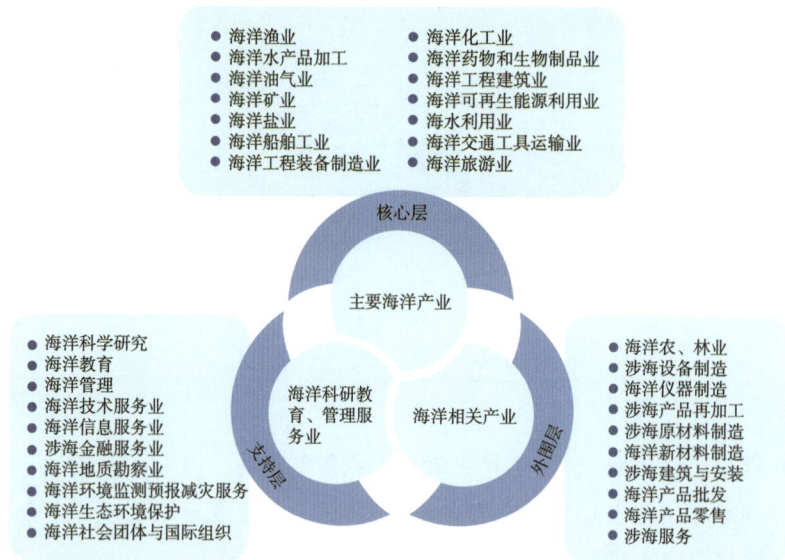

图2-2-1　中国海洋经济主要产业覆盖示意图

新业态替代旧业态，朝着绿色、低碳、智能、高效、安全方向发展，既是对海洋产业发展的要求，也是海洋产业发展的趋势，更是海洋产业发展的必然。因此，十大海洋产业将成为最有前景的产业：一是海洋清洁能源开发（包括海上风能、温差能、海上太阳能等），二是绿色海洋牧场与深远海大型智能养殖（将金枪鱼、三文鱼等名贵鱼类圈养），三是海水淡化与综合利用业（解决海岛和某些沿海地区因淡水不足而限制发展问题），四是海洋医药与生物制品（包括深海基因、海洋保健品开发应用等），五是海洋体验、游学、康养式旅游，六是绿色智能船舶制造（包括超大型LNG船、集装箱船、货运船、特殊功能船等），七是绿色智能海洋工程装备制造（包括开发利用海洋资源的所有工程装备），八是绿色智能港口，九是深海采矿（包括深海油气、多金属结核等），十是海洋感知系统、海洋信息和海洋数字经济。

　　当前，我国正在通过科技创新孕育海洋新兴产业、努力提升海洋服务业价值链转型升级、加强"智慧海洋"数字化建设、全方位拓展产业发展空间、加快构建海洋新质生产力，从"要素集聚"阶段走向"集聚创新"新阶段。未来，随着海洋经济空间布局不断优化、现代海洋产业体系加快构建、海洋科技自主创新能力持续提升、海洋资源保护与开发协调推进，我国海洋经济高质量发展态势将得到进一步巩固。

### 问题导引

1. 什么是海洋产业？海洋产业都包括哪些？
2. 从古至今，我国海洋产业经历了怎样的演变历程？
3. 海洋产业的创新发展对于我国建设海洋强国具有什么重要意义？

### 探究·发现

　　我国的海洋产业经过了不断发展，表现出强大的生命活力。

## 一、造船业

### （一）古代造船业

早在远古时代，我国先民就已掌握了造船航海技术。在浙江跨湖桥遗址等处的考古工作中独木舟、船桨等物已多有发现。

夏商周时期，我国出现了用木板制作而成的木板船。

春秋战国时期，诸侯争霸促进了造船业的发展，帆、舵、桨等相继出现。

秦汉时期，海上丝绸之路的发展使我国对船只的需求大幅增加，我国造船业迎来了第一个高峰期。那时我国已具备了制造大型木帆船的能力。汉代典籍《释名》中有载："其上屋曰庐，象庐舍也。其上重屋曰飞庐，在上故曰飞也。又在其上曰爵室，于中候望之，如鸟雀之警视也。"通过这段描述，我们至少可以确定楼船在汉代已经出现。图2-2-2为《武经总要》中的楼船。那时的船已用多桨推进，大船已用20支桨，并有了船舱等设施。2014年，我国考古工作者在陕西西安汉长城北渭桥遗址发现了至今我国最早最完整的汉代木板船。整船残体长9.71米，中宽1.98米，前宽1.3米，后宽1.7米，中部深0.83米。

图2-2-2　《武经总要》中的楼船

唐宋时期，经济的繁荣以及海外贸易的扩展使我国的造船业进入第二个发展高峰期。为了满足漕运的需求和发展，政府相继在扬州、洪州（今江西南昌）、秀州（今浙江嘉兴）、江宁（今江苏南京）等地设立船厂，用来制造各种类型的船只。唐大历到贞元年间（766—805），富商俞大娘建有大船，这种船被称为俞大娘船

图2-2-3　俞大娘船

（图2-2-3）。《唐国史补》载："江湖语云，水不载万，言大船不过八九千石。然则，大历、贞元间有俞大娘航船最大，居者养生送死嫁娶悉在其间。开巷为圃，操驾之工数百。南至江西、北至淮南，岁一往来，其利甚博，此则不啻载万也。""不啻载万"是说载重量差不多达到一万石了。俞大娘船上的驾驶人员有数百人之多，由此可以想象到船的规模之大。

明朝时期，国家政策的制定和对外交流的需求，促使我国的造船业迎来了巅峰时期。造船厂广布，其中江苏、福建、浙江等省份的造船业最为发达，造船厂的规模、配套设施、船舶质量等都领先于世界其他国家。正是因为明朝造船业的高水平发展，才成就了郑和七次下西洋的壮举。

### （二）近代造船业

明代中后期至清代，因海疆形式变化和海禁政策的实施，我国的造船业受到很大冲击。西方发明并应用了蒸汽机后，造船业形成了优势。在鸦片战争失败后的洋务运动中，1865年曾国藩和李鸿章在上海创办了江南制造总局，于1867年开始建造中国第一艘机器动力兵轮，于1868年生产出我国第一艘名为"惠吉"号的自造木制汽船。

1866年，福州船政局在福建创建，它是我国当时规模最大、设备最完整的造船基地。福州船政局

于1869年制造出第一艘船舶，名为"万年清"号。

从1870年至1876年，先后有福建水师旗舰"扬武"号（图2-2-4）等18艘木壳轮船在福州船政局诞生。此后，福州船政局开始制造铁肋船和钢质舰，从1888年到1902年共造出了10余艘钢质舰。福州船政局对近代中国的军事工业和海军建设产生了重要的影响。

**（三）现代造船业**

新中国成立以后，我国造船业的发展大致经历了4个阶段。

第一阶段是1949年到1982年，这段时期造船业以海军军用舰船的生产和维修为主要生产活动，其间还包括一些直接为船队服务的修造船厂的生产活动。

第二阶段是1982年至1999年，原第六机械工业部与交通运输部部分企业合并，组建了中国船舶工业总公司。中国船舶工业总公司打破了部门、地区界限，实现

图2-2-4　福建水师旗舰"扬武号"

了工业同贸易、军品同民品、造船同修船、科研同生产的紧密结合，成为面向国内外市场的经济实体，标志着我国船舶工业体制改革进入了船舶工业外向型经济发展的崭新阶段。

第三阶段是1999年至2019年，原中国船舶工业总公司拆分为两大集团公司，分别为中国船舶重工集团有限公司（俗称"北方集团"）和中国船舶工业集团有限公司（俗称"南方集团"）。与此同时，以江苏、浙江、山东为代表的地方修造船厂及配套企业也如雨后春笋般成长起来，国内船舶制造业形成了以中国船舶工业集团公司、中国船舶重工集团公司和地方船厂为代表的三足鼎立的格局。

第四阶段是2019年10月至今。中国船舶集团有限公司是按照党中央决策、经国务院批准，于2019年10月由原中国船舶工业集团有限公司与原中国船舶重工集团有限公司联合重组成立的特大型国有重要骨干企业，拥有我国最大的造修船基地和最完整的船舶及配套产品研发能力，能够设计建造符合全球船级社规范、满足国际通用技术标准和安全公约要求的船舶海工装备，是全球最大的造船集团。图2-2-5为我国自主研制的全球最大的超大型集装箱船"地中海泰莎"号。图2-2-6为我国自主设计建造的全球最大的火车专用运输船"切诺基"号。

图2-2-5　我国自主研制的全球最大的超大型集装箱船"地中海泰莎"号

图2-2-6　我国自主设计建造的全球最大的火车专用运输船"切诺基"号

高附加值船舶建造是衡量一个国家造船水平的重要标志。随着我国造船产业的转型升级，我国在高附加值船舶领域的竞争力正在不断提升。2022年，我国造船业紧抓全球大型液化天然气（LNG）运输船需求爆发式增长的新机遇，央企和民营船企共同发力，形成了以沪东中华、大船重工、江南造船、招商工业和江苏扬子江船业等大型LNG船总装建造企业为主力的"兵团"。我国承接的大型LNG运输船订单约占全球总量的30%，创历史新高。图2-2-7为我国首款江海联运型LNG船"传奇太阳"号。

图2-2-7　我国首款江海联运型LNG船"传奇太阳"号

当前，我国已跻身于世界第一造船大国，造船完工量、新接订单量、手持订单量三大造船指标持续保持世界第一。

**自主探究**

查阅资料，了解近年来我国又有哪些"海上巨无霸"下水。

## 二、海盐业、海洋化工与海水淡化

### （一）海盐业

海盐业指从海水中制取食盐（氯化钠）的产业。海洋化工包括海盐化工、海水化工、海藻化工及海洋石油化工的产品及其生产活动。海水淡化即利用海水脱盐生产淡水。

#### 1. 古代海盐业

早在远古时代，我国先民就发现和利用盐了，并留下很多神话和传说。随着人们对海盐的需求量大增，先秦沿海国家的海盐生产获得了突飞猛进的发展。

春秋战国时期，许多诸侯国因开发利用海洋渔盐资源而富强兴盛。齐国凭借优越的沿海地理位置和丰富的渔盐资源，获得了发展的机遇，成为海盐生产的重要基地。齐国著名的政治家管仲创制了一套食盐民产、官收、官运、官销的"海盐官营"制度，为齐国的富强奠定了坚实的基础。这一政策为历代效法，管仲因此被尊为三大"盐宗"之一。

汉武帝时期，实行盐铁官营政策，该政策延续了2 000多年。

宋代制定了"盐引制",商人从政府那里购买盐引,盐引上写着具体的支盐数量、运送时间、地点等信息;然后,商人拿着盐引到盐产地支盐,再将这些食盐运送到指定的地点进行贩卖。这一制度,一方面保证了国家税收,另一方面通过把权力下放给商人,提高了流通效率。

元代继承了宋代的盐引制度并对其进行调整,盐引成为商人运销食盐的凭证。

明朝时期,为了保证边防地区人民的生活、促进边防地区的发展,朝廷鼓励商人将粮食运输到边塞,这样才能换取盐引(图2-2-8)。

清代,盐业更是得到了长足发展,俗语"天下第一等贸易为盐商"足以说明盐商在当时的重要地位(图2-2-9)。

图2-2-8 明代产盐图　　　　图2-2-9 清代盐引

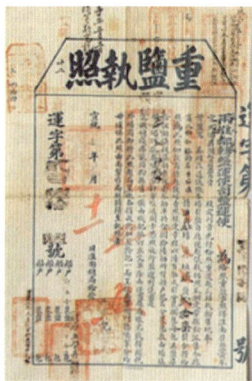

### 2. 近代海盐业

鸦片战争后,英、法等列强为获取巨大利润多次要求清政府开放食盐进出口,以便参与我国内地的食盐运销活动,并借助外轮在我国沿海地区走私贩盐。清末,列强对我国发动一系列武装侵略,迫使清政府偿付一笔笔大宗赔款并以盐税作为担保,我国的盐政主权受到极大的侵犯。

北洋政府时期,全国盐务逐渐实行资本主义形式下的"自由贸易制",打破了盐业原有的生产、销售模式。

南京国民政府时期,张謇创办了我国近代第一家制盐公司——同仁盐业公司。"中国民族化学工业之父"范旭东创建了久大精盐公司,抑制了"洋盐"的进口。

抗日战争爆发后,我国盐业受到很大冲击。1931年"九一八"事变之后,辽宁盐区、天津长芦盐场、松江盐区以及晋北、河东、山东、两淮、湖北应城、内蒙古等盐产区都相继被日本人控制。日本人通过扩大盐田面积、压榨我国廉价劳动力来实现食盐的增产,致使沦陷区的盐业遭受了严重的摧残,出现严重的食盐荒。在中国共产党领导下的抗日根据地包括沿海地区根据地中,盐业生产不仅满足了边区内部军需民用的要求,而且成为边区政府财政收入的重要支柱。

### 3. 现代海盐业

新中国成立以后,随着制盐技术的进步,我国海盐的产量不断增长。我国从辽东半岛到海南岛,沿海12个省、自治区、直辖市有30多座盐场(区)。其中,我国四大盐场分别是长芦盐场、苏北盐场、布袋盐场、莺歌海盐场。现在,我国已成为世界第一大产盐国。

当前,我国的海盐生产一般采用日晒法,即利用滨海滩涂筑坝开辟盐田,通过纳潮扬水,吸引海水灌池,经过日照蒸发变成卤水;当卤水浓度蒸发达到25波美度时析出氯化钠,即为原盐。日晒法一般分为纳潮、制卤、结晶、收盐四大工序。纳潮是指利用潮汐运动或动力抽取取得外海高盐度的海水。制卤是指将海水引入蒸发池后,逐步提高海水浓度,最后浓缩成饱和卤的过程。结晶是指海水通过蒸发、浓缩实现海盐浓度的增加,进而达到过饱和,最终析出氯化钠晶体的过程。收盐是指利用人工或机械的方式,将结晶长成的盐收起堆垛的过程。

## (二)海洋化工

海洋化工业是以海洋中的一些物质作为原料,通过工业生产进行提取、分离并纯化,然后形成产品销售的一门产业。最常见的海洋化工业包括以海盐、溴素、钾、镁及海洋藻类等直接从海水中提取的物质作为原料进行的一次加工产品的生产，烧碱（氢氧化钠）、纯碱（碳酸钠）以及其他碱类的生产，还包括以制盐副产物为原料进行的氯化钾和硫酸钾的生产、溴素加工产品以及碘等其他元素加工产品的生产等。我国的海洋化工业从20世纪60年代开始发展，现已成为发展速度最快、产值增加最多的海洋新兴产业之一。

### 1. 海盐化工

海盐化工主要指生产两碱——烧碱、纯碱。

现在的海盐生产往往与海盐化工结合在一起，形成了庞大的海洋化工循环产业体系。例如，唐山南堡经济开发区经过近30年的开发建设，按照"发展产业集群、实现资源集约"的理念，依托南堡盐场、三友集团等80余家企业，构建起上游"海盐生产"、中游"两碱一化"、下游"氯气综合利用"的海洋化工循环产业体系，串联起原盐、纯碱、烧碱、氯气、有机硅、纤维、钛白粉、碳酸锂等24个海洋化工项目，打造全国最大的海洋化工循环产业基地。2022年年底，唐山南堡经济开发区海盐化工产品产量位居亚洲第一，海洋化工循环产业经济总量达400亿元。

### 2. 海水化工

海水化工主要包括多种无机盐及溴、钾、镁等资源的提取。

溴素提取是海洋化工的主要分支。溴及其衍生物是制药业和制取阻燃剂、钻井液等的重要原料。盐卤和海水是提取溴的主要来源。海水提溴技术有水蒸气蒸馏法、空气吹出法、溶剂萃取法、沉淀法、吸附法等。

海水中钾的总储量达550万亿吨，是全球陆地钾矿总储量的几万倍。我国自20世纪70年代开展海水提钾研究，发展了以天然无机交换剂为富集剂的提钾工艺流程，80年代发展了"半冠醚"型有机分子海水提钾工艺，然后又发展了天然沸石叠加吸附工艺流程，年产60吨氯化钾和年产500吨氯化钾的扩试装置已投入运转，使我国海水提钾技术达到世界先进水平。

### 3. 海藻化工

我国拥有丰富的藻类资源。现在，藻类化学品包括微藻制油、海藻制纤维、海藻制化肥等正成为国内企业重点开发的领域之一。山东科技大学化学与环境工程学院清洁能源研究中心开展了将浒苔炼化为生物原油的研究，开发了高含水生物质带有预处理的连续快速水热液化制取液体燃料技术，使得1吨干浒苔能提炼出300～350千克生物原油、400千克木醋液和150千克半焦等。生物原油经过分离精制即可生产出适合汽车使用的汽油和柴油。除了传统的褐藻，海藻中的另一重要种类——红藻同样具有制造纤维制品的潜力。红藻纤维带动了海藻养殖、纤维、纺织等行业发展，形成新的产业链和经济增长点。

### 4. 甲壳质化工

甲壳质是由虾、蟹甲壳提取的含有氨基的多糖类物质，是一种天然的生物高分子，在废水处理、食品工业、纺织、日用化学品、农业、生物工程和医药等领域具有广泛用途。甲壳质的年生物合成量约为100亿吨，是地球上的第二大类有机资源。目前，我国甲壳质及其衍生物生产已经初具规模，年产甲壳质及衍生物3万～4万吨，产值百亿元以上。

### （三）海水淡化

海水淡化技术随着科技的发展也在不断地更新迭代。海水淡化在20世纪30年代主要采用蒸馏法，50年代以来主要运用多级闪蒸法，20世纪中后期逐渐发展起电渗析法、反渗透法和低温多效蒸发法等多种有效的海水淡化方法。

目前，我国已建成海水淡化工程144个，日均工程规模达185.6万吨，主要分布在辽宁、天津、河北、山东、江苏、浙江、福建、广东、海南9个沿海省、市，主要采用反渗透和低温多效蒸馏两种海水淡化技术。《2021年全国海水利用报告》中指出，到2025年，全国海水淡化总规模达到290万吨/日以上，新增海水淡化规模125万吨/日以上，其中沿海城市新增海水淡化规模105万吨/日以上，海岛地区新增海水淡化规模20万吨/日以上。

**创意制作**

查阅资料，绘制我国现代海水资源开发利用思维导图。

### 三、海洋渔业

海洋渔业是指从事海洋捕捞和海水养殖的海洋产业。

#### （一）海洋捕捞业

海洋捕捞指利用各种渔具、渔船及设备在海洋中对海洋鱼类和其他水生经济动植物的捕捞，主要捕捞各种鱼、虾、蟹、贝、藻类等天然海水动植物。海洋捕捞业是传统海洋产业，是海洋水产业的重要组成部分。

#### 1.古代海洋捕捞

新石器时代，捕鱼生产在我国南北各地普遍展开。当时主要使用的渔具有弓箭、鱼镖、鱼叉、鱼钩、渔网、鱼筌、鱼卡。距今7 000年前，居住在今浙江余姚的河姆渡人，已经将渔船开到开阔的水域去捕鱼。5 000年前，居住在今山东胶州的三里河人，已经以捕捞海鱼为生。夏文化遗址出土的渔具有制作较精良的骨鱼镖、骨鱼钩和网坠，反映出当时的捕捞生产已有进步。《竹书纪年》说夏王芒"东狩于海，获大鱼"，表明海上捕鱼是当时一项受重视的生产活动。

《易经·系辞下》载"作结绳而为网罟，以佃以渔"，说明先民已经开始学会编制捕鱼工具，用渔网进行捕鱼，捕鱼技术有了一大进步。

春秋战国时期，海洋渔业成为沿海诸侯国经济发展的主要途径。《荀子·王制》载："东海则有紫绐、鱼、盐焉""故泽人足乎木，山人足乎鱼。"这足以看出鱼产品已经成为人们之间用来交换的商品，渔业贸易在这个时期已经产生了。楚国、越国位于沿海地区，丰富的海洋渔业资源使它们成为富庶之地。

秦汉时期，海洋采集捕捞业已十分发达。在汉代早期成书的《尔雅》中，记述了20余种鱼的名称，其中海鱼有五六种。东汉许慎的《说文解字》记载各类鱼的名字70余种，海鱼有一二十种。当时的捕鱼技术也有了很大的进步。汉代重视定置渔具，其中包括箔旋。箔旋由若干箔帘连结，道道相套，层层递进，对鱼类进行诱捕。西汉桓宽在《盐铁论》中还提到以香饵诱捕鱼鳖龟龙的方法。东汉时期，人们则创造了新的捕鱼方法——"拟饵法"，即将红色木质鱼放置在水中作为诱饵来引诱大鱼上钩，从而增加捕捞量。

到了唐代，捕鱼逐渐实现了专业化、专门化，渔民捕鱼的工具也越来越丰富、专业，渔具主要包括鱼叉、钓具、渔网、渔笼等。

宋元明清时期，捕捞海域逐渐由近岸向外海扩展，同时出现了不少新的渔具和捕鱼方法。宋代，随东南沿海地区经济的开发和航海技术的进步，大量经济鱼类资源得到开发利用，浙江杭州湾外的洋山成为重要的石首鱼渔场，每年三四月大批渔船竞往采捕，渔获物盐腌后供常年食用，也有的冰藏后运销远地。

明朝，海上捕鱼得到很大发展。到明朝后期，政府建立渔船苫棚制度，组织渔民下海捕鱼。这时以两艘船为一生产单位。其中，一艘称网船，负责下网起网。另一艘称煨船，供应渔需物资、食品及贮藏渔获物。用两艘船拖网，可使网口张开，获鱼较多。这种捕鱼方式逐渐得到推广。

清初，广东沿海开始用双船有环围网捕鱼。围网深八九丈、长五六十丈，装有藤圈和铁圈，贯以钢索以为放收。捕鱼时先登桅探鱼，见到鱼群即以石击鱼，使鱼惊慌入网，这是民众围网捕鱼的起始。此后，浙江沿海出现的饵延绳钓钓捕带鱼及其他海鱼，逐渐发展成浙江渔业的重要方式之一。

### 2. 近代海洋捕捞

19世纪中叶，西方资本主义国家的渔业进入机轮捕鱼时代。光绪三十一年（1905），江苏南通实业家张謇会同江浙官商集资在上海成立江浙渔业公司，从德国购进一艘蒸汽机拖网渔船取名"福海"，在东海捕鱼。之后，我国的机船逐渐增多，渔业捕捞由近海向远海发展，但木帆船始终是我国海洋捕捞业的主要工具。

### 3. 现代海洋捕捞

新中国成立后，我国渔业发展发生了历史性变革，取得了举世瞩目的成就，在保障国家食品安全和农产品供给、增加农业农村收入、维护国家海洋权益和加强生态文明建设方面发挥了重要作用。改革开放以来，我国的海洋捕捞业发展迅速。作为全球海洋捕捞渔业大国，2019年我国海洋捕捞量就突破1 000万吨大关，稳居世界第一位。

从渔场利用的角度，海洋捕捞一般分为沿岸捕捞（水深40米以内处）、近海捕捞（水深40～100米处）、外海捕捞（水深100米处到大陆架边缘）和远洋捕捞（大陆架以外处）。海洋捕捞业产业链上游主要为渔船、渔具及其他相关捕捞设备等环节，中游为海洋捕捞环节，下游为水产品加工及各类销售渠道环节。

作为我国海洋渔业的重要组成部分，海洋捕捞行业对于渔业整体产业链的发展起着基础支撑作用，对渔业经济的全面发展也起到积极的联动促进作用。我国海洋捕捞产品种类主要有鱼类、甲壳类、贝类、藻类等。图2-2-10为我国海洋捕捞业产业链示意图。

我国生物生产力高、渔业资源丰富、渔场密布，但随着近海捕捞业的发展，过度捕捞和生态系统失衡导致海洋渔业资源严重衰退，进而引发赤潮、水母、绿潮等生态灾害。这一问题引起了国家的高度重视。近年来，我国的渔业经济增长方式发生重大转变，从

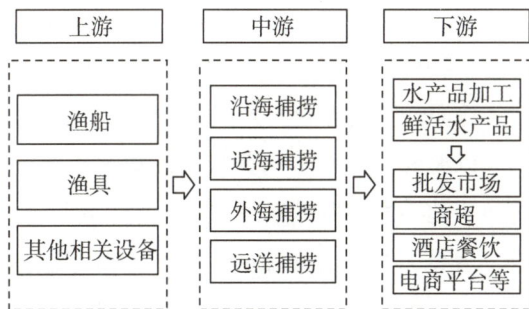

图2-2-10　我国海洋捕捞业产业链示意图（源自《2022年中国海洋捕捞行业分析，远洋渔业将为行业发展强劲动力》，华经情报网，2022-12-20）

过去单纯注重数量增长转变为更加注重质量和效益的提升；注重渔业资源的可持续发展，减缓海洋捕捞高速增长对渔业资源造成的压力；注重将海洋综合观测与研究、渔业资源调查和生态系统承载力评估有机结合起来，实行"伏季休渔"和"总量控制"相结合的渔业管理方案，恢复近海渔业资源，打造可持续发展的近海海洋捕捞业。

远洋渔业具有重要的战略意义。由于远洋捕捞需要深入大海进行作业，对于相关设备的要求极

高，因此其发展极大程度上取决于一个国家的经济实力、工业化程度和水平。目前全球有30余个国家（或地区）从事远洋渔业生产，但年产量超过10万吨的仅有中国、日本、韩国、美国和俄罗斯等10余个国家（或地区）。我国于1985年开始发展远洋捕捞渔业。这一年，第一批赴西非作业的12艘拖网渔船由福建马尾港起航，从此开启了我国远洋渔业发展的历程。我国远洋捕捞的主要品种为金枪鱼、鱿鱼、南极磷虾和竹荚鱼等。2022年，我国现有远洋渔船2 500余艘，远洋渔业年产量已经有230多万吨，不仅丰富了国内外市场、稳定了水产品价格，而且减轻了我国近海捕捞强度、保护了我国近海渔业资源，为国家海洋战略发展和国民生活的需要提供了丰富的优质蛋白。

### （二）海洋养殖业

我国古代除了海洋捕捞外也有海水养殖，不过，宋元以前海水养殖的品种为数极少。到了明清时期海水养殖品种有几十种。新中国成立后，我国的海洋养殖业得到了快速发展。

以海带养殖为代表的海洋藻类养殖浪潮。自20世纪60年代起，为了突破海带、紫菜等人工养殖技术瓶颈，我国科研人员创造性地提出了海带夏苗低温培育、陶罐施肥、海带南移等技术和方法，使我国成为世界第一海藻养殖大国。目前，全世界80%的海带产自我国。

以对虾养殖为代表的虾类养殖浪潮。我国自20世纪50年代开始进行对虾生活的调查研究工作，并于1960年人工培育仔虾获得成功；20世纪70年代末，突破了对虾工厂化全人工育苗技术，并在全国沿海地区及时推广，从根本上改变了我国长期主要依靠捕捞天然虾苗养殖的局面，为对虾养殖产业化奠定了基础；20世纪90年代初，成功引进南美白对虾等新品种，伴随着养殖技术体系的创建，我国对虾养殖产量跃居世界首位。

以扇贝养殖为代表的贝类养殖浪潮。我国自20世纪70年代末开始人工养殖扇贝，品种以栉孔扇贝为主。1982年，中国科学院海洋研究所张福绥首次从美国大西洋沿岸引进海湾扇贝，并系统研究解决了在我国海域养殖海湾扇贝的一些生物学与生态学问题，突破了产业化生产的一整套工厂化育苗与养成关键技术，在我国北方海域形成了一个海湾扇贝养殖的新产业，使我国贝类养殖产量跃居世界第一。

以大菱鲆养殖为代表的鱼类养殖浪潮。1992年我国从英国引进了冷温性鱼类——大菱鲆。经过多年的辛勤付出，我国科研人员在1999年终于突破大菱鲆育苗技术瓶颈，成功培育了100万尾鱼苗，开创了冷温性鱼类养殖的先例。

以海参、鲍鱼养殖为代表的海珍品养殖浪潮。20世纪70年代，对海参、鲍鱼等海珍品的大肆捕捞导致此类生物资源濒临枯竭。为了满足人们生活的需求，科研人员多次进行了海参、鲍鱼的人工育苗，培养了大批优质的海珍产品。2008年，我国海参养殖总产值达9万吨，总产值约200亿元。现在，我国鲍鱼养殖的产量占据世界半壁江山。

现今，我国在海洋养殖业中引入生态学的理念和方法，发展可持续的多营养层次综合海水养殖，打造"资源修复+生态养殖+高质高效"的现代海洋牧场，标志着我国的水产业逐步从捕捞转向养殖，养殖重心逐渐从淡水转入海水。

所谓海洋牧场，是在特定海域，通过增殖放流、生态养殖等措施，构建或者修复海洋生物繁殖、生长、索饵或者避敌所需场所，增殖养护渔业资源，改善海域生态环境，实现渔业资源可持续利用的模式，其实现形式主要是智能网箱和多功能海上平台。"十四五"规划纲要明确了"优化近海绿色养殖布局，建设海洋牧场，发展可持续远洋渔业"的目标，现在国家级海洋牧场示范区覆盖了渤海、黄海、东海和南海。图2-2-11为辽宁省大连市长海县小长山岛海域国家级海洋牧场。图2-2-12为全球第一艘10万吨级智慧渔业大型养殖工船"国信1号"。

图2-2-11　辽宁省大连市长海县小长山岛海域国家级海洋牧场

图2-2-12　全球第一艘10万吨级智慧渔业大型养殖工船"国信1号"

**合作研讨**

小组合作，查阅资料，交流研讨我国海洋牧场建设情况和今后的规划。

### 四、海洋运输业

海洋运输又称"国际海洋货物运输"，是国际物流中最主要的运输方式。根据联合国贸易和发展会议报告，当前国际贸易额的70%以上、国际贸易量的80%以上都是通过海运实现的。目前，我国的远洋运输船队已进入世界10强之列。

1993年，我国组建了中国远洋运输集团总公司。之后，我国海运船队的运力规模持续壮大，截至2021年年底达到3.5亿载重吨，居世界第二位。根据国际海洋航运形势的变化，我国宝钢、首钢等大型钢铁企业以及华能、神华、浙能富兴等电力、能源企业纷纷组建海运企业，大大推动了海洋运输业的发展。

目前，全球有19%的大宗海运货物运往我国，有20%的集装箱运输来自我国；而新增的大宗货物海洋运输之中，有60%~70%是运往我国的。随着我国经济影响力的不断扩大，世界航运中心正在逐步从西方转移到东方，我国海运业已经进入世界海运竞争舞台的前列。预计到2030年，我国将会继续稳居世界第一大货物贸易大国的地位，并将在全球集装箱海运贸易上占主导地位。

现在，我国的港口货物吞吐量和集装箱吞吐量均居世界第一位。2021年，全球港口货物吞吐量和集装箱吞吐量排名前10位的港口中，我国的港口分别占8席和7席。我国绿色智慧化港口建设工作也有序展开。2017年5月11日，亚洲首个真正意义上的全自动化集装箱码头在山东青岛港诞生。青岛港不但开创了全球低成本、短周期、全智能、高效率、更安全、零排放的全自动化码头建设先河，还超越全球同类码头单机平均效率50%，装卸效率不断刷新世界纪录。2021年10月17日，天津港北疆港区C段智能化集装箱码头正式投产运营。这一"智慧零碳"码头应用智慧科技，能够算出最优装卸方案并指挥设备，全部运用风电、光电，取代化石能源，实现了能源消耗和生产环节的零碳；码头可满足当前全球最大集装箱船舶作业，设计年吞吐量为250万标准箱。

### 五、海洋油气业

海洋油气业是指在海洋中勘探、开采、输送、加工原油和天然气的生产活动的产业。截至2022年，全世界已有100多个国家和地区在近海进行油气勘探，40多个国家和地区在150多个海上油气田进行开采，海上原油产量逐日增加，日产量已超过100万吨。

改革开放以来，尤其是党的十八大提出实施建设海洋强国战略以来，我国海洋油气业发展迅速，海洋原油产量占全球原油产量的比重不断提升。党的二十大报告提出，深入推进能源革命，加强煤炭清洁高效利用，加大油气资源勘探开发和增储上产力度，加快规划建设新型能源体系。不久的将来，海洋油气产业必将迅速发展成为我国海洋经济中的主导产业。

海洋是未来全球油气资源的主要接替区和世界大国争夺的重要战略区。全球超过70%的油气资源蕴藏在海洋之中，其中44%来自大陆坡深水区。2014年8月18日我国在南海建成的"海洋石油981"深水半潜式钻井平台（图2-2-13），标志着我国在海洋工程装备领域已经具备了自主研发能力，国际竞争力大大提高。"海洋石油981"深水半潜式钻井平台在南海北部深水区测试获得高产油气流，使得我国拥有了第一个自营深水勘探的重大高产大油气田。2021年9月6日，我国首个自营超深水大气田——"深海一号"大气田（图2-2-14）在海南陵水海域实现全面投产，标志着我国在海洋油气领域实现重大跨越，进入世界先进行列。

图2-2-13 "海洋石油981"深水半潜式钻井平台

图2-2-14 "深海一号"大气田

### 六、海洋旅游业

海洋旅游是指在一定的社会经济条件下，人们依靠海洋满足精神和物质需求而进行的海洋观光、娱乐、度假等活动所产生的现象和关系的总和，包括观光旅游、度假旅游和特种旅游等。自改革开放以来，我国海洋旅游有了翻天覆地的变化，海洋旅游资源开发利用所带来的经济效益在旅游业中占据着极其重要的地位。

从自然海洋的角度来看，我国拥有丰富的海洋地貌旅游资源、海洋气候气象旅游资源、海洋水体旅游资源、海洋生物旅游资源；从人文海洋的角度来看，我国5 000多年的悠久历史在漫长的海岸线上积淀了厚重的海洋人文旅游资源。另外，我国海岸线的纬度跨度大，海洋旅游资源地域差异显著，不同地域、不同季节海洋旅游资源特色各异。这些都为我国海洋旅游业的发展提供了独特的优势。数据显示，现在我国滨海旅游景区超过1 500处。表2-2-1显示了我国海洋旅游资源空间结构的主要布局。

表2-2-1　我国海洋旅游资源空间结构主要布局

| 区域名称 | 区域范围 | 中心城市 | 区域优势 | 主导功能 |
|---|---|---|---|---|
| 环渤海湾海滨旅游带 | 山东半岛、辽东半岛、渤海湾地区 | 大连、天津、秦皇岛、青岛 | 区域紧密度高、客源市场优势 | 海滨观光 |
| 长三角海滨旅游带 | 以上海、连云港、南通、宁波、舟山、温州、杭州等城市为中心的苏沪浙沿海地区 | 上海、舟山、宁波、杭州 | 区域经济优势、对外开放优势 | 都市观光、海滨观光、商业旅游 |
| 海峡西岸海滨旅游带 | 福建沿海地区 | 福州、厦门、泉州 | 文化多元、民俗特色突出 | 民俗旅游、文化旅游、海滨观光、海滨度假等 |
| 珠三角海滨旅游带 | 以香港、澳门、广州、深圳、珠海、汕头、湛江、北海为中心的珠江三角洲沿海地区 | 香港、深圳、北海 | 地理区位优势、区域经济优势 | 观光游览、休闲度假、疗养避寒 |
| 海南海滨旅游带 | 海南岛 | 海口、三亚 | 热带海滨风貌、独特气候 | 海滨观光疗养避寒 |

（源自《我国海洋旅游资源开发现状》，北京绿维文旅科技发展有限公司，2021-02-05，有修改）

以舟山地区为例。舟山地处我国东南沿海"黄金海岸"与长江"黄金水道"的交汇点，位于杭州湾外缘的东海洋面上，背靠上海、杭州、宁波等大中城市群和长江三角洲等辽阔腹地，面向太平洋。舟山冬暖夏凉、气候宜人，是典型的海洋性季风气候区，全年的旅游舒适时间长。舟山地区拥有2个国家级（普陀山、嵊泗列岛）和2个省级旅游风景名胜区（岱山岛、桃花岛）；定海古镇、东沙古镇等具有丰富的历史和地域民俗文化，跨海桥梁建筑、现代化港口等一系列建设尽显现代化气息。舟山地区每年举行一系列海洋节庆类和其他海洋文化体育活动，如"中国舟山国际沙雕节""沈家门海鲜美食节""东海音乐节"。舟山是我国最大的海产品生产、加工和销售基地，素有"中国渔都"之美称。舟山港湾众多、航道纵横、水深浪平，是我国屈指可数的天然深水良港之一。舟山如此丰富的自然与人文资源，给当地旅游业带来了深远的影响。

**合作研讨**

小组合作，查阅资料，交流分享我国近几年海洋旅游业发展状况，分析研讨其主要特点和发展趋势。

**拓展·深化**

1. 网上观看纪录片《生命之盐》，了解制盐过程和不同时代的制盐方法，写一篇观后感。

2. 海洋产业是我国建设社会主义现代化强国的重要支柱之一。查阅资料，任选一个产业撰写一篇关于"中国海洋产业发展"的小论文。

# 主题三
## 海洋浩瀚，托起国家对外开放的合作之路

岁月流逝，沧桑更替，遗落于深海的艘艘沉船和瑰宝奇珍，再现了我国大航海的历史辉煌。徐福东渡、法显天竺求法、鉴真东渡、郑和下西洋……海上丝绸之路不断拓展，成为促进中西方文化交流的一条甬道，书写了历史长河中绚烂的一笔。

21世纪海上丝绸之路，是情感之路，是和平之路，是民心相通之路，是共商、共建、共享的美好生活之路，是人类共同发展进步的文明之路。"海上丝绸之路经济带"的文化理念，掀开多国经济联盟的新篇章，推动全球经济一体化的历史进程。

从远古时期先民的近海捕捞到明代郑和下西洋的辉煌，从明清海禁锁国到新中国改革开放拥抱海洋，在中华民族几千年的历史进程中，海洋与国家民族荣辱兴衰存在着千丝万缕的联系。改革开放以来，我国取得举世瞩目的航海成就，彰显出航海人的精神与追求，体现了创新求变、开拓探索的中华海洋精神。

专题 **1**

## 举世闻名的古代航海活动

### 任务·目标

（一）任务

1. 学习本专题中"远古夏商周时期，我国海上迁徙航行活动日趋活跃"，自主探究如何利用有关证据来说明先民的海上航行活动。

2. 学习本专题中"春秋战国到三国两晋南北朝时期，我国航海活动逐渐兴盛"，自主探究汉武帝时期海洋探索和海洋开发的动因。

3. 学习本专题中"隋唐到明朝初期，我国航海活动空前繁荣"，合作研讨郑和下西洋的重大意义，网上观看央视纪录片《郑和下西洋》并制作郑和下西洋课件。

4. 学习本专题中"明清时期，西方人的航海殖民掠夺及对中国和世界的影响"，合作研讨"为什么科学和工业革命没有在近代的中国发生"的"李约瑟之谜"。

（二）目标

1. 能依据"远古夏商周时期，我国海上迁徙航行活动日趋活跃""春秋战国到三国两晋南北朝时期，我国航海活动逐渐兴盛""隋唐到明朝初期，我国航海活动空前繁荣"的脉络，认识我国辉煌的古代航海史，增强民族自豪感。

2. 熟知秦始皇东巡与徐福东渡、海上丝绸之路的开辟与汉武帝巡海、法显天竺求法、鉴真东渡、郑和下西洋等我国古代大航海事件，能说明其历史意义，弘扬海洋精神，增强海洋意识。

3. 认识世界大航海时代的意义，能说明明朝实施海禁政策的原因，提升利用辩证唯物主义和历史唯物主义观点分析、解决问题的能力。

### 情境·问题

#### 我国古代航海活动

随着科技的进步，水下考古叩开了探索我国古代航海活动的大门。海底沉睡的古代沉船，如闪闪发光的明珠，折射出我国古代大航海的辉煌。"南海Ⅰ号"（图3-1-1、3-1-2）就是其中一颗耀眼的明珠。

800多年前，在海上丝绸之路上，无数的船只横跨大洋将东西方连接起来。在与风浪搏斗的航海过程中，有些船只永远留在了海底，成为海洋中沉睡的宝藏。

1987年，一艘长约30米、宽约10米的古代沉船在广东阳江海域被发现，它就是后来被命名为"南海Ⅰ号"的南宋沉船。令人惊奇的是，即使过了800多年，"南海Ⅰ号"的船体保存相当完好，其木质坚硬，其出土的部分文物依然完整（图3-1-3、3-1-4）。

"南海Ⅰ号"是迄今为止世界上发现的海上沉船中年代最早、船体最大、保存最完整的远洋贸易商船，对我国古代造船工艺、航海技术研究以及木质文物长久保存的科学规律研究提供了典型的标本。"南海Ⅰ号"承载着丰富历史文化信息，是我国古代海上丝绸之路的标志性发现并被誉为"海上敦煌"。

图3-1-1　水下沉船"南海Ⅰ号"

图3-1-2　复原后的"南海Ⅰ号"模型

图3-1-3　"南海Ⅰ号"出土的鎏金腰带

图3-1-4　"南海Ⅰ号"出土的瓷器

**问题导引**

1. 为什么说我国是世界上最早开始海上航行的国家之一，也是世界上最早开展远洋航海的国家之一？

2. 唐代延续约700年的古代航海盛况如何？

3. 明朝为什么要实施海禁政策？

4. 研究我国古代航海史，我们应从哪些方面寻找线索？

探究·发现

### 一、远古夏商周时期，我国海上迁徙航行活动日趋活跃

中华民族的繁衍发展离不开海洋。在7 500年前，北京山顶洞人、山东大汶口人、浙江河姆渡人等都傍河或面海而居，他们主要靠渔猎获得生活资料，近代在北京的山顶洞人遗址和北京昌平县（今昌平区）雪山文化遗址中均发现钻了孔的海贝或海螺壳串制的装饰品，在浙江河姆渡百越文化遗址中还发现了海鱼骨，足以说明这一点。

走向海洋之初，先民起先是在岸边、滩涂、潮间带采拾贝类等，后来发展到近海捕捞。他们设法寻找或制作可以使身体在海面上漂浮的器具，先是直接利用葫芦、皮囊、树干或苇草堆等漂浮物，后来将树干或竹竿捆编起来做成浮筏，最终发明了独木舟（图3-1-5）。《物原》一书中载有"燧人氏以匏（葫芦）济水，伏羲氏始乘桴（筏）"，说明距今1万多年前，我国先民就已经初步探索过海洋。记录先秦时期史事的《世本》一书载："古者观落叶因以为舟。"西汉著作《淮南子》曰："见窾木浮而知为舟。"这两段记载说明远古人类受落叶和有空洞的树木能在水上漂浮的启发创造了独木舟。独木舟的出现，揭开了原始社会蒙昧航海的历史序幕。据辽东半岛及其沿海岛屿的新石器时代考古资料记载，距今六七千年，辽东半岛黄海沿岸与附近海岛之间的短距离海上捕捞与迁徙航行活动已经开始。图3-1-6为新石器时代的渡河工具。

图3-1-5　世界上迄今保存最早的独木舟——跨湖桥独木舟（距今约8 000年）（杭州市萧山跨湖桥遗址博物馆藏）

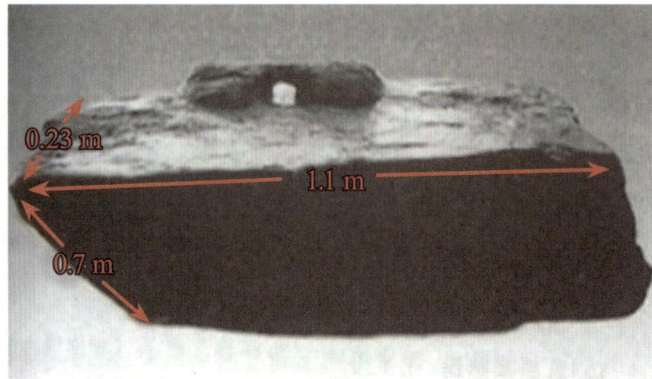

0.23 m
1.1 m
0.7 m

图3-1-6　江苏省昆山市绰墩山附近良渚文化遗址出土的"巨大木头"——新石器时代的渡河工具（南京博物院藏）

许多考古发现证明，远古时期我国先民已有海上迁徙航行活动。

例如，我国大陆上的先民在新石器中期已能制造彩陶器具，在新石器晚期已能制造灰陶器具，而彩陶、灰陶器具在当时的台湾岛是不能制造的，但对台湾的高雄、台南、台中以及澎湖列岛良文港等地的地层考古均发现了彩陶、灰陶器具。

再如，广东南海县（今广东省佛山市南海区）西樵山新石器遗址发现的特征性石器——有段石锛（岩性为火山爆发形成的霏细岩和硅质岩），在菲律宾等东南亚地区、新西兰等大洋洲岛屿以及厄瓜多尔等南美洲地区的考古中也均有发现。

现知包括我国在内的世界航海活动，最初多是近海、逐岛航行。随着原始社会生产力与航海能力的提高，人们开始驾着舟筏，小心翼翼地向较远的未知海域甚至海洋的彼岸航行。并且考古发现证

明，在五六千年前我国先民就在黄海和日本海海域进行航行活动了，在距今约5 000年前进行了对渤海海峡的探索航行。这期间山东半岛和辽东半岛的先民通过航海进行文化交流。

夏商周时期，青铜冶炼技术出现并逐渐成熟，木板船应运而生。在殷商遗址发掘到的刻在龟甲或兽骨上的甲骨文，为研究木板船提供了极为宝贵的历史资料。甲骨文是在原始画的基础上逐步发展起来的，甲骨文"舟"字的形状与现在的小木船十分相似（图3-1-7）：平底、方头、方尾，首尾略上翘，船的两端有甲板和出角。可见，殷商时的"舟"已不是独木舟，也不是筏，而是木板船了。另外，甲骨文中多次出现的"舟"字，字形也并不完全一样。这说明当时用船已相当普遍，出现了多种木板船。

小木船　　　　　　甲骨文"舟"

图3-1-7　甲骨文"舟"与小木船的形状相似

夏商西周时期，一些具有较大规模的航海活动开始出现，运载、竞渡等水上航行活动日趋活跃。春秋时期晋国史官和战国时期魏国史官所作的编年体史书《竹书纪年》记载，夏朝时帝芒曾经"东狩于海，获大鱼"。据此推测，那时已建立了一条从山东半岛出发，越渡渤海海峡，到辽东半岛滨海地区，进而沿黄海北岸东行到达朝鲜半岛西海岸的海上航线。由此可见，夏朝时我国便已拥有海上远航能力。

**自主探究**

1977年，浙江省余姚县（今浙江省余姚市）河姆渡镇出土的一块木桨——河姆渡船桨（图3-1-8），将我国对于海洋探索的历史推前至新石器时代晚期。查阅资料，了解更多的远古夏商周时期我国先民已有海上航行活动的证据，思考：如何利用有关证据来说明先民的海上航行活动？

图3-1-8　河姆渡船桨

## 二、春秋战国到三国两晋南北朝时期，我国航海活动逐渐兴盛

这一时期航海活动兴盛的标志性事件主要有吴齐黄海海战、秦始皇东巡与徐福东渡、海上丝绸之路的开辟与汉武帝巡海以及法显归航。

### （一）吴齐黄海海战

春秋战国时期，我国由奴隶制社会向封建制社会转变，生产力与生产技术得到进一步发展，生铁冶炼技术与铁制工具的应用使造船技术水平大幅提高。人们在天文定向、地理定位、水文气象等方面积累的知识和经验也越来越丰富，为海上远航创造了良好条件。大规模的海上运输、海上作战和海上探险开始出现。齐国、吴国和越国在海上探险、大规模海上运输、海外贸易及频繁的海战中先后崛起，成为海上强国。航海活动的活跃，使得诸侯国之间出现了一些固定的海上航线。《孟子》中，齐景公问于晏子曰："吾欲观于转附、朝舞，遵海而南，放于琅邪。吾何修而可以比于先王观也？"从这句话可以看出，当时以渤海湾口的芝罘（今山东省烟台市芝罘岛）为中转点，形成了一条北到辽东半岛、南到琅琊的南北航线。

公元前485年，发生了吴齐黄海海战。

公元前7世纪中期，齐国因临海优势大兴渔盐之利，经济发展也促进了国力强盛，先后灭掉了30多个诸侯国，能直接环绕山东半岛及渤海航行，成为海上强国，其势力范围甚至远达东海和钱塘江口。

公元前496年，吴王夫差与越王勾践率领两国水军在夫椒展开会战，最终越国不敌吴国。吴王夫差在西破楚国、南降越国后，经过数年精心准备，于公元前485年春联合鲁、邾、郯等国正式出兵北伐齐国。夫差将吴军兵分两路，自己亲率主力搭乘内河战船由邗沟入淮河北上，直逼齐国南部边境；派大夫徐承率水师从海路绕到齐国后方，实行远航奔袭，进攻山东半岛。由于之前内河接连的胜利，吴军过度自信，忽视了齐国这一临海诸侯国的军事力量，最终败于齐国。

吴齐黄海海战是我国历史上有确切文献记载从而可以考证的第一场大规模海战，也是东亚和太平洋地区第一场大规模海战，标志着我国水上作战力量从早期的内河水军发展成海上水军。这一海战说明当时我国海洋作战力量在武器装备、船舶建造、战略战术以及航海科学技术等方面进入大规模运用时期。据有关资料介绍，当时广泛使用的战船包括大翼船、突冒船、楼船和桥船等（图3-1-9）。主力舰只船身狭长，分为两层，下层是库房和船工划桨的地方，上层用于装载作战的士兵，可以运载相当数量的给养物资和武器装备，具有速度快、机动性好的优点。突冒船船体坚固，船首装有坚固的金属冲角，专门用于撞击敌舰。楼船是一种具有重楼式上层建筑和攻防设施的大型战船，外观似高耸的楼宇，具备强大的装甲防护能力，而且可以运载大量士兵和武器装备以及给养物资，一般被当作水上移动要塞狙击敌军，也被作为旗舰。桥船则是一种体积小、重量轻、速度快、机动性强的小型舰船，主要用于高速冲阵以掩护大型战舰。海战中吴国海军不远千里的远征行动证明当时我国已具备远洋作战能力。

图3-1-9　吴齐黄海海战中的楼船和桥船模型

### （二）秦始皇东巡与徐福东渡

秦汉时期，中央集权的封建主义国家的形成和发展极大地提高了社会生产力，造船技术和航海技术迅速发展。这一时期，不但内河与沿海全线畅通无阻，而且出现了两条远航航线：一是东向航线，如秦朝徐福船队从山东半岛琅琊台出发的航线；二是南向航线，如西汉远洋船队从广东的徐闻、广西的合浦出发，驶出马六甲海峡，到达印度半岛南端，在此基础上形成了我国历史上第一条印度洋远洋航线——海上丝绸之路。

在平息南方的战争中，秦朝曾组织过一支能运输50万石粮食的大船队，具有相当高水平的造船能力和航海能力。秦始皇在位期间，先后组织5次大规模的海上巡游。据《史记·秦始皇本纪》记载，公元前219年，秦始皇（图3-1-10）"东行"，"登之罘（指今山东烟台芝罘岛上的芝罘山），立石"，又"登琅邪，大乐之，留三月"，而且与随行权臣"与议于海上"。公元前210年，秦始皇最后一次出巡，曾"渡海渚"，"望于南海"，"并海上，北至琅邪"（图3-1-11）。公元前214年，秦始皇统一岭南（今广东、广西、海南、香港、澳门和越南北部）后设立三郡，以"海"字命名了其中一个郡——南海郡，令南海郡尉统领三郡之军政大权。

图3-1-10  烟台养马岛秦始皇铜像

图3-1-11  青岛琅琊台秦始皇东巡雕塑（拍摄者：葛润邦）

在秦始皇东巡途中，齐人方士徐福上书："言海中有三神山，名曰蓬莱、方丈和瀛洲，仙人居之。请得斋戒，与童男女求之。"于是，秦始皇征召数千童男童女，派徐福入海求仙。据考证，徐福可能是从琅琊港出发北上到成山角，向西至芝罘，沿庙岛群岛北上至辽东半岛南端的老铁山，向东北至鸭绿江口，再转向东南至朝鲜半岛西南海岸，随后向东至朝鲜半岛东南角釜山，经对马岛、对马海峡到北九州海岸，然后向东进入濑户内海至大阪湾，最后到达日本新宫町熊野津（今熊野滩）（图3-1-12）。

图3-1-12  日本新宫市徐福公园内的徐福雕像

徐福东渡具有非常重要的意义。一是把秦文化传入日本，促进了日本社会由绳纹时代（日本石器时代后期）向弥生时代（日本使用弥生陶器的时代，因接受了我国传入的青铜器、铁器等技术，从新石器时代直接过渡到混合使用青铜器、铁器的时代，故又称金属器时代）的飞跃；二是徐福东渡开创了中、日、韩友好交往之源，徐福成为中、日、韩三国人民友好的化身；三是成为我国古代海外开发、文化传播历史上的里程碑。

### （三）海上丝绸之路的开辟与汉武帝巡海

西汉时期，汉武帝为进一步加强中央集权，统一沿海地区，发展近海与远洋的交通与贸易，积极致力于航海事业。在汉武帝的努力下，汉朝先后开辟3条重要的海上航线：北起今辽宁丹东，南至今广西白仑河口南北沿海航线；从今山东沿岸经黄海通向朝鲜、日本的航线；徐闻、合浦的对外航线，两港也因此成为海上丝绸之路的起点。海上丝绸之路自广东徐闻、广西合浦出发，经由南海通向印度和斯里兰卡，并以斯里兰卡为中转点通向西亚、东非乃至欧洲。我国经由这一路线获得珍珠、奇石异物等，而我国的丝绸等也由此转运到罗马等地。汉代的帆船开辟了从南海通往印度洋的航线，这是我国历史上的第一条远洋航线，推动了世界上最早的海外贸易发展。

汉武帝组建了一支强大的水师后（图3-1-13），开始巡视东部沿海一带（图3-1-14）。《史记·孝武本纪》《汉书·武帝纪》记载，元封元年（前110）之后，汉武帝至少有10次"东巡海上"。巡海航行，以军事实力扫清了发展航海事业的阻力，畅通了沿海全线的海上航路，有力地推动了当时的海洋探险与海上交通的发展。

图3-1-13　西安昆明池"汉武帝操练水师"巨型雕塑

图3-1-14　汉武帝巡海浮雕

**自主探究**

在平定南越后，汉武帝把目光瞄向了现在的海南岛以及南海诸岛，派兵占领了这些地方，并且设立了好几个郡县以便管理与统治。查阅资料，了解汉武帝时代的海洋探索和海洋开发，思考：汉武帝为什么如此重视海洋？

### （四）法显天竺求法航海归来

三国两晋南北朝时期，航海事业继续发展，航海活动十分活跃。这一时期最为著名的海上远航是东晋高僧法显从印度洋航海归国。

东晋僧人法显（图3-1-15）沿陆上丝绸之路西行印度求取真经。经过6年的艰苦跋涉，法显一行终于抵达北天竺（位于今巴基斯坦北部）。他怀着对佛教的虔诚，寻访佛经，抄录经律，求得6部佛家经典。他四处寻访名山宝刹、虔诚寻求佛法后，决定从海上回国。法显在海上多次遭遇狂风巨浪，最终回到故土，带回佛经，又撰写了中印远洋航海的纪实之作——《佛国记》（图3-1-16），对促进中国同印度、尼泊尔、印度洋地区等的相互了解和文化交流产生了重要作用。

图3-1-15　东晋高僧法显画像

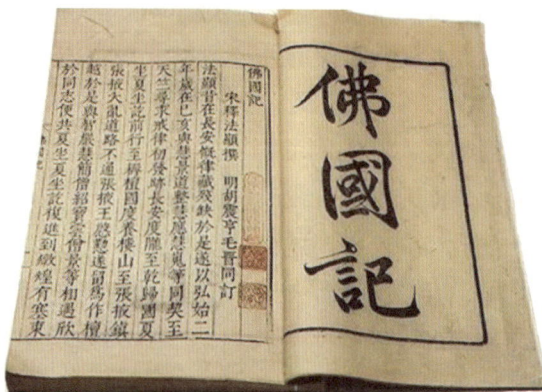

图3-1-16　《佛国记》书影

### 三、隋唐到明朝初期，我国航海活动空前繁荣

这一时期航海活动规模空前，标志性事件有鉴真东渡与郑和下西洋。

#### 1. 隋唐五代到宋元时期航海活动规模空前

隋唐五代特别是唐代盛期，我国封建制度逐渐完善，经济繁荣，造船业发达，航运工具先进，中外交往频繁，无论是近海航行还是远洋航行均处于世界领先地位。

唐代航线比汉代有了极大的拓展。《旧唐书·贾耽传》《新唐书·地理志》记载，公元8世纪时，唐代对外有7条交通线，其中海上交通线就有2条。

在北方海上交通线上，唐朝与渤海国、朝鲜半岛、日本列岛的交往非常频繁，并开辟了西北太平洋上的堪察加与库页岛航线以及横越东海的中日南路快速航线。

在南海与印度洋海上交通线上，海上丝绸之路上的航迹遍及南亚、东南亚、阿拉伯湾与波斯湾沿岸，还伸展至红海与东非海岸，开辟了当时世界上最长的、直接沟通亚非两洲的海上航线。

宋元时期，历届朝廷力主积极的航海贸易政策，使航海事业远超隋唐时期，海外贸易也远超前代。这一时期航海活动范围空前扩大，海上航线延伸到西太平洋与北印度洋全部海岸，使我国与朝鲜、日本以及东南亚、西亚、北非等广大区域建立了密切的海上联系。《岭外代答》《诸蕃志》等书记载，有50多个国家和地区与中国往来交流，其中重要的有日本、高丽、占城（位于今越南中南部）、交趾（位于今越南北部）、真腊（今柬埔寨）、蒲甘（今缅甸）、阇婆（今爪哇）、三佛齐（位于今苏门答腊岛的东南部）、勃泥（位于今加里曼丹北部）、大食等。

#### 2. 鉴真东渡

鉴真（图3-1-17）东渡是唐朝著名的航海事件。从唐玄宗天宝元年（742）开始，鉴真和尚受日方邀请6次东渡，历经艰险，终于在天宝十二年（753）携弟子随日本第十一次遣唐使船到达日本，时已年近七旬。从此，他便定居在日本，把律宗传到日本，成为日本律宗始祖。同时，他把佛寺建筑、雕塑、绘画等艺术传授给日本，促进了日本佛教文化的发展。

图3-1-17　鉴真和尚塑像

鉴真东渡的意义主要表现在以下几方面。佛学方面，鉴真弘扬佛法，使日本佛教走上正轨，促使佛教被确定为日本国家宗教。医学方面，鉴真熟识医方、医术高明，大力传播张仲景的《伤寒杂病论》，留有《鉴上人秘方》一卷，被誉为"日本汉方医药之祖"。建筑方面，鉴真的东渡弟子及随行人员中有不少人精通建筑技术。鉴真设计并领导建造了位于日本奈良市的唐招提寺（图3-1-18）。唐招提寺有金堂、讲堂、经藏、宝藏以及礼堂、鼓楼等建筑物；其中，金堂最大，建筑精美，日本《特别保护建筑物及国宝帐解说》称其为"今日遗存天平时代最大最美建筑物"。金堂、经藏、鼓楼、金堂中的鉴真像等被誉为日本国宝，金堂还是研究中国古代建筑艺术的珍贵实物之一。雕塑方面，鉴真东渡随船带有佛像，鉴

图3-1-18　唐招提寺

真及其弟子在日本又塑造了许多佛像,包括唐招提寺金堂内的卢舍那大佛坐像、药师如来立像、千手观音菩萨像等著名佛像。

### 3. 郑和下西洋

郑和下西洋是明代永乐、宣德年间内朝廷组织的大规模海上远航活动。郑和于1405—1433年七下西洋,成为震惊世界、影响世界的航海壮举。由郑和担任使团正使,船队航行至婆罗洲(今加里曼丹)以西洋面(即明代所谓"西洋"),故称"郑和下西洋"。在七次航行中,郑和率领船队出发于南京,集结于江苏太仓的刘家港,至福建福州长乐太平港驻泊伺风开洋,远航至西太平洋和印度洋,到访了30多个国家和地区,其中包括爪哇、苏门答腊、苏禄(今菲律宾苏禄群岛)、彭亨(今马来半岛)、真腊(今柬埔寨)、古里(今印度西海岸科泽科德)、暹罗(今泰国)、榜葛刺(今孟加拉国)、阿丹(今亚丁)、天方(今麦加)、忽鲁谟斯(今霍尔木兹,属伊朗)、木骨都束(位于今非洲东岸,索马里摩加迪沙)等地,已知最远到达东非和红海。

**合作研讨**

小组合作,观察《郑和下西洋580周年》纪念邮票(图3-1-19),交流对于各张邮票意义的理解,研讨:2005年7月11日,郑和下西洋600周年纪念日时,经国务院批准,将每年的7月11日确立为"中国航海日"并作为国家的重要节日固定下来,这有何重要意义?

图3-1-19 《郑和下西洋580周年》纪念邮票

郑和下西洋是我国古代规模最大、船只和海员最多、时间最久的海上航行,比哥伦布到达美洲大陆的航行早了87年,比达·伽马绕过好望角到达印度的航行早了92年,比麦哲伦的环球航行早了114年。郑和下西洋时的地文航海、天文航海、季风运用、船舶建造和航海气象预测等方面的技术和航海知识,在当时都处于世界领先地位。郑和下西洋不仅是我国古代航海事业的顶峰,也是世界航海业发展的里程碑,郑和成为十五六世纪欧洲大航海时代的先驱。

### 四、明清时期,西方人的航海殖民掠夺及对中国和世界的影响

郑和(图3-1-20)率领庞大船队七下西洋大规模航海的成就,逐渐引发了欧洲人对东方的向往。

15世纪末,西欧各国资本主义生产关系得到初步发展。当时,金银货币日益成为社会财富的主要象征,成为衡量人的社会地位和权力的重要标志,从而使西欧的国王贵族和商人开始追求大量的黄金和白银,形成一股贵金属热。欧洲商人在同东方贸易中又使贵金属大量外流,有些国家甚至禁止金

银出口。后来，受广为流传的《马可·波罗游记》的影响，欧洲人对中国、日本等东方国家充满了向往，决心远渡重洋到富庶的东方去探险。恩格斯说："葡萄牙人在非洲海岸、印度和整个远东寻找的是黄金；'黄金'一词是驱使西班牙人横渡大西洋到美洲去的咒语；黄金是白人刚踏上一个新发现的海岸时所要的第一件东西。"

当时，从西方通往东方的商路主要有三条。一条是陆路，即传统的丝绸之路。另两条是海路：一条从叙利亚和地中海东岸，经两河流域到波斯湾；另一条从埃及经红海至亚丁湾，再换船到印度和中国。15世纪中叶，奥斯曼土耳其帝国兴起，先后占领小亚细亚和巴尔干半岛，控制传统商路，对过往商品征收重税，使运抵西欧的货物不仅量少且价格倍增。于是，欧洲的商人、贵族，迫切希望另开辟一条绕过地中海东岸直达亚洲的新航路。

14世纪，阿拉伯人将我国发明的指南针传入欧洲，应用于航海事业。15世纪，欧洲人已能制造多桅、快速、载重数百吨甚至千吨、适宜远航的大船。这些都为新航线的开辟创造了良好条件。

欧洲大航海时代的影响是多方面的。亚洲、非洲和美洲许多国家从此逐渐沦为殖民地或半殖民地。葡萄牙和西班牙是殖民掠夺的总先锋，后起的荷兰、英国和法国等利

图3-1-20 郑和雕像

用其强大的军事和经济力量挤掉西班牙和葡萄牙，继续在亚洲、非洲、美洲等地进行残酷的殖民掠夺，给这些地区的人民带来了巨大灾难。欧洲大航海时代的殖民掠夺引起了西欧的商业革命和价格革命，最终促进封建制度的瓦解和资本主义的兴起。正如马克思所说，"资本来到世间，从头到脚，每个毛孔都滴着血和肮脏的东西"，而这种影响一直延续到今天。

## 拓展·深化

1. 观看央视纪录片《郑和下西洋》，查阅资料，制作郑和下西洋课件。

2. 与哥伦布远航相比，郑和下西洋规模更大、造船和航海技术更先进。以郑和下西洋为代表的中国古代大航海与以哥伦布远航为代表的欧洲大航海，在性质、目的、方式和影响等方面均存在明显差异。有学者认为，中西方文化差异是造成古代大航海差异的内在根源。查阅资料，深入探究：为什么说中西方文化差异是造成我国古代大航海与欧洲大航海差异的内在根源？

3. 英国学者李约瑟（Joseph Terence Montgomery Needham，1900—1995）在其编著的15卷《中国科学技术史》中提出："尽管中国古代对人类科技发展做出了很多重要贡献，但为什么科学和工业革命没有在近代的中国发生？"这是一个极其重要的研究课题，1976年美国经济学家肯尼思·博尔丁将其称为"李约瑟之谜"。请查阅资料，撰写论文，发表自己的见解，探索"李约瑟之谜"。

专题 **2**

## 影响深远的海上丝绸之路

●任务·目标

（一）任务

1. 学习本专题中"古代海上丝绸之路的形成与发展"，合作研讨海上丝绸之路与陆上丝绸之路的共同之处和各自的特征，自主探究"哥德堡号""黑石号""碗礁一号""南海Ⅰ号""南澳一号""华光礁一号"等水下沉船是如何见证古代海上丝绸之路历史的。

2. 学习本专题中21世纪海上丝绸之路的美好前景，分析总结共建21世纪海上丝绸之路的丰富内涵与崇高使命，网上观看央视纪录片《丝路：从历史中走来》并撰写观后感。

3. 学习本专题中"海上丝绸之路的重要价值"，合作研讨世界各国是如何积极评价共建21世纪海上丝绸之路的，撰文论述"共建21世纪海上丝绸之路对实现中华民族伟大复兴的重大意义"。

（二）目标

1. 能依据"秦汉时期海上丝绸之路初步形成""三国至隋朝海上丝绸之路得以发展""唐宋时期海上丝绸之路走向繁荣""明清时期海上丝绸之路由盛转衰"这一脉络认识南方海上丝绸之路的形成与发展，以及依据"新石器时代——萌芽期""夏商周春秋等时期——发展期""秦汉时期——稳定期""隋唐时期——繁荣期""宋元时期——昌盛期""明末清初——衰微期"这一脉络认识北方海上丝绸之路的形成与发展，能以具体事例说明古代海上丝绸之路的辉煌，增强民族自豪感，深刻理解人海关系。

2. 了解共建21世纪海上丝绸之路提出的背景，能从"恪守联合国宪章的宗旨和原则""坚持开放合作""坚持和谐包容""坚持市场运作""坚持互利共赢"等方面认识共建21世纪海上丝绸之路秉承的原则，能依据《推动共建丝绸之路经济带和21世纪海上丝绸之路的愿景与行动》等文件、文章说明共建21世纪海上丝绸之路的框架思路与规划措施，能通过查阅资料列举共建21世纪海上丝绸之路取得的丰硕成果，进一步感受中国智慧、中国方案的强大力量。

3. 认识"友善、包容、互惠、共生、坚韧"的海上丝绸之路的文化内涵，能从"经济价值""文化价值""科研价值"的角度认识古代海上丝绸之路的重要价值，以及从"国际合作""共享共赢""文明交流"的角度认识共建21世纪海上丝绸之路的重要意义，加深对"人类命运共同体"理念的理解。

## 第44届世界遗产委员会会议召开，广州"海丝之路"申遗亮点多多

第44届世界遗产委员会"海丝之路"主题边场会议于2021年7月18日在我国福建省福州市以"线上+线下"的方式举行。本次边场会议以"海上丝绸之路遗产的研究与保护"为主题，集中讨论了海上丝绸之路（简称"海丝之路"）的概念与特征研究、中国海上丝绸之路遗产研究与保护的阶段性成果等，以推进海上丝绸之路沿线各国政府和学者对海上丝绸之路遗产研究与保护的关注。

拥有2 000多年历史的文化名城广州，濒临南海，海上交通贸易的地理条件得天独厚，是古代海上丝绸之路的发祥地，至今雄踞珠江航道约400年的莲花塔、琶洲塔和赤岗塔，曾持续数百年为往来商船提供航标指引。

早在春秋战国时期，我国先民就开始出海，与外界联系。西汉时期，汉武帝派船队从广州起航，直达印度洋腹地。魏晋南北朝时期，广州的海外贸易和交往进一步发展，有一条著名的海上航线从印度恒河口出发，至印度洋，驶经马六甲海峡，随后由马六甲海峡进入爪哇海，再由爪哇海进入南海，最后抵达广州。隋唐时期，丝路航线繁荣，商船从广州起航，向南至珠江口的屯门港，然后过海南岛东北角附近的七洲洋，经越南东南部海面，再通过新加坡海峡到苏门答腊岛，向东南驶往爪哇，西出马六甲海峡，再从印度西海洋至波斯湾的奥波拉港和巴斯拉港。宋元时期，远洋航线的扩展大大促进了广州内外港码头的建设。广州海运的外码头有扶胥和屯门两大古港，内码头有光塔和兰湖里。明朝时期，广州的海外贸易航线进一步扩展，形成了广州—菲律宾—拉丁美洲、广州—欧洲及广州—日本三条远洋航线。清朝前期，广州的海上贸易更达到了前所未有的辉煌。1685年（康熙二十四年），清朝朝廷设立了江、浙、闽、粤四个海关，负责管理海外贸易；至乾隆时期，四个海关中撤去三个，仅留广州一个口岸与外洋通商。

如今，广州留下了海上丝绸之路史迹丰富的文化遗存，这些文化遗存起始年代早、时代跨度大、类型丰富、保存良好。2021年6月底，广州海事博物馆（图3-2-1、图3-2-2）建成开馆，开馆展览共有四项：基本陈列"七海扬帆——唐宋时期的广州与海上丝绸之路"，专题展览"云望长夏——洛阳汉唐丝路胡风文物展""南海西行——丝路沿线的河岸与海洋文明"，特色展览"海天千色　跨洋万里——西方航海仪器展"，充分展现了海上丝绸之路的辉煌。

图3-2-1　广州海事博物馆外貌

图3-2-2 广州海事博物馆部分展品

　　为了加强对海上丝绸之路的研究与史迹保护，进一步弘扬"海丝"文化、促进"一带一路"建设，广州依托广州市文物考古研究院成立了面向国内外的"海上丝绸之路史迹保护管理研究中心"，并与中山大学联合开展广州海上丝绸之路史迹遗产价值专题研究。2017年4月20日，国家文物局正式确定广州为海上丝绸之路申遗牵头城市，联合南京等城市进行海上丝绸之路保护和申遗工作。2018年4月，由广州市、宁波市、南京市共同发起，广州等城市携手成立海丝保护和联合申遗城市联盟（简称"海丝申遗城市联盟"），以全面加强海上丝绸之路保护和申遗城市间的协调与合作，实现海上丝绸之路遗产的整体保护和持续发展，并推动其列入《世界遗产名录》。2019年澳门、长沙加入海丝保护和联合申遗城市联盟，海丝申遗城市联盟成员增至26个城市。组建联盟，旨在通过海上丝绸之路申报世界文化遗产工作，推动形成海上丝绸之路跨国文化线路的国内和国际共识，发挥海上丝绸之路遗产在促进和支持"一带一路"世界性愿景中的积极作用，推动人类社会的共同繁荣与进步。

（改编自卜松竹.第44届世界遗产委员会会议召开
广州"海丝"申遗亮点多［N］.广州日报，2021-07-18）

### 问题导引

　　1. 古代海上丝绸之路有何重要价值？为什么要推动海上丝绸之路的申遗工作？

　　2. 我国古代海上丝绸之路是怎样形成和发展的？在古代海上丝绸之路的发展过程中有哪些标志性事件？

　　3. 共建21世纪海上丝绸之路的重要价值体现在哪些方面？

　　4. 共建21世纪海上丝绸之路如何实施，现已取得了哪些重大成果？

### 探究·发现

#### 一、古代海上丝绸之路的形成与发展

　　海上丝绸之路是华夏民族在数千年航海活动中会同世界上其他民族共同开辟的连接东西方，实现人员往来、货物流通、文化交流的已知的最古老的海上航线。根据古代海上丝绸之路的演变格局，一般把海上丝绸之路分为北方海上丝绸之路和南方海上丝绸之路。北方海上丝绸之路指从山东半岛起航，经渤海到达辽东半岛，经黄海到达朝鲜半岛，再经东海向东到达日本列岛或向北到达俄罗斯远东地区的贸易航线。南方海上丝绸之路指从中国东南沿海出发，经南海、印度洋至西亚、非洲的贸易航线，即我们通常说的海上丝绸之路。

**（一）南方海上丝绸之路的形成与发展**

**1. 秦汉时期海上丝绸之路初步形成**

南越国地处华南，有较大的地理优势，海上贸易十分繁盛。南越国墓葬出土文物显示，该国当时主要有陶器、丝织品、漆器、青铜器等向外输出的贸易品种，输入的品种有珠玑、玳瑁等。

西汉时期，汉武帝北拒匈奴、南平闽粤、西通西域、东营辽海，这为国内交通的开拓奠定了基础，也实现了国内外交通的衔接，海上丝路正式开辟，海外贸易得到进一步的发展。

东汉时期，风帆的使用便利了航行，加速了海外开拓的步伐，海上丝绸之路进一步延伸至欧洲罗马，罗马人也来到中国。早在汉和帝时，都护班超就派遣使者出使罗马。后来，罗马人开始经海路来到广州进行贸易，而我国商人也一路劈波斩浪到达了罗马。伴随汉代养蚕技术和纺织业的发展，这一时期海上丝路的主要输出品则是丝织品，同时，输入品中首次出现了造型精致的熏炉和托灯俑。《汉书·地理志》记载："自日南障塞、徐闻、合浦船行可五月，有都元国；又船行可四月，有邑卢没国；又船行可二十余日，有谌离国；步行可十余日，有夫甘都卢国。自夫甘都卢国船行可二月余，有黄支国，民俗略与珠崖相类……黄支之南，有已程不国，汉之译使自此还矣。"从徐闻、合浦出发的南海航线，是我国史书上第一条通往印度洋的远洋航线，开拓于汉武帝元鼎六年（前111）。图3-2-3为徐闻县大汉三墩旅游区雕像。

图3-2-3　徐闻县大汉三墩旅游区雕像

**2. 三国至隋朝海上丝绸之路得以发展**

3世纪，魏、蜀、吴三国鼎立。魏、蜀、吴三国丝绸生产盛行，而且造船技术先进、造船业规模很大，促使了航海技术的提升以及航海经验的积累。这些为海上丝绸之路的发展提供良好条件。吴国孙权于黄武五年（226），将交州分为交、广两州，广州辖南海、苍梧、郁林、合浦四郡。东汉末年以后，中原战乱频发，西北陆上丝路受阻，岭南相对稳定，尤其广州生产兴旺、商贸发达，吸引了众多中原人南迁，使得岭南更加繁荣，也使得海上丝路得到进一步发展，广州取代了徐闻、合浦，成为南海重要的对外贸易港口和海上丝路的中心基地。

魏晋时期，开辟了一条以广州为起点的海上丝绸之路沿海航线，通过海南岛东面海域，穿过西沙群岛海面抵达南海诸国，再穿过马六甲海峡，到达印度洋、红海、波斯湾。对外贸易涉及15个国家和地区，当时主要的输出品是丝绸。

隋唐时期，西域战火连绵，阻断了陆上丝绸之路，海上丝绸之路逐渐取而代之，成为沟通中西方的主要通道。由此，海上丝绸之路进入发展的繁盛期。

**3. 唐宋时期海上丝绸之路走向繁荣**

唐宋时期，海上丝绸之路的东海航线非常成熟。《新唐书·地理志》记载，海上丝绸之路南海航线最早称为"广州通海夷道"，是我国东南沿海通往东南亚、红海沿岸、波斯湾沿岸、印度洋北部沿岸诸国的海上航路。

南宋时期，为维持社会经济，保证朝廷开支，不断加强对外贸易，在当时的情况下，南宋要立国，只能通过海上丝绸之路向海外发展。宋高宗大力支持市舶贸易的发展，并鼓励有实力的豪族大姓打造海船，购置货物，前往海外经商。宋高宗叹曰："市舶之利，颇助国用，宜循旧法，以招徕远人。""市舶之利最厚，若措置得宜，所得动以百万计，岂不胜取于民？"这也是在当时既有外强压境又需要支持庞大的国家经济运转的情况下，南宋能支撑一个半世纪的重要原因之一。南宋政府非常重视海外贸易，因为海外贸易不仅使政府获得丰厚的利益，也使沿海港口城市得以发展；10万以上人口的城市，唐代仅10余个，到宋代增至40余个，大多集中于沿海地区。

宋代商品经济和海外贸易互相推动，相得益彰。为了能够满足海外贸易对于陶瓷的需求，宋代政府在沿海城市专门生产出口产品，手工业和商业不断发展，分工也逐渐明确，专业化程度越来越高，城市中的人口大部分是手工业和商业阶层，手工业和商业的雄厚实力促进了海上丝绸之路的繁荣；同时，当时的科举制度较为完善，新兴的士大夫阶层成为国家精英和统治阶层，他们能够开明地看待商业的发展，成为海上贸易繁荣的主要推动力量。

到元代，"东西南数千万里，皆得梯航以达其道路""虽天际穷发不毛之地，无不可通之理焉"。航海旅行家汪大渊航迹遍及200多个国家及地区，他根据自身经历编撰了《岛夷志略》。

经过唐宋元航海技术的重大推进，特别是应用了指南针导航和量天尺测星，海上丝绸之路得以持续发展和繁荣，到明初呈现鼎盛格局，郑和下西洋是重要标志。

至清乾隆二十二年（1757），为加强对西方来华贸易的管理，朝廷宣布关闭江、浙、闽三地海关，四个海关中只保留广州一个口岸与外洋通商。

### （二）北方海上丝绸之路的形成与发展

北方海上丝绸之路的形成早于陆上丝绸之路，也早于南线海上丝绸之路。

#### 1. 新石器时代——萌芽期

山东半岛的胶东地区与辽东半岛南端之间的交流活动早在新石器时代就开始了。考古发现，约6 500年前，胶东地区与辽东半岛南端的先民都在使用用料和形制都很相似的砺石、石球、带沟槽的滑石网坠等，而且辽东半岛地区出现了一些明显带有胶东风格的器物，如觚形器、鬶、盆形鼎、蘑菇状把手。这些现象反映出这两个地区的先民应该有了一定的海上往来。1982年在山东威海松郭家村发掘出土了龙山文化时期的密封隔舱独木舟（图3-2-4）。这说明当时人们完全有可能通过海路达到相隔94海里的辽东半岛，并由辽东半岛与朝鲜交流往来。

图3-2-4 山东威海松郭家村出土的密封隔舱独木舟

#### 2. 夏商周春秋等时期——发展期

"箕子东渡"是表明这一时期北方海上航线已相当发达的典型事件。西周初年，曾因反对商纣王暴政而被囚禁、周武王灭商后又被释放出狱的殷商末期贵族箕子（商纣王的叔父），因不愿在周为官，便率五千封地（今山东莱州、龙口一带）民众，从山东半岛北部渡过渤海至辽东半岛，又辗转进入朝鲜北部，建立了古朝鲜国，周武王封其为朝鲜侯。这是有文献记载的我国历史上第一次大规模海外移民。成书于西汉初年的《尚书大传》云："武王胜殷，继公子禄父，释箕子之囚，箕子不忍周之释，走之朝鲜。武王闻之，因以朝鲜封之。"箕子在朝鲜，教民以耕作、礼仪、法治，传播中国文化，为朝鲜半岛的文明进步和社会发展做出了贡献。

春秋战国时期，在山东半岛沿岸，鲁人和齐人"乘桴浮于海"并以庙岛群岛为中介，向北渡过渤海老铁山水道，到达了辽东半岛南端，再向北航行至朝鲜半岛和俄罗斯东部滨海地区。我国海上丝绸之路研究专家陈炎在《海上丝绸之路对世界文明的贡献》一文中指出："日本在西海岸发掘出的中国春秋时期的青铜铎350件，与朝鲜出土的完全相同。这说明，早在2 700年前，我国的航海先驱者，开辟了从山东半岛出发经朝鲜半岛再东渡日本的航路，并把中国文化传入日本和朝鲜。"

春秋时期的齐国地理位置优越、国力强大、纺织业先进、航海技术高超，加上实行积极的对外政策，各方面都为海上丝绸之路的发展奠定了基础。《管子·轻重甲》最早记录了我国与朝鲜半岛的商业往来。韩国出土的"中国式铜剑"证明吴越地区铸剑工匠从山东半岛通过北方丝绸之路东渡朝鲜。战国中晚期，中原的战乱导致人口迁徙，齐、燕国君又对海上仙境及不死之药十分追求，为北方海上丝绸之路的繁荣增添了新的活力。

### 3. 秦汉时期——高潮期

秦汉时期，我国船只从山东半岛的琅琊、芝罘、登州一带出发，沿山东海岸北行，途经蓬莱列岛，在辽东半岛南侧转航，沿朝鲜西海岸南下到达日本列岛，不但与朝鲜、日本进行贸易往来，还给当时生产力相对落后的朝鲜、日本带去了先进的生产技术，推动了朝鲜和日本的文明进步和社会发展。

徐福东渡为秦末汉初躲避苛政和战乱的山东半岛先民指出了一条走向海外谋生的途径，一度形成"海外移民潮"。《三国志·魏书·乌丸鲜卑东夷传》载："陈胜等起，天下叛秦，燕、齐、赵民避地朝鲜者数万口。"山东半岛先民移民朝鲜、日本，有力地推动了当地的文明进步与社会发展。图3-2-5和图3-2-6所示分别为位于我国青岛和日本的徐福东渡纪念碑。

图3-2-5　位于青岛西海岸新区的"徐福东渡启航处"石碑

图3-2-6　位于日本的"秦徐福上陆之地"纪念碑

### 4. 隋唐时期——繁荣期

隋唐时期，政治、军事、文化、经济、科技皆得到前所未有的发展，国力强盛，国策开明，周边诸国尤其是朝鲜和日本纷纷向中国朝贡并前来学习，使得北方海上丝绸之路空前繁荣。

唐朝在山东半岛烟台地区设置了登州港（位于今蓬莱）。登州港是唐代中国北方唯一的通关口岸和北方第一大港，与明州（宁波）、广州、泉州并称中国古代四大港口。《新唐书·地理志》中记述，唐代中国与周边各国之间的交通路线主要有7条，而海路只有2条，其中一条就是"登州水道"：由登州出发，通过长岛岛链，连接辽东半岛，转至朝鲜半岛的航线。"登州水道"是这一时期中、日、韩之间最为安全和常用的道路。日本遣唐使共来唐朝14次，前6次是从山东半岛的登州往返。随遣唐使船入唐的日本留学生和学问僧，沿北方海上丝绸之路进入山东半岛再西行去长安，学成后则从山东半岛出海返回日本。

### 5. 宋元时期——昌盛期

宋代造船业十分发达，航海技术显著提高，北方海上丝绸之路繁荣。北宋时期，为防止契丹从海上入侵，朝廷关闭了我国北方对外贸易的主要港口——登州港，又在山东半岛南部开通了密州板桥镇口岸（位于今山东胶州）。当时，山东仍然是我国对外出口丝绸织物的主要地区，因此板桥镇繁华异常，海外贸易量"倍于杭、明二州"。

元朝十分重视商业的发展，这在客观上推动了元代交通运输业的发展昌盛，除改善陆路、漕运、内河外，海路交通得到进一步开拓。元朝的货币主要借助海外贸易东流到朝鲜和日本。

### 6. 明清时期——发展与衰微期

明清中国与朝鲜、日本的海上官方、民间贸易仍十分频繁。受海上倭寇和海盗的影响，明朝政府不时加强"海禁"，海上丝绸之路的发展亦不时受到影响。进入晚清之后，北方港口多成为条约港口、租借港口，海上丝绸之路走向衰微，终成历史。

---

**合作研讨**

小组合作，查阅资料，对比海上丝绸之路与陆上丝绸之路，了解它们的共同之处和各自的特征。

---

## 二、21世纪海上丝绸之路的美好前景

2013年9月7日，国家主席习近平在哈萨克斯坦纳扎尔巴耶夫大学发表题为"弘扬人民友谊 共创美好未来"的重要演讲，提出共建"丝绸之路经济带"重要倡议。2013年10月3日，国家主席习近平在印度尼西亚国会发表演讲，提出共同建设21世纪海上丝绸之路的重要倡议。"丝绸之路经济带"与21世纪海上丝绸之路共同构成了"一带一路"。"一带一路"是在全球政治、贸易格局不断变化的形势下中国连接世界的新型贸易之路，长远目标是实现亚、欧、非经济贸易一体化发展。

### （一）共建原则

2015年3月经国务院授权，国家发展改革委、外交部、商务部联合发布的《推动共建丝绸之路经济带和21世纪海上丝绸之路的愿景与行动》指出，"一带一路"建设秉承以下原则。

恪守联合国宪章的宗旨和原则。遵守和平共处五项原则，即尊重各国主权和领土完整、互不侵犯、互不干涉内政、和平共处、平等互利。

坚持开放合作。"一带一路"相关的国家基于但不限于古代丝绸之路的范围，各国和国际、地区组织均可参与，让共建成果惠及更广泛的区域。

坚持和谐包容。倡导文明宽容，尊重各国发展道路和模式的选择，加强不同文明之间的对话，求同存异、兼容并蓄、和平共处、共生共荣。

坚持市场运作。遵循市场规律和国际通行规则，充分发挥市场在资源配置中的决定性作用和各类企业的主体作用，同时发挥好政府的作用。

坚持互利共赢。兼顾各方利益和关切，寻求利益契合点和合作最大公约数，体现各方智慧和创意，各施所长，各尽所能，把各方优势和潜力充分发挥出来。

## （二）框架思路

《推动共建丝绸之路经济带和21世纪海上丝绸之路的愿景与行动》指出："一带一路"是促进共同发展、实现共同繁荣的合作共赢之路，是增进理解信任、加强全方位交流的和平友谊之路。中国政府倡议，秉持和平合作、开放包容、互学互鉴、互利共赢的理念，全方位推进务实合作，打造政治互信、经济融合、文化包容的利益共同体、命运共同体和责任共同体。

"一带一路"贯穿亚欧非大陆，一头是活跃的东亚经济圈，一头是发达的欧洲经济圈，中间广大腹地国家经济发展潜力巨大。丝绸之路经济带重点畅通中国经中亚、俄罗斯至欧洲（波罗的海），中国经中亚、西亚至波斯湾、地中海，中国至东南亚、南亚、印度洋。21世纪海上丝绸之路重点方向是从中国沿海港口过南海到印度洋，延伸至欧洲；从中国沿海港口过南海到南太平洋。

根据"一带一路"走向，陆上依托国际大通道，以沿线中心城市为支撑，以重点经贸产业园区为合作平台，共同打造新亚欧大陆桥、中蒙俄、中国-中亚-西亚、中国-中南半岛等国际经济合作走廊；海上以重点港口为节点，共同建设通畅安全高效的运输大通道。中巴、孟中印缅两个经济合作走廊与推进"一带一路"建设关联紧密，要进一步推动合作，取得更大进展。

"一带一路"建设是沿线各国开放合作的宏大经济愿景，需要各国携手努力，朝着互利互惠、共同安全的目标相向而行。努力实现区域基础设施更加完善，安全高效的陆海空通道网络基本形成，互联互通达到新水平；投资贸易便利化水平进一步提升，高标准自由贸易区网络基本形成，经济联系更加紧密，政治互信更加深入；人文交流更加广泛深入，不同文明互鉴共荣，各国人民相知相交、和平友好。

## （三）规划实施

习近平主席高度重视21世纪海上丝绸之路的共建。2019年4月23日在集体会见应邀出席中国人民解放军海军成立70周年多国海军活动外方代表团团长时的讲话中，习近平主席指出："当前，以海洋为载体和纽带的市场、技术、信息、文化等合作日益紧密，中国提出共建21世纪海上丝绸之路倡议，就是希望促进海上互联互通和各领域务实合作，推动蓝色经济发展，推动海洋文化交融，共同增进海洋福祉。"

为推进"一带一路"建设，国家多次举办国际会议或论坛，习近平主席出席并发表重要讲话，为共建"一带一路"指引了方向、提供了遵循。另外，一些地方还专门举办以21世纪海上丝绸之路为主题的国际峰会、论坛、研讨会、博览会等，推进21世纪海上丝绸之路共建。

广东省中国特色社会主义理论体系研究中心在《21世纪海上丝绸之路：实现中国梦的海上大通道》（《理论参考》2014年第9期）一文中指出，共建21世纪海上丝绸之路主要采取以下实施策略。

一是加强政府往来，增进沟通了解，巩固政治和深化与相关国家开展经济、贸易、能源、金融、服务、基础设施等领域合作，共同建立跨境经济合作区，完善当地基础设施建设，在区内实行更加自由便利的贸易、投资及物流政策，利用双方的互补优势开展各项经济合作，促进地区繁荣。

二是建立完善基础设施互联互通，推动合作交流国际化，以海洋经济为突破口，共同建立海洋养殖合作基地，探索产业园区双向投资，健全常态化的合作交流机制；构筑双方海上互联互通网络，开拓港口、海运物流和临港产业等领域合作，积极发展好海洋合作伙伴关系。

三是全面拓宽对外开放合作格局，促进共同发展，抓好信息、通关、质检等制度标准的"软件衔接"，推动政策沟通、道路联通、贸易畅通、货币流通、民心相通，为企业创造更为便利的原产地证书申领和核准环境，推动优惠政策的更好落实。加强与各国海关和签证机构的沟通与合作，建立国际安全合作机制，保证海路资源运输的安全，加强海上战略通道的保障能力。

四是以海上丝路建设为契机，促进产业结构调整升级，通过技术创新，提高相关产业的技术含量，实现产业升级，提升在国际产业分工的地位，实现共赢。

五是全面提升海上丝路学术研究水平。加强媒体间文化间的交流与合作，增进交流，加强文化、媒体等领域的合作，做好民间友好组织的合作与交流，提高合作向心力。

### （四）共建"一带一路"的丰硕成果

据中国网财经记者报道，国家发展改革委在2022年9月29日召开的新闻发布会上介绍共建"一带一路"总体进展情况时指出，共建"一带一路"宏伟倡议在世界范围内受到高度关注和积极响应，现已取得令世人瞩目的丰硕成果。

一是共建朋友圈不断夯实。共建"一带一路"不断巩固并扩大合作范围。截至2022年8月底，我国已与149个国家和32个国际组织签署了200多份共建"一带一路"合作文件。共建"一带一路"已先后写入联合国、亚太经合组织等多边机制成果文件。

二是设施互联互通不断深化。共建"一带一路"互联互通稳步推进，一大批重点合作项目落地生根。中老铁路实现全线开通运营，客货运输量稳步增长；匈塞铁路塞尔维亚境内贝诺段顺利通车；雅万高铁最长隧道实现全隧贯通；瓜达尔港具备了全作业能力，正在成为区域物流枢纽和临港产业基地；中欧班列开辟了亚欧陆路运输新通道，为保障国际供应链产业链稳定畅通提供了有力支撑。

三是经贸交流与合作不断发展。共建"一带一路"国际市场不断开拓，实现了各国互利共赢发展。截至2022年8月底，我国与沿线国家货物贸易额累计约12万亿美元，对沿线国家非金融类直接投资超过1 400亿美元。我国已累计与30多个共建国家和地区签署"经认证的经营者"互认协议，贸易投资自由化便利化水平持续提升。

四是新兴领域国际合作不断拓展。共建"一带一路"深化数字与创新国际合作，打造了一批创新合作的新亮点。我国积极参与全球抗疫协作，与共建国家开展疫苗生产合作，为支持发展中国"抗疫"做出积极贡献。践行绿色发展理念，印发实施《关于推进共建"一带一路"绿色发展的意见》等政策文件。

五是多元化投融资体系不断完善。共建"一带一路"投融资渠道不断拓宽，逐步建立起多元、稳定、可持续的"一带一路"投融资体系。《"一带一路"融资指导原则》《"一带一路"绿色投资原则》有效拓展了与共建国家资金融通，人民币跨境支付系统（CIPS）业务量、影响力稳步提升。

六是人文交流与合作不断扩大。共建"一带一路"形成了多元互动的人文交流格局。"鲁班工坊"等10余个文化交流和教育合作品牌逐步建立；丝绸之路国际剧院、博物馆、艺术节、图书馆和美术馆联盟、"一带一路"国际科学组织联盟等运行良好，有力增进了不同文化之间的交流理解和认同。

共建"一带一路"现已成为广受欢迎的全球公共产品和重大的国际合作平台，与丝绸之路经济带融合在一起，构成"一带一路"的21世纪海上丝绸之路，成为人类奔向命运共同体宏伟目标的亮丽航线。

---

**自主探究**

查阅资料，探究思考：共建21世纪海上丝绸之路的丰富内涵与崇高使命各是什么？

### 三、海上丝绸之路的重要价值

#### （一）古代海上丝绸之路的重要价值

##### 1. 经济价值

海上丝绸之路贸易活动的开展使得世界上很早就形成了相对独立的贸易圈，如环南海贸易圈、东北亚贸易圈、波斯湾-阿拉伯海-红海-东非贸易圈、孟加拉湾贸易圈和地中海贸易圈。例如，郑和下西洋开辟的海上航线主要是南京-泉州-越南占城-印度尼西亚旧港（今巨港）-斯里兰卡锡兰山（今加勒港）-印度古里（今科泽科德）-波斯湾忽鲁谟斯（今霍尔木兹），将环南海贸易圈、印度-斯里兰卡贸易圈和波斯-阿拉伯贸易圈连成国际性海上贸易网络，并进而延展至东非和地中海地区。我国参与海上丝绸之路的贸易品主要有瓷器、丝绸、铁器、茶叶等，东南亚各国主要有香料、名贵木材等，印度、斯里兰卡等国主要有棉布、宝石等，阿拉伯、波斯等国主要有宝石、香料、伊斯兰陶器、玻璃器等，地中海国家主要有玻璃、金银器等，东非国家主要有犀牛角、象牙等。

海上丝绸之路贸易活动的开展有力地促进了港口建设。我国境内的古代海上丝绸之路的主要海港有广州港、泉州港、福州港、漳州港、宁波港、南京港、扬州港、合浦港、登州港等。海外古代海上丝绸之路的港口主要有越南的占城、印度尼西亚的旧港（今巨港）、马来西亚的满剌加（今马六甲）、斯里兰卡的锡兰山、印度的古里、波斯湾口的忽鲁谟斯等。

##### 2. 文化价值

海上丝绸之路贸易活动的开展促进了不同文明板块之间及其内部的文化交流，由此对应形成了印度文明圈、古代东亚儒家文明圈、地中海文明圈和波斯-阿拉伯文明圈。

我国通过海上丝绸之路积极传播民族工艺和儒道思想，对沿线国家和地区以及欧洲各地产生了不同程度的影响，甚至掀起了"中国热"，其中瓷器（图3-2-7、3-2-8）和茶叶对世界的影响最大。在中国制瓷技术的影响下，世界各国的制瓷工业得到快速发展。例如，阿拉伯白地彩绘釉陶是在我国唐朝陶瓷的影响下产生并发展

图3-2-7 波斯青花      图3-2-8 唐青花

起来的。中国茶文化传播到世界各地，对人们的生活方式和思想观念产生了一定影响。例如，9世纪时日本刮起一股"弘仁茶风"，贵族间出现了模仿中国人品茶的风潮；17世纪初，荷兰率先通过海上丝绸之路将茶叶输入欧洲，开始推行饮茶之风。

海上贸易活动，需要有通用的货币与度量衡，以便于进行价值交换。轻重适宜、币值稳定且携带方便的中国铜钱成为东北亚、东南亚海上贸易的流通货币。海上贸易需要不同族群的人之间的交流，海上丝绸之路则有利于语言沟通问题的解决，泉州出土的多种语言碑刻则反映了这种情况。

海上丝绸之路促进了不同宗教文化之间的交流。泉州港的开元寺（佛教）、真武庙（道教）、天后宫（妈祖）、清净寺（伊斯兰教）、摩尼寺以及印度教、景教遗迹，生动展示了国际海港宗教文化的多样性。

##### 3. 历史价值与科学价值

海上丝绸之路是人类交通文明的智慧结晶。

形成远洋贸易的海上丝绸之路是利用季风与洋流开展航海活动的。古代中国、印度、波斯（今伊朗）–阿拉伯、地中海国家的人们很早就不约而同地发现了季风的规律。古代中国航海家将"明确而守时"的南海海域的季风称为"信风"。人们利用"信风"，开展往返于中国东南沿海与东南亚地区之间的海洋贸易，并形成海上良港，如我国的徐闻、印度的古里、印度尼西亚的旧港和马来西亚的满刺加。

海上丝绸之路的航海活动展现了世界各国的造船工艺。在丝绸之路上航行着各种各样的船。中国帆船（以福船为代表）、阿拉伯帆船和西班牙大帆船是当时著名的海船类型。另外，在海上丝绸之路上还有导航技术的交流。一般认为，以马六甲海峡为界以东的南海海域，主要采用中国古代的罗盘导航技术，形成"针路"航线；以西的印度洋海域，主要采用阿拉伯的天文导航技术，即"牵星过洋"。

### （二）21世纪海上丝绸之路的重要价值

#### 1. 21世纪海上丝绸之路是新型国际合作观的生动体现

共建21世纪海上丝绸之路并非我国传统海洋观的延续，也迥异于西方掠夺称霸的海洋观，体现的是现代的新型国际合作观。

2014年，国家主席习近平在和平共处五项原则发表60周年纪念大会上强调："当今世界正在发生深刻复杂的变化，和平、发展、合作、共赢的时代潮流更加强劲，国际社会日益成为你中有我、我中有你的命运共同体。"

共建21世纪海上丝绸之路秉承的是"共商、共建、共享"的合作原则："共商"即各国共同协商、深化交流，各国之间加强互信、平等协商；"共建"即各国共同参与、合作共建，分享发展机遇，扩大共同利益；"共享"即各国平等发展、共同分享，相关各方互利共赢。"共商""共建""共享"互为依托、有机统一，在此基础上共同构建人类命运共同体。

#### 2. 21世纪海上丝绸之路是一条合作之路、共赢之路

共建21世纪海上丝绸之路致力于沿线国家附近海域的互联互通，建立和加强沿线国家全方位、多层次、复合型的伙伴关系，实现沿线各国多元、自主、平衡、可持续发展。21世纪海上丝绸之路的互联互通项目将推动沿线各国发展战略的对接与耦合，发掘区域内市场的潜力，促进投资和消费，创造需求和就业，增进沿线各国人民的人文交流与文明互鉴，让各国人民相逢相知、互信互敬，共享和谐、安宁、富裕的生活。

2017年6月，中国政府提出重点建设中国—印度洋—非洲—地中海、中国—大洋洲—南太平洋以及经北冰洋连接欧洲的三条蓝色经济通道。通过提升互联互通、促进产能合作、创新发展模式等，三条蓝色经济通道都取得进展。同时，21世纪海上丝绸之路注重提高沿线国家的积极参与热情，共享建设成果，真正实现了合作共赢，使21世纪海上丝绸之路成为构建人类命运共同体的重要实践平台。

#### 3. 21世纪海上丝绸之路是一个不同文明之间交流的良好平台

2019年5月15日，习近平主席在亚洲文明对话大会上指出，文明因多样而交流，因交流而互鉴，因互鉴而发展。交流互鉴是文明发展的本质要求。

21世纪海上丝绸之路沿线国家和地区有代表性的三大文明分别是中华儒家文明、伊斯兰文明和基督教文明，不同文明之间需要彼此沟通、相互促进，而共建21世纪海上丝绸之路则为沿线国家和地区不同文明之间的交流互鉴搭建了良好的平台，必将推动各种文明之间的和谐相处以及各自的可

持续发展。

合作研讨

小组合作，查阅资料，交流分享世界各国是如何积极评价共建21世纪海上丝绸之路的。

党的二十大报告中有两处提到"一带一路"：一是对过去近10年的"一带一路"建设给予了充分肯定，指出"共建'一带一路'成为深受欢迎的国际公共产品和国际合作平台"；二是在部署我国迈上全面建设社会主义现代化国家新征程、向第二个百年奋斗目标进军过程中的重要工作时，提出要"推动共建'一带一路'高质量发展"。在党的二十大精神指引下，共建21世纪海上丝绸之路必将取得更加辉煌的成就！

## 拓展·深化

1. 从事瑞典和中国之间海上贸易的"哥德堡号"（图3-2-9）、满仓皆为唐朝各地风物的阿拉伯沉船"黑石号"（图3-2-10）、运载康熙时期外销瓷的清代沉船"碗礁一号"（图3-2-11为"碗礁一号"沉船上的青花冰梅纹盖罐）、宋代对外贸易史最佳见证的"南海Ⅰ号"（图3-2-12）、揭开明代贸易船队秘密的"南澳一号"（图3-2-13）、中国首次远海水下考古发掘的沉船"华光礁一号"（图3-2-14）都见证了古代海上丝绸之路的发展。查阅资料，了解这些水下沉船是如何见证海上丝绸之路历史的。

图3-2-9　瑞典"哥德堡号"油画　　　图3-2-10　"黑石号"模型　　　图3-2-11　"碗礁一号"沉船上的青花冰梅纹盖罐

图3-2-12　"南海Ⅰ号"画　　　图3-2-13　"南澳一号"模型　　　图3-2-14　"华光礁一号"模型

2. 网上观看央视纪录片《丝路：从历史中走来》，撰写一篇观后感。

3. 撰写主题为"共建21世纪海上丝绸之路对实现中华民族伟大复兴的重大意义"的小论文。

# 专题 3

## 发展迅猛的现代航海事业

**任务·目标**

（一）任务

1. 学习本专题中"运输航海"，自主探究海运、陆运、空运的特点和作用以及发展海洋运输业的重要意义，合作交流远洋船员们的工作与生活状况，撰文论述"我国智能航运的发展"。

2. 学习本专题中"渔业航海"，自主探究渔业航海的特点与渔业航海应具备的知识与技术，合作交流我国渔业航海在较短时间内跻身世界前列的主要表现和今后发展趋势。

3. 学习本专题中"军事航海"，合作研讨人民海军开展军事航海的重要意义。

4. 学习本专题中"科考航海"，自主探究科考航海的特点与意义。

5. 学习本专题中"现代航海探险"，自主探究我国现代航海探索者的航海经历和取得的主要成就，网上观看纪录片《我的航海日志》并撰写观后感，撰文论述"航海探险精神对当代青年的启示"。

（二）目标

1. 了解我国现代航海事业取得的成就，能以具体事例说明改革开放以来我国运输航海、渔业航海、军事航海、科考航海以及现代航海探险的发展情况，弘扬航海文化，增强海洋意识和爱国主义精神。

2. 认识我国现代航海事业快速发展的原因，能说明航海事业发展对于加快我国社会主义现代化强国建设以及促进人类命运共同体构建的重要意义，增强新时代大学生的责任担当意识。

3. 总结与理解航海精神，能将航海精神落实到日常学习与生活中。

**情境·问题**

### 中国航海日活动亮点多多

1977年11月的国际海事组织第十届大会通过决议，决定每年3月17日为世界海事日。之所以要将3月17日定为"世界海事日"，是因为1978年3月17日正值《国际海事组织公约》生效20周年。1979年11月，国际海事组织第十一届大会决定，"海事日"具体日期由各国政府自行确立。

世界海事日即国际航海日。

在我国，为了纪念中国航海家郑和下西洋，经国务院批准，自2005年起，每年7月11日为中国航海日，同时也作为世界海事日在我国的实施日期。

1405年7月11日是郑和下西洋首航的日期，这一天对中国航海事业具有重要的历史纪念意义。中国是世界航海文明的发祥地之一。郑和航海所蕴含的民族精神已超越国界成为世界文化遗产，因而将每年的7月11日定为法定中国航海日，是对中国历史悠久的航海文化及民族精神的传承与发扬，有利于弘扬我国睦邻友好的悠久传统，树立和平外交的国际形象。图3-3-1为中国航海日标志。

图3-3-1　中国航海日标志

从2005年到2024年，我国共举行了20次中国航海日活动，各航海日活动的主题分别为：

2005年：热爱祖国、睦邻友好、科学航海

2006年：爱我蓝色国土，发展航海事业

2007年：落实科学发展观，构建海洋和谐

2008年：中国航海-改革开放30年暨国际海事组织-为海运服务60年

2009年：庆祝新中国60周年·迎接航海新挑战

2010年：海洋·海峡·海员

2011年：兴海护海，身行天下

2012年：感知郑和，拥抱海洋

2013年：通江达海，兴海强国

2014年：21世纪海上丝绸之路与海员服务

2015年：新丝路引领新常态，航海梦共筑中国梦

2016年：建安全高效绿色航运，助海上丝路创新发展

2017年：船·港·人——互联互通

2018年：航海新时代，丝路再出发

2019年：推动航运业高质量发展

2020年：携手同行　维护国际物流畅通

2021年：开启航海新征程，共创航运新未来

2022年：引领航海绿色低碳智能新趋势

2023年：扬帆新丝路，奋楫新格局

2024年：智慧航海、畅行未来

中国航海日活动亮点多多，有力地宣传与推动了我国航海事业的发展（图3-3-2、图3-3-3）。

图3-3-2　上海举行的第十四个中国航海日活动现场

图3-3-3　第十八个中国航海日活动暨全国首次航海日活动周系列活动现场

随着我国综合国力的增强，我国的航海事业日新月异。仅就航运业来说，中国航海学会预测，到2025年，我国智能航运技术与产业化总体上可以达到国际先进水平；到2035年，充分智能化的航运新业态基本形成，沿海遥控驾驶、自主驾驶船舶占比超过30%；到2050年，智能航运技术与产业化可以全面达到国际领先水平，形成高质量的智能航运体系，智能化网络化航运服务供给覆盖全球。

**问题导引**

1. 每年的中国航海日活动主题是根据什么确立的？
2. 现代航海主要包括哪些方面？对推动航海事业发展具有什么重要意义？
3. 改革开放以来，我国航海事业都取得了哪些成就？
4. 参与航海活动应具备哪些素质？

**探究·发现**

新中国成立后，我国的航海事业进入了一个全面恢复和重新振兴的历史时期；改革开放以来，无论是运输航海、渔业航海，还是军事航海、科考航海、海洋探险活动等，都取得了跨越式发展。

## 一、运输航海

海洋交通运输业指以船舶为主要工具从事海洋运输以及为海洋运输提供服务的活动，即使用船舶通过海上航道在不同国家和地区的港口之间运送货物的一种方式。我国是世界海运需求最大的国家，打造现代化海运船队对构建安全、便捷、高效、绿色、经济的海运通道极其重要。我国交通运输部制定发布的《水运"十四五"发展规划》提出，要优化海运船队规模结构，提升船舶装备技术水平，建设规模适应、结构合理、技术先进、绿色智能的海运船队，提高海运船队国际竞争力。

**自主探究**

查阅资料，对海运、陆运、空运进行比较，认识发展海洋运输业的重要意义。

1979—2000年，我国经济快速增长，海运大国地位逐渐建立。党的十一届三中全会以来，国际集装箱运输的发展逐渐受到重视。1982年10月，我国开辟了天津港、上海港至美国的全集装箱班轮航行，这是我国远洋集装箱运输发展的重要标志，也说明我国现代运输航海踏上征程。在此期间，我国还颁布了一系列海运政策和法规，如《国际船舶代理管理规定》《关于进一步改革国际海洋运输管理工作的通知》《中华人民共和国海商法》等，为海上运输法治环境提供了保障。

加入WTO之后，我国海运业加快了进入国际航运市场的步伐。随着经济实力的增强，我国在世界海运界的地位显著提升。2010年，我国已成为世界第二大经济体、第一大贸易出口国和第三大航运国家。

2013年以来的21世纪海上丝绸之路共建极大地推动了我国远洋运输事业的发展。21世纪海上丝绸之路的主要航线为泉州—福州—广州—海口—北海—河内—吉隆坡—雅加达—科伦坡—加尔各答—内罗毕—雅典—威尼斯，途经国家主要为韩国、日本、印度尼西亚、泰国、马来西亚、越南、柬埔寨、新加坡、菲律宾、缅甸、文莱、印度、斯里兰卡、巴基斯坦、科威特、沙特阿拉伯、土耳其、埃及、阿联酋、肯尼亚、坦桑尼亚、希腊、意大利等。这条合作共赢的友谊之路促进了沿线各国的经济发展、文化交流，也使我国的运输航海实现了新的突破。

图3-3-4　中国海运为全球经贸往来贡献力量（源自中国远洋海运集团有限公司官网）

近年来，尤其是党的十八大以来，中国远洋海运、招商轮船、山东海运等航运企业积极扩大船队规模，优化运力结构，提升船队运营管理水平、船舶设备技术水平，推进船队数字化、智能化、绿色化转型，海运船队取得了长足进步（图3-3-4）。目前，我国已基本形成了大型化、专业化、船龄结构合理、规模居世界前列的海运船队，现代化海运船队建设取得阶段性成效。中远海运特运多用途船队规模位居世界第一；中远海运能源油轮船队运力规模世界第一；中远海运散运是全球规模最大的专业化散装货物运输企业；中远海运集运在全球约140个国家和地区的558个港口均有挂靠，与法国达飞海运集团、长荣海运股份有限公司、东方海外货柜航运有限公司组建的"海洋联盟"服务在覆盖面、效率等方面均占据明显优势；招商局旗下招商轮船拥有全球最大规模的超大型油轮（VLCC）和超大型矿砂船（VLOC）船队。克拉克森数据显示，截至2021年底，我国船队运力占全球船队总运力的15%（希腊为17%），居全球第二。海运船队控制运力规模也由2010年世界第四升至世界第二。

在多方努力下，我国船员培训事业不断发展，先后与27个世界主要海运国家和地区签署了船员证书认可协议。近年来，我国年均外派海员超过13万人次，我国船员证书的"含金量"不断提高。

## 合作研讨

据2023年底统计，我国共有注册海船船员（简称海员）943 954人，同比增长4.8%。这是一个庞大的群体。他们远离家乡和陆地，常常在水天一色的大洋上漂泊几个月。福建海运集团"金海发"号散货船上海员们艰辛与快乐相伴的海上工作与生活是远洋船员们工作与生活的一个缩影（图3-3-5）。

"金海发"号水手们冲洗甲板

在第八个"世界海员日"来临之际，海员们集合在甲板上举行升国旗仪式

有着17年航海经历的船长在全神贯注地指挥"金海发"号航行

轮机长负责全船的机电设备，开心的 机舱温度超过40℃，轮机员在机舱 远离家乡和陆地，过节时海员们在船
事是偶尔看到海豚、飞鱼等与船竞游 给机器做保养维护 上聚餐庆祝

图3-3-5 "金海发"号散货船上海员们工作与生活掠影（源自《走近海员的工作和生活：艰辛与快乐相伴》，付
长超摄影，人民网，2018-06-25）

小组合作，结合图片和有关资料，交流分享对远洋船员们艰辛与快乐相伴的工作与生活的认识。

## 二、渔业航海

渔业航海一般指在沿海国沿岸外水深200米内外的海域从事海洋捕捞所进行的航海，是一种与远洋渔业密切相关的航海活动。

**自主探究**

查阅资料，了解渔业航海的特点以及所应具备的知识与技术。

目前，全球有30余个国家或地区从事远洋渔业，中国、韩国、日本、美国和俄罗斯等10余个国家或地区年产量超过10万吨。在党中央、国务院高度重视以及相关部门的大力支持下，经过几代远洋渔业人开拓进取、奋勇拼搏，我国远洋渔业实现了跨越式发展。

20世纪80年代之前，我国海洋渔业生产集中在沿岸以及近海，基本未涉及远洋渔业。1985—1990年是我国远洋渔业的起步期。1985年3月10日，我国派出由13艘渔船、223名船员组成的历史上第一支远洋渔业船队，从福建马尾港出发，毅然走出国门，劈波斩浪，远航万里，经过50多天的艰苦航行终于在4月29日抵达西班牙拉斯帕尔马斯岛，开始在西部非洲协议合作国家水域作业，拉开了发展远洋渔业和渔业航海的序幕。我国随即与几内亚比绍、塞内加尔等西非国家开展远洋渔业合作，实现了我国渔业航海"零"的突破。同年，上海、大连、烟台等城市的渔业企业，先后派出船只赴白令海峡公海水域进行捕捞作业，成为我国远洋渔业公海捕捞开始的标志，也说明我国渔业航海全面开启。这一时期，我国远洋渔业以过洋性渔业为主，主要作业海域为北太平洋，西北、西南大西洋以及南太平洋等，与21个国家或地区建立了渔业交流合作关系。

1991—1997年，我国远洋渔业进入了快速发展期，作业海域延展至中西部太平洋、日本海、南太平洋及印度洋等海域，渔业航海的范围进一步扩大。我国加入养护大西洋金枪鱼国际委员会、印度洋金枪鱼委员会等国际渔业组织，与日本、俄罗斯、美国、韩国等积极磋商相关捕捞项目，进一步加深与摩洛哥、毛里塔尼亚等国的渔业合作。

20世纪末，我国远洋渔业由粗放型增长向集约型增长转型，大洋性渔业比重不断增加。2007年以来，我国大洋性渔业与过洋性渔业得到均衡发展，渔业航海装备水平显著提升，加上远洋渔业管理制度逐步完善，我国开始从远洋渔业大国逐步向远洋渔业强国挺进。2022年，我国拥有经批准的远洋渔业企业177家，远洋作业渔船2 551艘（其中公海作业渔船1 498艘），作业区域分布于太平洋、印度洋、大西洋公海和南极海域，以及相关合作国家管辖海域，年产量232.8万吨。

2012年，经国家批准，中国远洋渔业协会正式成立。2013年，国家出台《国务院关于促进海洋渔业持续健康发展的若干意见》。2013年10月，习近平主席在访问东盟国家时提出共建21世纪海上丝绸之路的重要倡议，进一步推动了我国远洋渔业的发展。

我国渔业航海异军突起。时至今日，我国的远洋渔船（图3-3-6）规模、装备水平、捕捞加工能力、科研水平已跻身世界前列。图3-3-7为我国远洋渔船上搭载的北斗导航系统显示屏。

图3-3-6 我国的远洋渔业船队

图3-3-7 我国远洋渔船上搭载的北斗导航系统显示屏

2022年7月30日，我国自主研制建造的"深蓝"号渔业捕捞加工船（图3-3-8）交船暨出航仪式在中国船舶黄埔文冲船厂举行。

"深蓝"号渔业捕捞加工船是我国第一艘自主研制建设的渔业捕捞加工船，总长约120米，型宽21.6米，配员99人，可满足ICE-A冰区（冰厚度0.8米）及零下25℃低温环境的营运要求，主要用于远洋渔业捕捞，兼顾海洋科考功能；船上配有变水层拖网系统、桁杆连续泵吸系统和三条自动化生产加工线，可进行产品的连续加工处理和自动包装运输作业，单船日产量可达600吨，年产量可达10万吨。"深蓝"号为我国远洋渔业加快现代化转型、实现渔业航海的新突破提供了强大助力。

图3-3-8 "深蓝"号渔业捕捞加工船

**合作研讨**

我国远洋渔业虽然起步晚，但发展迅速，仅用了30多年就走完了一些发达国家100多年走过的路程，使我国成为世界上重要的远洋渔业国家之一，进入世界渔业航海的前列。请查阅资料，谈谈我国渔业航海在较短时间内跻身世界前列的主要表现和今后的发展趋势。

### 三、军事航海

党的十一届三中全会以后，人民海军进入了现代化建设的新时期，开启了军事航海的新纪元。

1970年12月26日，我国自行研制的第一艘核动力攻击型潜艇"长征1号"（舷号401）（图3-3-9）下水；1974年8月1日，正式编入海军战斗序列；1988年9月，人民海军核潜艇水下发射运载火箭试验圆满成功，我国从此成为世界上第5个拥有核潜艇并具备核潜艇水下发射火箭能力的国家。1976年底，人民海军潜艇突破第一岛链远航西太平洋进行训练，这是我国走向远海的开端。

图3-3-9　"长征1号"核动力攻击型潜艇

1985年11月—1986年1月，人民海军访问了巴基斯坦、斯里兰卡、孟加拉国三个国家，这是人民海军首次正式海外出访，引起了国际社会的高度关注。

20世纪90年代，人民海军陆续完成了舰船装备的更新换代。1997年，我国海军舰艇编队第一次横跨太平洋，分别对美国、墨西哥、秘鲁和智利展开友好访问。

2001年，我国海军又横渡印度洋，首次经由红海、苏伊士运河、地中海驶进大西洋，到达欧洲并对英国、法国、德国、意大利四国展开友好访问，人民海军真正实现了走向世界。

2002年5月15日，由"青岛"号导弹驱逐舰、"太仓"号综合补给舰组成的舰艇编队从青岛港起锚出航（图3-3-10），开始了人民海军历史上首次环球远航的征程。这次航行历时132天，航程3.3万海里，先后跨越印度洋、大西洋、太平洋和亚洲、非洲、欧洲、南美洲、大洋洲等五大洲，航经22个海和海湾，途经15个海峡、水道，穿越苏伊士、巴拿马两条世界著名运河，经过45个群岛，跨越68个纬度，6次穿越赤道。

航行中的青岛舰和太仓舰

官兵在甲板上展开远航到访的10个国家的国旗

图3-3-10　2002年"青岛"号导弹驱逐舰、"太仓"号综合补给舰组成的人民海军舰艇编队首次环球远航（源自《中国航海日，看人民海军的和平航迹！》，中国军网，2022-07-11）

2008年12月，我国专门为海上医疗救护建造的万吨级医院船由中国人民解放军海军正式授旗命名为"和平方舟"，舷号866。2024年，"和平方舟"号医院船入列16年来，以"和谐使命"系列任务为主要载体，12次走出国门，航行29万余海里，相当于绕赤道12圈，累计服务45个国家和地区，治疗29万多人次，拜会和接待国家元首、军政高层230余人次，被授予"人民海军70周年突出贡献单位""时代楷模"称号，荣获"中国青年五四奖章集体"。

2008年12月26日，由"武汉"号导弹驱逐舰、"海口"号导弹驱逐舰和"微山湖"号综合补给舰组成的中国海军舰艇编队从海南三亚启航，赴亚丁湾、索马里海域执行护航任务（图3-3-11），开启了人民海军赴远海常态部署并履行使命任务的新征程。

2012年4月16日，我国于1985年自行设计制造的第一艘远洋航海训练舰——郑和舰从大连某军港启航，前往11个国家进行友好访问（图3-3-12），执行"和谐使命——郑和舰环球行"任务，来自海军大连舰艇学院的110名学员随舰出访并进行远洋实习训练。2012年9月21日，郑和舰圆满完成航行任务，

图3-3-11　首批中国海军舰艇编队赴亚丁湾、索马里海域执行护航任务

创造了人民海军历史上首次单舰环球航行访问出访国家最多、历时最长等多项纪录。2015年，郑和舰被授予"功勋训练舰"荣誉称号。至2020年，郑和舰驰骋海疆50万余海里，出访29个国家，接待外宾和华人华侨30余万人次。

郑和舰从大连某军港启航

"流动国土"充满生机

图3-3-12　2012年"和谐使命——郑和舰环球行"

2022年5月18日，由导弹驱逐舰苏州舰、导弹护卫舰南通舰和综合补给舰巢湖舰组成的中国海军第41批护航编队，在浙江舟山某军港解缆起航，赴亚丁湾、索马里海域，接替第40批护航编队执行护航任务。11月15日，中国海军第41批护航编队圆满完成亚丁湾、索马里海域护航任务。此次任务累计航行近9万海里，高效完成30批38艘中外船舶护航任务，全程未靠港休整。

**合作研讨**

小组合作，查阅资料，了解更多的人民海军远洋航海进行友好访问的情况，交流研讨人民海军开展军事航海的重要意义。

### 四、科考航海

科考航海随着大洋科考的进行而发展。从首次大洋多金属结核资源专项调查到如今探索更多大洋中的奥秘，我国的大洋科学考察事业日新月异，科考航海也突飞猛进。

新中国成立前，我国没有专门的海洋考察船。新中国成立初期，我国的海洋考察只能租用帆船或机帆船进行。20世纪50年代中期，我国开始进行近海调查。1957年，上海中华造船厂将1918年美国建造的拖船改装成海洋调查船并取名"金星"号。

20世纪60年代，我国第一艘综合性海洋科学考察船"东方红"号（图3-3-13）建造成功。该船注重航速和灵活的操控能力，续航力和承载力有限，体现了第一代海洋科学考察船的普遍特征。

20世纪60—90年代，我国建造了名为"向阳红"的一系列科学考察船。

图3-3-13 "东方红"号海洋科学考察船

图3-3-14 "向阳红10"号海洋科学考察船

1976年3月30日，我国万吨海洋科学考察船"向阳红05"号和"向阳红11"号开始历时50多天的首次远洋科考。两艘船从广州起航，穿越赤道，横跨东西半球，航程约13 800海里。

1978年4月22日，"向阳红05"号科考船在太平洋海区开展综合科考过程中，从4 784米水深的地质取样中获取到多金属结核。

1983年至1993年的10年间，我国先后组织了11次大规模的海洋多金属结核考察，由"向阳红16"号和"海洋四号"科考船执行，考察范围共达200万平方千米，获取了大量样品和珍贵数据，并在太平洋圈出了30.1万平方千米的远景矿区。

1984年底，"向阳红10"号（图3-3-14）和"J121"船首航南极考察。

1985年2月15日，我国第一支南极考察队乘坐"向阳红10"号赴南极建立我国第一个科学考察站——长城站。

1986年9月22日至10月27日，我国自主设计建造的首艘专业海洋科学考察船"科学一号"远征西太平洋热带海域进行科学考察。3 000吨级的"科学一号"海洋科学考察船（图3-3-15）是当时世界上最先进的科考船之一。

图3-3-15 "科学一号"海洋科学考察船

图3-3-16 "极地"号极地科学考察船

　　1986年10月31日，我国"极地"号极地科学考察船（图3-3-16）载着我国第三次南极科学考察队在青岛港拔锚，开始了它的首航。1987年5月17日，"极地"号胜利返航抵达青岛，完成了一次环球航行——我国航海史上的又一壮举，整个航程达26 700海里。

　　1996年1月，当时我国最先进的海洋综合性调查船之一——"东方红2"号海洋科学考察船（图3-3-17）投入使用。到2011年的15年间，"东方红2"号科学考察航程就达30多万海里（相当于绕赤道14圈）。2014年3月，"东方红2"号前往西北太平洋执行综合科学考察任务。这是我国科学家首次对西北太平洋进行深度观测。2016年9月，"东方红2"号从青岛起航，前往西太平洋马里亚纳海沟执行万米深海科考任务。

　　2003年，我国第三代极地破冰船和科学考察船"雪龙"号胜利完成了我国第二次北极考察，同时创造了我国航海史上最北的纪录。

　　2005年，我国"大洋一号"海洋科学考察船（图3-3-18）从青岛起航，东出太平洋，经巴拿马运河进入大西洋，经好望角到达印度洋，穿过马六甲海峡再回到太平洋，历时297天，航程43 230海里，完成了我国首次环球科学考察任务。

图3-3-17　"东方红2"号海洋科学考察船

图3-3-18　"大洋一号"海洋科学考察船

　　2013年6月，载有我国首台自主设计的深海载人潜水器"蛟龙"号的"向阳红09"号海洋科学考察船开始了"蛟龙"号的试验性应用航次。

　　2016年，我国4 500米载人潜水器及万米深潜作业的工作母船——"探索一号"科学考察船，在马里亚纳海沟挑战者深渊开展了我国第一次综合性万米深渊科考活动，标志着我国的深渊科考开始进入了万米时代。

　　2017年8月，我国首次把大洋科考与极地考察整合在一起进行环球海洋综合科学考察。"向阳红01"号与"雪龙"号一起执行大洋第46航次和第34次南极科学考察的任务。这次环球考察以南半球为主，横跨南印度洋、南大西洋和东南太平洋，意味着我国在大洋科考领域中又迈出了更大的一步。

　　"雪龙2"号（图3-3-19）是我国首艘自主建造的极地科学考察破冰船，2019年10月15日，从深圳蛇口邮轮母港起航，与"雪龙"号共同执行中国第36次南极科学考察任务。这标志着我国极地考察现场保障和支撑能力取得新突破，开启"双龙探极"新时代。

　　自2005年4月2日"大洋一号"科学考察船从青岛起航执行我国首次横跨太平洋、大西洋、印度洋的环球科学考察任务。至2022年10月，我国的大洋科考已进行了75航次。现在我国的大洋科考正向着更高的目标前进。

　　2021年9月6日上午，中国科学院南海海洋研究所"实验6"综合科学考察船从广州新洲码头起锚，开始它的首次航行。"实验6"综合科学考察船具备全球航行和全天候观测能力，技术水平和考察能力达到国际先进水平，填补了国内中型地球物理综合科学考察船的空白，成为我国3 000吨级深海远洋科学考察的主力船舶之一。

2022年12月18日，"海洋地质二号"科学考察船（图3-3-20）在广州市南沙区龙穴岛科考码头入列中国地质调查局广州海洋地质调查所。该科考船已成为一艘具备伴随大洋钻探船进行全球航行作业能力的多功能保障船，是对我国现有科考船系列的补充，将大幅提升深海重装备探测能力。

图3-3-19 "雪龙2"号极地科学考察破冰船

图3-3-20 "海洋地质二号"科学考察船

**自主探究**

查阅资料，了解我国科考航海的更多情况，思考科考航海的特点与意义。

## 五、现代航海探险

自人类认识海洋起，海洋就以无穷的奥秘和无限的魅力吸引着勇于探索的人们。古代中国拥有举世闻名的航海探险家徐福、法显、鉴真、郑和等，现代中国也涌现出许多令人敬慕的航海探险者。

**自主探究**

查阅资料，了解宋坤（图3-3-21）等我国现代航海探索者的航海经历和取得的主要成就。

图3-3-21 宋坤
2013年9月1日在伦敦港登上了"青岛号"大帆船，开始了人生第一次环球航海，历经315个日夜、4.5万多海里的环球航海后，于2014年7月12日走下了"青岛号"大帆船，成为中国女子帆船环球航海第一人

在航海过程中，探险者们往往要经受风浪的袭击、生死的考验。这时，他们表现出顽强的意志和大无畏的精神，实在令人敬佩。

## 合作研讨

小组合作，阅读宋坤日记摘抄，深刻体会航海探险者不畏艰险、勇往直前的高贵品质。

### 生与死，今夜太平洋

2013年3月31日

太平洋的风暴真是一个赛一个的凶残，我们在北纬40度左右的区间上，低气压一个紧跟着一个地袭来。甲板上的暗夜里简直像是噩梦一场，没命地下着雨，又黑，又冷。天和海都成了模糊的一团，没有一丁点儿的方向指导意义，若没有罗盘，恐怕即使转个大半圈自己也不会有知觉。大浪推着船左摇右摆，老船员要凭着极好的经验和体力才能掌舵，几天下来我的左右两个手腕都因为不断地用力而扭伤，一边贴了一片膏药强撑着。

而今晚正是进入太平洋以来狂暴中的最狂暴。

为了防止甲板上的海水灌到舱室，上下甲板的船舱口都用木板堵上了，而这在我记忆中只有在南大洋曾经用过一次。

除了前甲板灯光照亮的一小块地方之外，海天就只有不断晃动的模糊轮廓。狂风卷起海面上的飞沫，沙砾一样打过来，除了舵手必须坚守岗位，所有人都蜷缩在甲板中间最低最安全的位置。四五米高的浪在我们的身边不安地翻涌着，粗暴地推搡着我们的船在暗夜的崇山峻岭间跌跌撞撞，时有巨浪以排山倒海的气势盖上甲板，人就瞬间被压在了水下。

尖啸的风声、狂暴的海浪翻涌和撞击船体的声音、支索在这飓风中颤抖的呜呜声，还有船体被狂风完全拖拽着狂冲巨浪时那种不断加速到失控的水吸声交织在一起，无休无止，震耳欲聋。舵像磨盘般沉重和难以掌握，船长亲自在舵上也渐渐应付得越来越吃力。最高的船速已经到达我从未见过的28.7节！降大前帆，降小前帆，降到我们的船只剩了缩到不能再缩的一面主帆撑着，船依然像一条狂暴扭动的巨蛇，四五个舵手轮流倾尽全力，疲于奔命。

甲板上的每个人都用安全索把自己和船紧紧地挂在一起。在这个完全癫狂的时空之中，船是我们唯一生的维系，船下则是巨浪中的长眠。那个时候，一片无尽黑暗的风雨汪洋中间，摧枯拉朽的自然伟力再次向我们展示了它的冰山一角，我们卑小纤弱、恍如蝼蚁，生与死不过是翻云覆雨之间。那黑夜如此煎熬漫长，又湿又冷的甲板上时间漫长得仿佛停滞了。

一整夜的风暴终于在接近凌晨的时候渐渐平息。

天光，日出，蓝天。

那一个清晨来临得如此神圣，以至于所有人在摧枯拉朽的风暴后都忘记了语言，失神地默默望着那被洗得纯净得几乎透明的蓝天。

寒冷、干净的风拂上面颊，北太平洋冷酷深邃的颜色在晨光中是不可思议的目眩神迷。我们像匍匐而行的朝圣者，一扑一拜，衣衫褴褛，形销骨立，重重绝望挣扎，终于得以一睹生命隐秘的箴言。

我望着那仿佛张开手臂就可以轻易拥抱的蓝天，忽然有种泪流满面的冲动。

天地玄黄，宇宙洪荒，这一片桉树叶上的过客，也可以有自己的坚强。

将生将死，将死将生！

　　无论是运输航海、渔业航海，还是军事航海、科考航海、海洋探险活动等，中国航海人身上体现着的是崇高的航海精神，这种精神激励他们忠于事业、砥砺前行。交流研讨：什么是航海精神？如何将航海精神落实到日常的学习和生活中？

## 拓展·深化

　　1. 智能航运是指由现代信息、通信、感知、大数据和人工智能等高新技术和传统航运要素深度融合而形成的航运新系统和新业态，是航运业未来的发展趋势。2019年，交通运输部、中央网信办等七部门联合印发《智能航运发展指导意见》。专家预测，到2025年，我国应该成为全球智能航运技术的创新中心；到2035年，我国要构建起高度智能化的航运系统和体系；到2050年，我国的智能航运应该在全球处在一个比较好的水平，为交通强国和航运强国的建设包括海洋强国的建设发挥比较坚实的基础作用。查阅资料，撰写有关我国智能航运发展的小论文。

　　2. 观看纪录片《我的航海日志》，并撰写观后感。

　　3. 现代我国涌现出大量的航海探险家，撰写主题为"航海探险精神对当代青年的启示"的小论文。

# 主题四

## 海洋科教，搭建国家向海图强的创新平台

抚今追昔，一艘船，可以展现先进的技术；一座桥，可以把沧海变成通途；一方海港，可以成为世界往来的纽带，成就一片繁荣与辉煌……

俯仰古今，人类无穷的智慧和巨大的创造力在海洋科技上得到了完美体现。从水密舱、磁罗盘、洛阳桥到极地科考、卫星遥感、载人深潜……它们成了我国海洋科技发展的标志，凝结着中华民族的智慧。

海洋强国，教育先行。全面推进的海洋教育，唤起了全社会的海洋意识，培养了一批批新时代海洋科技人才，将会推动人类对海洋奥秘的探索、对海洋资源的合理开发，促进海洋事业的发展。

海洋科教，带我们纵览海洋科技发展历史，领略现代海洋工程风采，了解重大海洋科技成果，感受现代海洋教育魅力，一起从"浅蓝"走向魅力无限的"深蓝"。

# 领先世界的古代海洋科技

## 任务·目标

**（一）任务**

1. 学习本专题中"造船技术"，自主探究船尾舵、水密隔舱、车轮舟与龙骨结构依据的科学原理，分析总结其中蕴含的我国古人的科技智慧。

2. 学习本专题中"航海技术"，合作研讨我国古代航海技术对我国古代航海事业发展的促进作用以及对当今的启示，网上观看介绍我国古代航海技术的科普电影《海洋传奇》并撰写观后感。

3. 学习本专题中"海水制盐技术"，自主探究我国的海盐生产技术的发展过程，创意绘制我国古代海盐生产技术发展思维导图。

4. 学习本专题中"海洋渔业技术"，合作研讨竹枝词中反映的明清时期海洋渔业资源种类和海洋渔业生产情况。

5. 任选一类海洋科技，合作交流其自古至今的发展情况并制作课件，举办"中国古代海洋科技发展成果展"。

**（二）目标**

1. 了解我国古代领先世界的造船技术、航海技术、海水制盐技术及海洋渔业技术，能利用具体事例说明我国古代海洋技术对世界海洋科技发展的重要影响，增强海洋意识与民族自豪感。

2. 认识我国古代海洋科技对于我国海洋事业发展的促进作用，能利用古代海洋科技具体事例说明"科学技术是第一生产力"重要观点，提高运用这一重要观点分析、解决问题的能力。

## 情境·问题

### 郑和船队航海的科技元素

郑和船队下西洋的成功壮举表明了当时我国的造船技术和航海技术领先于世界各国。

郑和下西洋是我国古代规模最大、船只最多、海员最多、时间最久的海上航行。郑和下西洋船队使用了五种类型的船只。第一种：郑和宝船（图4-1-1）。郑和宝船共六十三艘，当时有人形容宝船"体势巍然，巨无与敌，篷帆锚舵，非二三百人莫能举动"。这种船容纳空间很大，既可以载人又可以载物。第二种：马船。马船长三十七丈、

图4-1-1 郑和宝船复原模型

宽十五丈，有八桅，其主要任务是运载船员所携带的马匹以及下西洋时输出或输入的大量物品。第三种：粮船。粮船长二十八丈、宽十二丈，主要用来运载船队所需的粮食以及后勤供应物品。第四种：

坐船。坐船长二十四丈、宽九丈四尺，是战士们居住、休息的地方。第五种：战船。战船长十八丈、宽六丈八尺，主要用于水上作战，它也是现代军舰的鼻祖。郑和下西洋所率领船队的船只，按需建造，分工明确，是一支规模宏大的船队。

在宝船厂遗址考古发掘中，专家们发现了8枚晶莹剔透的蚌片，是从蚌壳中切割出的长方形，经过精心打磨而成，光滑平整，每枚仅有0.1毫米厚，具有良好的透光性，一片一片镶在船身的木格窗上，遮风挡雨又透光，堪称完美的明代"玻璃"，这在当时是个创举。图4-1-2是明宝船厂第六作塘遗址。出土的大舵杆（图4-1-3）是推测郑和下西洋时使用的宝船形制和规模的重要参考。

郑和宝船的桅帆和桨橹设计独特。与当时欧洲帆船普遍采用的分段软帆不同，郑和宝船采用纵帆型布局、硬帆式结构，帆篷面上带着相当于筋的撑条起加固作用。这种帆虽然较重，在升起时比较费力，但却拥有极高的受风效率，可以大幅提高船速。船上桅杆不设固定横桁，能适应海上突变的风，灵活调整航向有效利用多面来风。宝船在两舷和艉部都设有长橹，这种长橹入水深，在水下半旋转的动作类似当今船上的螺旋桨，推进效率较高，使船在无风的时候也可以保持相当高的航速，而且可在狭窄水域航行。

图4-1-2　明宝船厂第六作塘遗址

图4-1-3　郑和船队海船遗物——大舵杆

郑和船队在远洋航行中使用了许多科学的航海技术，有些技术甚至比后来的哥伦布航海时运用的技术还要先进。

测深辨位。宝船用测量绳入水的长度来查看水深，在测量锤底部涂上牛油或蜡油，根据其黏附的海底泥沙来确定所处位置以及判断航线。根据测量锤底部的泥沙来确定所处水位以及预计航线上的转向点，如"用巽巳针，四更船见大小七山。打水六七托（托指的是测量单位，两臂张开，展平为一托），用坤申及丁未针，三更，船取滩山"。

陆标定位导航。船队以海岸上的山峰或建筑、海上的岛屿为物标，来判断位置，并且由一向定位发展到了三向交叉定位，如用"船平檀头山，东边有江片礁，西方见大佛头山，平东西崎"的三向交叉定位法确定了从孝顺洋到黄山的航线。明代的《郑和航海图》画有用于导航的陆地山川、海上岛屿以及一些标志性建筑物等，绘制了许多航线，注有航行方向、航道水深、航行距离以及险滩、暗礁的位置，记载了530多个地名，其中域外有300多个，最远达东非，实用性胜过西方最早的《波特兰海图》。

天文定位导航。船队利用牵星板与牵星术，通过观测日月星辰在天空运行的位置、测量天体在海面以上的高度来判断方向和确定船在海中的地理纬度（南北方向）。这就把天文导航提高到更为具体和精确的水平，比同时期的西方以及稍后的哥伦布等航海时要丰富、缜密得多。

海图（图4-1-4、图4-1-5）与航路指南。船队建立了具有航迹推算与修正意义的针路系统，以磁罗盘定航向，以更数定航程，并结合航区的风、流压差等位移因素，使计划航迹与实际航迹相吻合，依图作业，"更数起止，计算无差，必达其所"。而且，船队掌握了太平洋西岸和整个印度洋上的信风规律和海流形态，能凭借自然要素，保持船队较高航速持续航行。

图4-1-4　《郑和航海图》对景定位（局部）

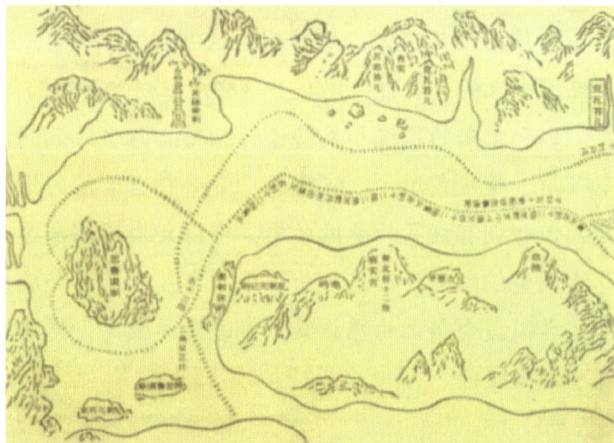

图4-1-5　《郑和航海图》阿拉伯海霍尔木兹海峡附近航线

郑和船队是由大宝船外加马船、粮船、坐船、战船以及水船等多种功能性船只200余艘、约27 000人编组成的混合船队。每次下西洋航行船队都统一行动且队形始终保持稳定，运用的是科学的航海技术，也体现出船队统帅郑和超强的指挥能力。

郑和下西洋扬科技风帆、传中华文明，充分展现了我国古代海洋科技的发展水平。

**问题导引**

1. 郑和下西洋时的造船技术和航海技术为什么如此发达？
2. 除了造船技术和航海技术之外，我国古代领先于世界的海洋科技还有哪些？
3. 我国古代海洋科技为我国古代海洋事业的发展提供了哪些重要保障？
4. 我国古代海洋科技为世界海洋科技的发展做出了哪些重大贡献？

**探究·发现**

### 一、造船技术

我国古代造船技术在很长一段时期内都处于世界领先水平，曾经出现过秦汉、唐宋和明朝三个高峰时期，所发明创造的船尾舵、水密隔舱、车轮舟和龙骨结构对世界造船技术的发展产生了深远影响。

#### （一）船尾舵

在风帆大规模使用前，船只主要以划桨的方式推进。随着船体的增大，古人将桨按功能分为两类：一类负责划行，推动船只前进，属于"动力桨"；另一类负责控制方向，被称为"舵桨"。古时人们在船上划桨并没有固定的位置，在船尾划桨时发现，变换桨叶的角度会对船只的行进方向产生较大影响。据此，汉代时我国古人发明了控制船只航向的工具——舵。放置在船尾的舵称为"船尾舵"，通过舵的转动可以改变船的行进方向。

船尾舵出现后，形式不断更新。东汉刘熙《释名·释船》介绍："其尾曰柁。柁，拖也，在后见拖曳也。且言弼正船使顺流不使他戾也。"这一时期的尾舵拖曳在船尾，又称为"拖舵"。"拖舵"从船尾伸出，形成了一个较长的凸出，不但不美观，而且使用起来也不方便。为此，古人将舵垂直插入水，制成"垂直舵"。由于航道往往深浅不一，为便于航行，古人又发明了"升降舵"：船驶入浅滩或海岸时将舵升起以防舵触底折断，进入深水水域时将舵降至水下。郑和宝船的"船尾舵"要用专门的绞车来升降。唐宋时期出现了在舵杆之前也有部分舵叶面积的"平衡舵"，减少了转舵的力矩，使船舶转向更加灵活。

1955年在广州东汉墓出土的一只陶船模型的尾部正中位置有一只舵（图4-1-6），确凿地证明我国早在2世纪就使用了船尾舵，这一技术比国外早约上千年。

图4-1-6 中国国家博物馆的东汉陶船"船尾舵"

## （二）水密隔舱

水密隔舱是我国古代船舶的一项重大创造。水密隔舱是我国先民受竹子横膈膜结构的启发而发明创造的。美国科学史学者坦普尔在《中国：发现与发明的国度》一书中写道："建造船舶舱壁的想法是很自然的，中国人是从观察竹竿的结构获得这个灵感的，竹竿的横膈膜把竹分割成好多节空竹筒。"图4-1-7为水密隔舱模型。

东晋时期的八槽舰是文献记载的最早运用水密隔舱技术的船舶。《义熙起居注》记载，晋代孙恩、卢循率领船队起义时，"卢循新作八槽舰九枚，起四层，高十余丈"。在当时建造的八槽舰中，运用7个厚隔板将船分为8个互不相通的船舱，遗憾的是至今没有发现晋代八槽舰的实物。1960年江苏扬州施桥镇和1973年江苏如皋分别出土的唐代古船，是考古界发现的最早使用水密隔舱技术的实例。如皋古船长17.32米、宽2.58米、深1.6米，船内有9个水密舱。

唐末五代时期，水密舱壁的问世使得中国船只愈造愈大、航程愈行愈远，开始进入印度洋，并以坚固、抗风力强、安全性好而著称于世。当时的阿拉伯航海者都喜欢乘坐中国船，因为它很安全。

到了宋代，水密隔舱的设计与运用更加成熟和普遍，泉州后渚宋代沉船就是典型的水密隔舱海船的代表。宋代《宣和奉使高丽图经》对客舟曾做如此描述："长十余丈，深三丈，阔二丈五尺，可载二千斛粟，其制皆以全木巨舫挽叠而成，上平如衡，下侧如刃，贵其可以破浪而行也。"《马可·波罗行纪》中则写道："若干最大船舶有内舱至十三所，互以厚板隔之，其用在防海险，如船身触礁或触饿鲸而海水透入之事。其事常

图4-1-7 水密隔舱模型

见……至是水由破处浸入，流入船舱，水手发现船身破处，立将浸水舱中之货物徙于邻舱，盖诸舱之壁嵌隔甚坚，水不能透，然后修理破处，复将徙出货物运回舱中。"

水密隔舱并非绝对不透水。1982年出土的泉州宋船隔舱板底部中心处有一个小眼，这就是过水眼，这是一个非常重要的平衡设施。因为船在海中行驶时，总会有浪花打上船甲板，再渗滴到船舱底部。如果蓄积在某一舱内，就会造成船体失衡。有了过水眼，积水则可通过它而水平分布，并随着船

身的动颤而自动调节。一旦有哪个隔舱底部触礁进水，也只需将两头的过水眼堵住就行了。

水密隔舱技术是中国古代造船业中最先进的技术之一。直到18世纪末19世纪初，英国海军总工程师塞缪尔·本瑟姆借鉴了中国的水密隔舱结构，才设计并制造了多艘具有多个隔水底舱的军舰，这在当时的欧洲是非常先进的舰船。在他所写的论文中说，他所造的船"有增加强度的隔板，它们可以保护船只，免得进水而沉没，正像现在中国人做的一样"。从此，中国先进的水密隔舱结构逐渐被欧洲乃至世界各地的造船工艺所吸取，至今仍是船舶设计中重要的结构形式。

### （三）车轮舟

我国古代的车轮舟是世界公认的现代轮船的始祖，它的推进方式与19世纪初利用蒸汽机推动明轮划水的轮船如出一辙。图4-1-8为明朝水军的车轮舟"车轮舸"。

大约在晋代，我国出现了车轮舟。车轮舟两侧装有木叶轮，通过人力驱动使其转动，从而推动船只前进。根据船舱的大小，在同一根轴上可以安装数量不一的脚踏板，多人同时踏动，可以产生更大的动力。车轮舟运用连续的圆周旋转运动替代原本桨的直线运动，使船舶的人力推进工具产生了一个飞跃，有效地提高了车轮舟的推进效能和船速，大大提升了船的机动性，这对战船来说是非常重要的。

唐代李皋对车轮舟的发展起了承前启后的作用。《旧唐书·李皋传》记载了李皋发明的一种新型战船，"挟二轮蹈之，翔风鼓浪，疾若挂帆席，所造省易而久固"。李皋制造的车轮舟用人力踏动能快速前进。大量的文献事实表明，车轮舟在宋代曾大规模用作战舰。宋代的车轮舟不仅大型化而且船型多样化，有4车、6车、8车、20车、24车、32车等多种，最大的能载千余人。例如，绍兴二年（1132）王彦绘制的战舰，旁设4轮，每轮8楫（桨片）。宋朝将车轮舟列入水军的编制并拥有相当的规模，但直到16世纪，西班牙才在船上用牛拉绞盘系统的绳索进行了车轮舟实验。

图4-1-8 明朝水军的车轮舟"车轮舸"

### （四）龙骨结构

早在宋代，我国古人就创造了龙骨结构。龙骨结构是一个巨大的纵向连续构件，它在船底的中线处将船首和船尾连接起来，使船身更加坚固和稳定，可以抵抗更大的风浪。这一结构不仅对我国船只建造产生了重要作用，对世界船只结构的发展也产生了巨大影响。

龙骨结构通身由六个部位组成（图4-1-9）。①龙骨。龙骨是中间连接船首和船尾的部件，是船的"主心骨"。这个部件不仅可以让船只承受更多波浪的冲击以及水带来的巨大压力，还可以承受船只纵向行驶时的震动。②旁龙骨。旁龙骨是龙骨两侧的部件，这些部件就像人体的四肢，可以提高船体对外力的承受度，也承担了部分的纵向弯曲力矩。③肋骨。肋骨是船体内的横向构件，它的主要作用是承受横向的水压力，保持船体的几何形状。④龙筋。龙筋是位于船体两侧的纵向构件，它和肋骨的分布方向正好相反。龙筋和肋骨一起组成了网状结构，

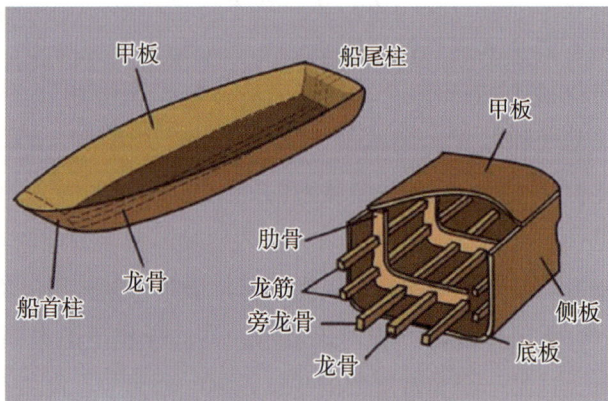

图4-1-9 龙骨结构组成示意图

主要作用是固定船侧板，同时增大船体的结构强度。⑤船壳板。船壳板包括了船侧板和船底板两部分，主要作用是承受纵向弯曲力、水压力、波浪冲击力等各种船体所要承受的外力，决定船体的几何形状。⑥舭龙骨。舭龙骨是安装在船侧和船底交界的一种纵向构件，主要作用是减弱船舶在波浪中航行时产生的摇摆。

龙骨结构相当于船只的整体构架，不仅可以影响船的整体形状，还能决定船只是否能经受得住海上强烈的风和海水的压力；此外，由于龙骨安装之后船身重量增大，吃水也比较深。以宋代尖底海船为例，船舶的体形巨大，船舶形状为上宽下窄，底部是尖的，船体上部的甲板较为平整，船舷以下如同刀削一般。如果将船身沿着横面切开，船的横断面呈V形，尖底上设置着贯通首尾的龙骨。这种上宽下窄的设计虽然不够稳定，但船只的下半部分在水面以下，而龙骨结构比较沉重、吃水较深，因此并不会影响行船的稳定性，反而大大减少了船只前行的阻力，节省了动力，保证了船行的速度。

---

**自主探究**

　　船尾舵、水密隔舱、车轮舟与龙骨结构分别依据的是什么科学原理？体现了我国古人的哪些科技智慧？

---

## 二、航海技术

从航海技术发展史来看，我国古代航海技术主要包括船舶定位导航术和船舶驾驶操纵术；其中，船舶定位导航术主要有季风航海术、地文定位导航术、天文定位导航术、海洋潮汐知识导航、指南针与磁罗盘导航等。我国古代的船舶定位导航术和船舶操纵术均居于当时世界的领先水平。

### （一）船舶定位导航术

#### 1. 季风航海术

早在夏商周时期，我国古人就在长期的海洋实践中积累了一定的海洋气象知识，初步认识了海洋季风、海洋风暴等现象。《山海经》中有关于四方风的记载，《尚书·周书·金縢》《庄子》中有台风、龙卷风的相关描述。东汉应劭在《风俗通义》写道："五月有落梅风，江淮以为信风。""落梅风"指的是梅雨季节以后出现的东南季风。

我国在4 000多年前的夏代就开始利用风帆作为动力源来航海了。明罗颀《物原》记载，"夏禹作舵，加以蓬、碇、帆、樯"，说明夏朝已经出现了风帆。

我国古人很早就掌握了西太平洋与北印度洋的季风规律，并已应用于航海活动。两汉早期人们只有利用季风才能做远洋航行，对季风的利用比较被动。晋代高僧法显到印度求法，从海路回国时为等待季风在爪哇岛停留了5个月。

到宋代，古人对季风的利用就自由得多了，由于帆船的技术大为改进，已经可以做到"风来八面，唯头不可行"，即除了当头的方向而外，船可以向其他7个方向前进。西方在16世纪以后才掌握了这种技术。在福建泉州的九日山上，现在依然可以看到当时人们记录航海前祈风的石刻（图4-1-10），说明当时人们已经掌握关于季风、洋流等航海知识。郑和大规模的航海活动，就是在掌握了季风规律且有良好的航海技术情况下进行的。

图4-1-10 泉州九日山祈风石刻

## 2. 地文定位导航术

地文定位导航指的是根据陆地上的物标确定船位来进行引航的方式，主要采用陆标定位，依据在观测视野范围内确知其位置的陆地标志如山峰、岛屿、海岸、特殊建筑物（灯塔、寺庙等），来判断船所在地理位置。早在新石器时代，先民已经掌握了我国最古老的航海导航术——沿岸导航术，就是指人们在出海航行时，大多是沿近海航行，与岸边保持较近距离，通过海岸轮廓、近海岛屿山形、水势等来标记船只定位，确定航行方向。

除了陆标定位之外，确定船舶方位的辅助手段还有海底地貌识别法，通过打水托、下铅锤的方式，核查海底地质差别，综合判别海域的具体位置。为了牢记海上及大陆边缘海区的地貌形态，古人将沿海地貌绘成图，并把陆标、港湾水深、海底土质等信息记录下来，发展成为针经、更路簿和海图等资料。

宋元时期，人们不但能依据熟悉的陆标来确定船舶安全通过的航道或锚泊的场所，而且有了明确的航路指南，对安全航道、航行方法、锚泊场所、危险物等记述得更加具体、详细。在宋代有了使用航海图的记载，航海图是一种专用地图，能反映一定海域的地形地貌、水文特点、定位条件等与航行有关的情况。宋真宗咸平六年（1003），广州地方官曾向朝廷进呈《海外诸藩图》。元军南下攻宋时，金履祥曾向宋廷"进牵制捣虚之策，请以重兵由海道直趋燕、蓟，则襄樊之师不攻自解。且备叙海舶所经，凡州县及海中岛屿，难易远近，历历可据以行。宋廷臣不能用。伯颜师入临安，得其书及图，乃命宋库藏及图籍仪器由海道运燕京。其后朱清、张瑄献海漕之策，所由海道，视履祥图书咫尺无异"。可见，当时已经有沿海州县及海中岛屿的海图。宋末元初，北洋航区的海图已广泛用于民间。明代的《海道经》中保存了一卷元代底本的《海道指南图》，这是我国现存最早的航海图。

## 3. 天文定位导航术

天文航海术是指在海上通过观测天体来确定船舶位置的方法。殷墟卜辞中记载了许多有关天文气象的知识，并且有世界上最早的新星观察记录。我国很有可能在殷商时期就已经出现了根据日月辨别航向的早期天文导航。春秋战国时期，各诸侯国十分重视天文观测与研究，当时人们已经掌握北斗星和正北极的辨识技术，提高了海上导航的准确度。

秦汉时期的天文导航术有了进一步发展。《汉书·艺文志》记载关于海上导航的占星书就有《海中星占验》《海中五星经杂事》等多部，记录了通过星座、行星位置确认航线的方法。汉初《淮南子·齐俗训》提供了明确的文字佐证："夫乘舟而惑者，不知东西，见斗极则寤矣。"晋代葛洪在《抱朴子》中曾说："夫群迷乎云梦者，必须指南以知道；并乎沧海者，必仰辰极以得反。"东晋法显从印度搭船回国，记载说当时在海上见"大海弥漫无边，不识东西，唯观日、星宿而进"。北宋以前，航海还是"夜间看星星，白天看太阳"，直到北宋才开始"在阴天看指南针"。

唐代发展了大地测量术，利用仰测两地北极星的高度来确定南北距离变化。开元年间，天文学家僧一行利用"复矩"仪来测量北极星距离地面的高度，这是世界首次对子午线的实测，唐代航海者已经通过测量北极星的高度来定位导航。

宋元时期出现了牵星术（图4-1-11），这是一种根据星宿的位置及其与海平面的角度来确定海船所处位置以判别航向的方法。牵星术要使用牵星板这一专门的仪器来观测。牵星板"一副十二片，乌木为之，自小渐大，大者长七寸余，标为一指、二指以至十二指，俱有细刻，若寸分然。又有

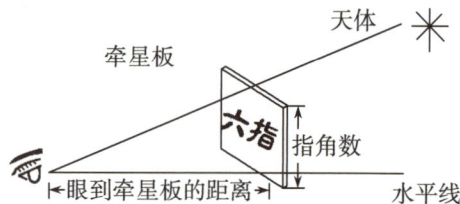

图4-1-11　牵星术示意图

象牙一块，长二寸，四角皆缺，上有半指、半角、三角等字，颠倒相向，盖周髀算尺也"。使用时，左手拿木板一端的中心处，手臂伸直，眼看天空，使木板的下部边缘贴住水平线，上部边缘对准北极星，可以测出星辰的仰角，用"指"和"角"来表示，一"指"为四"角"，约等于1.9°。测出北极星的仰角，就可以判定船所处的纬度；根据船要到达的目的地的纬度，海船可以沿着这个纬度行驶，最终到达目的地。

牵星术的出现标志着人们开始掌握并运用天文定位导航术。在此之前，天文航海术只能用于天文定向，而不能用于天文定位，天文定位导航术使得长时间的远洋航行成为可能。

#### 4. 海洋潮汐知识导航

成书于战国至秦汉时期的《黄帝内经》中《灵枢·岁露论》在讲人体受日月吸力的影响而产生各种反应时就说到满月时导致海水涨潮的现象："人与天地相参也，与日月相应也；故月满则海水西盛，人血气积，肌肉充，皮肤致……至其月郭空，则海水东盛，人气血虚，其卫气去，形独居……"

秦汉时代，人们对潮汐的认识已越过表面现象，进而探究潮汐成因以及与其他事物之间的内在关联。东汉王充在《论衡·书虚》中说潮汐是"天地之性，上古有之。经曰：'江、汉朝宗于海'。《论衡·书虚》提出了"涛之起也，随月盛衰"的结论，第一次把潮汐成因与月球运动联系起来，为我国古代潮汐理论指导航海等生产实践活动做出了杰出贡献。

#### 5. 指南针与磁罗盘导航

早在战国时期，指南针的前身——司南（图4-1-12）就已问世。不过，司南是由天然磁石加工而成的圆勺形测向器，不适合在波涛汹涌的海上使用。

宋代，人们对磁学和人工磁化技术的研究推进了指南针的发明与广泛应用。北宋地理学家朱彧在其著作《萍洲可谈》中指出："舟师识地理，夜则观星，昼则观日，阴晦观指南针。"由此可见，北宋时期中国人就已开始使用指南针进

图4-1-12　司南

行辅助导航了。南宋时期，指南针的制作技术和使用技巧臻于成熟，逐渐演进为"针盘"。所谓"针盘"，就是指由水浮磁针和圆形方位盘组合而成的水浮式磁罗盘。在"针盘"的指引下，南宋的海船一直开至阿拉伯地区。在与阿拉伯人商贸往来的时候，指南针逐渐被阿拉伯海船所采用，而且通过阿拉伯人传到欧洲，并改变了后续整个世界的航海面貌。值得注意的是，北宋人就发现指南针"常微偏东"或"常偏丙位"（即正南偏东15°），表明当时人们已认识到地磁偏角的存在。这对于提高船舶的导航精度具有重大意义，比1492年哥伦布在横渡大西洋到达"新大陆"时的同样发现早4个多世纪，是古代中国地磁导航技术走在世界前列的明证之一。

元、明、清用于导航的罗盘是二十四方位水罗盘。这种罗盘利用八个天干（十个天干减去位于中间的"戊"和"己"）、十二个地支及八卦的四个方位，将航海罗盘圆周分为二十四等分，能够准确地指示方向。

指南针在航海中的应用导致了更路导航法的诞生。更路导航法是一种利用指南针结合描述海中山水参照、水路更程的更路簿来定位定向的海上导航术。在记载郑和下西洋的《郑和航海图》中，保存有大量郑和航海线路、沿途情况、船只停泊地点以及指南针、天文导航资料，证明了郑和在航行时已经使用了牵星术和更路导航法，这在当时是最先进的航海导航技术。

### （二）船舶操纵技术

船舶操纵技术包括驶帆、操舵、测深、用锚等技术。从有关历史文献考察发现，宋元时代的人们在驶帆、操舵、测深、用锚等船艺方面已有相当水准。

逆风调戗术是我国古代航海驾驭风力技术的重大发展。逆风调戗术，即舵帆联操技术，就是帆船在逆风或斜逆风中行驶时，通过舵角和帆角在联操过程中的来回摆动，使船走一条"之"字形路线的航行技术。三国时东吴的《南州异物志》记载当时海船"四帆不正前向，皆使邪移，相聚以取风"，指的就是打戗行船。

宋人曰："风有八面，唯当头不可行。"明代郑若曾的《筹海图编》和何汝宾的《兵录》也都指出帆船"能调戗弑斗风""顺风直行，逆风戗走"。这说明至少在13世纪以前，我国船舶在航行中就已掌握了"调戗弑斗风"的方法，已经能很好地驾驭或利用风力了，除当头风以外，其余7面都可以行船；而西方的帆船，在16世纪以后才开始使用这一技术。

**合作研讨**

小组合作，查阅资料，交流研讨：我国古代航海技术如何促进了航海事业的发展？这对我们有何重要启示？

## 三、海盐生产技术

我国海盐产量居世界首位，我国古代海盐生产技术一直处于世界领先水平。

2008年4月，考古人员在山东寿光双王城水库建设工地进行了大面积盐业考古发掘，发现商周时期的盐业古遗迹30多处；之后，出土了商代至西周时期的两处制盐作坊遗址及数十件制盐工具盔形器物，同时还发掘出土多个卤水坑井、蒸发池、蓄水坑及两个煮盐用的大型灶台。山东寿光双王城水库盐业遗址考古发掘，揭开了商代制盐业的神秘面纱，从中也可以看出我国古代海洋盐业技术的发展水平。

通过研究山东寿光双王城盐业遗址的十几个坑池（图4-1-13），专家们认为这些坑池分为沉淀池和蒸发池两种。沉淀池的主要作用为净化卤水，蒸发池的主要作用为提高卤水浓度。沉淀池、蒸发池均是国内首次发现。这说明在商代人们已了解渤海南岸地区春夏之交降水量少、干燥多风、蒸发量大的特点，并充分利用日晒、风力等自然力来提高卤水的盐度，为后来晒盐工艺的形成打下了基础。

图4-1-13　山东寿光双王城盐业遗址的几个坑池

自战国以来，盐铁就被各朝各代所重视。从先秦时期的"煮海制盐"，到唐代的"制卤煮盐"，再到宋元时期的"日晒制盐"，海盐技术的每一次提升都在我国海水制盐史上留下浓墨重彩的一笔。最初的"煮海制盐"操作方法简单，但是制盐成本较高。相对而言，煎煮浓度较高的卤水制盐效率会大大提高，因此"制卤煮盐"渐渐替代了"煮海制盐"。但是，无论是"制卤煮盐"还是"煮海制盐"，都离不开燃料，仍需要一定的燃料成本。于是从宋代开始，人们就改煮盐为晒盐了。宋代学者程大昌在《演繁露》中有相关记载："今盐已成卤水者，暴烈日中，数日即成方印，洁白可爱，初小渐大，或十数印累累相连。"明代发明了"丘盘晒盐法"。明代弘治《兴化府志》对"丘盘晒盐法"进行了详细记载："遇烈日，一夫之力，可晒盐二百斤。然亦不能常得日也。此法大省柴薪之费。"相比宋代的晒盐法，"丘盘晒盐法"的制盐成本更低，盐产量更高。清代主要有奉天、长芦、山东、两淮、浙江、福建和广东7个海盐产区，各个盐区又下设若干盐场。清代海盐生产技术仍采用煎盐法和晒盐法。其中，有些盐场采用板晒制盐，优点是干净、易收，缺点是成本较高。

根据唐代《岭表录异》以及宋代《太平寰宇记》《嘉祐杂志》等资料记载，我国盐民创造了许多测定潮水中盐浓度的方法，其原理类似于现在溶液浓度测定的密度计法。制盐的海水主要靠潮汐直接送入盐田，或涨潮时抽进盐田。为了提高制盐效率，潮水的含盐浓度越高越好。在海盐生产过程中，人们发现潮水中盐的浓度是跟随季节、昼夜、晴雨等条件不断变化的，便逐渐掌握了丰富的有关潮汐涨落时间和幅度的变化规律，以及潮水中盐的浓度的空间分布和时间变化规律。

**创意制作**

探究思考：我国的海盐生产技术经过了怎样的发展阶段？绘制我国古代海盐生产技术发展思维导图。

### 四、海洋渔业技术

"靠海吃海"，渔业是沿海地区一项重要的生产活动。原始社会时期的先民就有赶海等相关活动。春秋时期，沿海渔业已经有了充分发展，养殖业逐渐成为沿海地区重要的经济生产活动。尤其到了明清时期，在造船技术、航海技术和捕捞、养殖技术的共同推动下，沿海地区海洋渔业快速发展，渔业生产成为我国沿海地区尤其是东南沿海地区民众赖以生存的重要生产方式之一。

以泉州地区为例。泉州地处沿海，海岸线蜿蜒绵长，沿海岛屿星罗棋布，海域面积宽广，水产资源十分丰富。据《福建渔业史》记载，早在新石器时代，居住于泉州沿海一带的先民已开发利用水产资源。经考证，夏朝以前，永春、南安等处"溪谷之间，篁竹之中"的闽越族先民已掌握织网捕鱼的技术。

据明嘉靖《崇武所城志》、清朝《惠安县志》记载，宋代泉州渔民已经掌握流刺网、地拉网、延绳钓、手钓、定置网等海洋捕捞技术。明朝已有钓、围、拖、张等5类10多种渔具、渔法技术。清朝时，泉州渔民已能掌握各种鱼类的习性，并能因鱼因时而异设置刺类网、掩渔网、钓类、建网类、围网类、拖网类和杂渔具等进行捕捞。据明万历《泉州府志》物产卷记载，鳞之属有鲤、鲫等淡水鱼及鳗、鲨、石首鱼等海产品共49种，介之属中有龟、鳖、蟹等33种。该卷对这些海产品的形态、场地、别名、渔汛等都做了注明。后期，清乾隆《泉州府志》的物产志中，鳞之属增加到59种；介之属增加到39种。这两部府志都证明了渔业自古以来就是泉州沿海人民谋生的主要手段之一，其海洋捕捞和滩涂养殖技术自宋以来不断进步。

据《泉州府志》及晋江、惠安等县志介绍，五代、宋朝时，泉州沿海地区已有专供海洋捕捞的"采捕舟船""舟楫网枝"及"筑编网船"等类渔船，由篙、桨、橹及竹编帆等提供动力。清朝出现以布帆为主动力的各种渔船，船型结构表现出以帆为主、利用风力的技术特点。船体比较小，横向结构密集，具有足够的稳定性、良好的适航性和坚固实用等特点。船体都是木质，小者100担（5吨），大者5 000担（250吨）以上，单桅船型。船的大小亦随渔具、渔法不同而异。

除捕捞天然海产品外，宋朝沿海水产养殖技术就发展了起来。蔡襄在修建洛阳桥时，就有"种蛎以固基"的一项技术，即在浅滩涂，以竖石为基石、人工养殖牡蛎的技术。到了明朝，养殖的品种丰富，至少有牡蛎、蛏、蛤等。

在水产品加工方面，明清以来，泉州沿海地区普遍采用"加盐腌制法"。一类加工方法为腌制，加盐量在5%～20%，如拖卤（少量盐）的白带鱼成为"带鱼鲞"，腌制的成为咸带鱼脯；另一类加工方法为干制，包括淡干、盐干、生干、熟干和全形干等，产品有虾皮、虾米、柔鱼巴、目鱼巴、鳗巴等。干制加工的产品，不但闻名省内外，而且有的远销南洋群岛一带。

---

### 合作研讨

明清时期的海洋渔业生产繁盛，捕捞对象的增加是明清时期海洋渔业迅速发展的重要表现。现存竹枝词（起源于巴渝地区的一种诗体，中唐时期得到传扬，宋元时期长足发展，明清时期蔚然成风）保留了大量与海洋生产相关的内容，不仅有各种海产品的名称和描述，而且还有关于渔汛作业、滩涂、养殖等海洋渔业生产的叙述，甚至有海产品加工、保存、食用方面的相关内容。

小组合作，阅读以下几首竹枝词，结合查阅资料，交流研讨明清时期海洋渔业资源的种类和海洋渔业生产情况。

#### 芦川竹枝词
清·柯志颐　柯培鼎

石首刚逢正月初，市头争买小黄鱼。
郎因嘉客供珍馔，妾向家园摘菜蔬。

#### 六横竹枝词
清·王贻佩

厂搭东窑号大渔，官兵烧尽屋无余。
至今海静商船集，遍结茅庐贩带鱼。

#### 舟山竹枝词
清·陈庆槐

面条鱼细墨鱼鲜，鲞酱螺羹上酒筵。
橄榄村中贩虾米，桃花山下种蛏田。

（注：面条鱼，即银鱼，又称白小）

#### 当湖竹枝词
清·陆烘斗

阵阵腥风近市居，贩来海物胜园蔬。
马嗥烘腊经年用，那羡宁波白鲞鱼。

（注：马嗥鱼，产乍浦海中，烘腊可供一岁之用）

#### 东门竹枝词
清·王植三

木桩打处水潋涡，小网船来似织梭。
捕得梅童更梅子，加恩簿外子孙多。

#### 西沪棹歌
清·姚燮

纷纷青紫蟹爬沙，对对雌雄鲎入笆。
净漂春糟糟白鳊，匀调伏酱酱黄花。

### 蛟川竹枝词

清·胡振涛

麦鱼始出才分麦，梅蛤初肥正熟梅。

待到秋深霞浦口，海潮又送望潮来。

（注：梅蛤，梅雨时节最肥，故称为梅蛤；望潮，又名章鱼）

### 玉环竹枝词

清·徐荣

伏鳖春鳗验翅须，荷包乙乙趁山虚。

天开河外沙船入，新到松门八带鱼。

（注：八带鱼俗称海和尚，亦称涂蟢，即章鱼）

## 拓展·深化

1. 网上观看上海科技馆、中国科学院计算机网络信息中心和中国科学院自然科学史研究所联合制作的科普电影《海洋传奇》，了解中国古代航海技术，撰写观后感。

2. 海洋科技是我国海洋强国建设的重要支持。查阅资料，任选一类海洋科技，了解其自古至今的发展情况，与同学们一起举办"中国海洋科技发展"成果展。

# 专题 2

## 举世瞩目的现代海洋工程

### 任务·目标

（一）任务

1. 学习海洋工程知识，自主探究各类海洋工程的特点与意义。

2. 学习本专题中"从海港工程看我国的现代海洋工程成就"，进一步分析总结我国港口绿色智慧化建设情况。

3. 学习本专题中"从我国的海洋油气工程看我国的现代海洋工程成就"，合作交流世界级海上浮式生产储卸油装置的研制过程。

4. 学习本专题中"从跨海大桥和海底隧道工程看我国的现代海洋工程成就"，分析总结跨海大桥的建造过程以及工程技术人员为解决遇到的问题所采用的技术与方法。

5. 查阅资料撰写现代化海洋基础设施体系建设情况的调研报告，合作交流我国更多的现代海洋工程发展状况与取得的成就。

（二）目标

1. 了解海洋工程概念，能说明海洋工程与海洋科技之间的关系，增强海洋科技意识。

2. 认识各种现代海洋工程，能说明我国现代海洋工程的巨大成就，增强民族自豪感，培养爱国主义精神。

3. 认识海洋工程对经济社会发展的巨大推动作用，能用具体实例说明海洋工程在海洋强国建设中的重要地位，加深对海洋工程重要意义的理解，增强新时代大学生的责任担当意识。

### 情境·问题

#### 深中通道——珠江口东西两岸城市群的交通大动脉

2023年11月28日上午，深中通道海底隧道管内压仓混凝土浇筑完成，标志着深中通道的海底隧道实现贯通，这也意味着深中通道主线全线贯通。

深中通道地处粤港澳大湾区核心区域，横跨珠江口东西两岸，全长24千米，联通深圳、广州、中山三地，是集"桥、岛、隧、水下互通"于一体、当前世界上建设难度最高的跨海集群工程。仅浮运安装海底沉管的管节及接头，就需要使用量身定做的沉管浮运安装一体船，而且这艘船的研发建造也历时3年，由此可以看出这一跨海集群工程的难度之大！

深中通道采用西桥东隧的方案。靠近中山的西段以桥梁为主，这段全长17.2千米的桥梁部分，自西向东依次为中山大桥、西非通航孔桥、伶仃洋大桥、东非通航孔桥。其中，伶仃洋大桥主跨1 666米，主塔高度270米，是世界上最大跨径海中钢箱梁悬索桥和世界上最高通航净空尺度的跨海桥梁。图4-2-1为深中通道伶仃洋大桥西塔。而靠近深圳的东段则选择了水底沉管隧道的建设方式，在整个通道穿行水下的东西两端各建有一个人工岛（图4-2-2）。海底隧道部分长约 6.8 千米，是世界上最长、最宽的钢壳混凝土沉管隧道。

图4-2-1 深中通道伶仃洋大桥西塔（拍摄者：叶志文）

图4-2-2 深中通道西人工岛（拍摄者：叶志文）

深中通道是国家重大工程、粤港澳大湾区核心枢纽工程，自2016年开工建设以来，已历经6年半的时间，建设期间刷新多项纪录。让我们一起速览深中通道建设时间线：

2016年12月28日，深中通道西人工岛先行工程开工，深中通道正式开建。

2017年12月21日，深中通道东人工岛开工建设。

2018年4月，桥梁工程开工建设。

2018年6月28日，海底隧道工程（控制性工程，关键线路）开工建设。

2021年9月21日，中山大桥主塔封顶。

2022年6月28日，中山大桥合龙。

2023年4月28日，伶仃洋大桥合龙。

2023年6月11日，深中通道海底隧道全线合龙。

2023年11月28日，深中通道主线全线贯通。

2024年4月，深中通道桥梁工程高分通过荷载试验，并获得有桥梁界"诺贝尔奖"美誉、国际桥梁大会授予的"乔治·理查德森奖"。

2024年6月30日，历经7年艰苦建设的世界级跨海集群工程实现全线通车，深圳、中山正式进入"同城时刻"，往来珠江口东西两岸可不再绕道虎门大桥，车程缩短至30分钟以内。

### 问题导引

1. 建设深中通道的重要意义表现在哪些方面？

2. 什么是海洋工程？海洋工程都包括哪些内容？

3. 我国的海洋工程都取得了哪些重大成就？

4. 海洋工程对我国经济社会发展具有哪些重要影响？

### 探究·发现

海洋工程是指人类为抗御海洋灾害、开发利用海洋资源以及保护和恢复海洋环境所进行的各种建设工程，主要包括海洋水产工程（渔业捕捞及水产养殖等）、海洋矿产开发工程（油气、砂矿、多金属结核、煤等）、海上交通运输工程（海港、航运等）、护岸工程、海洋空间利用工程（人工岛、海上港、海上城市等）、海水利用工程（海水淡化、冷却水等）、海水能发电工程（海浪、海潮与海流发电，温差与盐差发电等）、滨海旅游工程、海洋通信工程、海洋环境保护工程、海上救捞及深潜工程等。

我国海洋工程建设历史悠久，早在春秋战国时期，就在碣石（今秦皇岛以南）、转附（今烟台芝罘岛）、琅玡（今青岛黄岛区）等地建筑了海港，东汉以后相继兴建了规模宏大的钱塘江海塘、苏北海堰、浙东海塘、闽粤海堤等。新中国成立后，我国的海洋工程得到了长足的发展；自改革开放以来尤其是进入21世纪后，我国的海洋工程得到全面迅猛发展，取得了举世瞩目的重大成就。

海洋工程涉及面广，通过对海洋工程的回顾和分析，我们可以了解国家对海洋工程建设的高度重视，以及我国在海洋工程建设方面取得的成就及其对社会主义现代化强国建设的重大意义。

### 一、从海港工程看我国的现代海洋工程成就

沿海港口是陆海交通运输的链接节点，是通往世界的重要枢纽。新中国成立之初，我国就十分重视海港建设，特别是改革开放以来，伴随着天津、上海等14个沿海港口城市的进一步对外开放，海港建设进入了高速发展期。21世纪，我国专业化港口建设加速推进，多项指标走在世界前列，现已形成了五大沿海港口群，包括以青岛港、天津港、大连港为主，由辽宁、津冀和山东沿海港口群组成的环渤海港口群；以上海、宁波、连云港为主，包括舟山、温州、南京、镇江、南通、苏州等沿海港口和长江下游港口的长江三角洲港口群；以厦门港、福州港为主，包括泉州、莆田、漳州等港口的东南沿海港口群；依托香港国际航运中心，以广州、深圳、珠海、汕头港为主，包括汕尾、惠州、虎门、茂名、阳江等港口的珠江三角洲港口群；由粤西、广西和海南沿海港口组成的西南沿海港口群。

中国经济信息社与交通运输部水运科学研究院联合发布的《世界一流港口综合评价报告（2022）》显示，我国上海港处于世界一流港口领先水平，宁波-舟山港、深圳港、青岛港、香港港位于世界一流港口前列。取得如此骄人的成绩，与这些港口近几年来的智能化建设密切相关。

上海港：上海港洋山四期，工程建设周期仅3年多，却完成了国外需3～10年才能完成的任务，是世界上单体规模最大、综合智能化程度最高的自动化码头之一，实现了国内自动化码头从无到有、从有到优的突破，并持续为全球智慧港口建设和运营提供着"中国经验""中国方案"。繁忙的码头却几乎"空无一人"，巨型桥吊蔚为壮观，26台桥吊、121台轨道吊运转自如，139台无人驾驶自动导引小车穿梭如流……30余条国际航线昼夜不停地拥抱着世界。洋山四期自动化码头的运行引领了智能化港区码头发展，助力上海港集装箱吞吐量连续12年位居全球第一，实现了从"东方大港"到"世界强港"的蜕变。

宁波-舟山港：自北斗卫星导航系统完成全球组网以来，宁波舟山港逐步在港口码头装卸、智能集装箱卡车等各个领域应用北斗卫星导航系统，并通过升级自主可控的"中国芯"，让港口运行更加智慧。在码头繁忙装卸的过程中，通过安装在集卡的"蘑菇头"，在3千米外的远控桥吊操作室内，工作人员就可以实时监测智能集卡的运行情况。在宁波-舟山港北仑第二集装箱码头，龙门吊自动精准地将集装箱从堆场上搬放在卡车上。北斗的高精度定位，能够使龙门吊的定位精度达2厘米，停车精度达到5厘米。北斗定位系统在码头各领域的应用，大大提升了码头生产运营的效率以及码头设备的感知精准度和码头作业的安全性。

深圳港：自2020年起，深圳港开展"5G＋智慧港口"的创新应用探索，建设5G精准云网，使用5G、云计算、AI等技术，根据港口生产业务需求，进行产品创新和方案解决。2021年年底启动的盐田港区东作业区自动化码头建设，促进了东、中、西作业区一体化融合发展，以移动通信、互联网、云计算、大数据、物联网、智能控制等新一代信息与通信技术（ICT），打造更加绿色、智慧、安全的

世界一流智慧港口。在港区远控轮胎吊"7×24小时"常态化运营验证期间,5G网络运行稳定可靠,各项指标均满足远控轮胎吊的通信要求,低时延、高可靠方面达到行业顶尖水平,在5G应用领域走在港口行业前列。

青岛港:青岛港智慧绿色港口高质量发展成果丰硕。2017年5月,亚洲首个真正意义的全自动化集装箱码头在山东青岛港诞生。青岛港不仅开创了全球低成本、短周期、全智能、高效率、更安全、零排放的全自动化码头建设先河,还超越全球同类码头单机平均效率50%,装卸效率不断刷新世界纪录,如2021年8月24日创造了每小时52.1自然箱的世界纪录,成为数字智能装卸的新标杆。目前青岛港已建成近百套5G基站,实现设备远程控制、智能理货、海上信号覆盖,港口全面进入5G网络时代,在全国沿海港口率先完成"电子海图、港区测绘图、路网图、遥感影像图"的"四图合一",实现港口生产调度与安全管控"一张图",使口岸单证电子化、通关物流服务线上化……青岛港现已跻身全球港口前列,成为众多自动化码头中亮眼的明珠。

香港港:积极推动"智慧港口"建设,通过建立港口社区系统,促进信息互联互通,增强港口竞争力;进一步提升陆路口岸的基础建设,包括在跨境货运"东进东出、西进西出"的布局下完善陆路口岸和清关安排,以及在规划重建沙头角口岸及发展"港深西部铁路"和北环线支线时,采用"一地两检"及"合作查验、一次放行"的安排,以此提高香港作为国际航运和物流中心的竞争力。

## 自主探究

目前我国各大港口都积极进行着绿色智慧化转型实践。例如,2021年10月,天津港北疆港区C段智能化集装箱码头(图4-2-3)正式投产运营,成为全球首个"智慧零碳"码头的典范。码头采用全球首创的"堆场水平布置边装卸+单小车地面集中解锁"工艺,打破自动化集装箱码头垂直布置端装卸的作业模式;采用3D激光船型扫描技术,实现在岸桥陆侧一键着箱、海侧安全高度以上的全自动化作业,6轴机器人能够在24秒内完成一个集装箱的拆装锁;自主研发的"智能水平运输系统",

图4-2-3 天津港北疆港区C段智能化集装箱码头无人驾驶ART车辆正在作业中(源自人民网,拍摄者:孙一凡)

通过自动路径规划和精确定位,实现无人驾驶的精细化管控;依托先进的动态扫描技术,建设自动化岸桥、智能闸口、智能理货系统,自动识别作业船舶、车辆、集装箱等信息,综合监控系统可以实现全场景的可视化与智能识别,实时感知全场作业态势;自主制造的智能搬运机器人,兼容各种无人驾驶设备,实现车路协同、敏捷生产,作业效率比人工码头提高20%以上。码头采用智慧绿色能源解决方案,全场设备全部使用绿色能源,真正实现零排放,工艺、设备、建筑全方位节能,比当今全自动化码头节能17%以上;重复利用建筑屋面、绿化带等空间,地源热泵、光伏、风机与码头有机融合,码头自投产以来,实现百分之百清洁能源、百分之百自给自足。

查阅资料,了解我国更多的港口绿色智慧化建设情况,体会港口绿色智慧化建设的魅力。

### 二、从我国的海洋油气工程看我国的现代海洋工程成就

海洋油气工程的实施需要设备与技术作支撑，近年来我国海洋油气工程的迅猛发展受益于海洋油气设备与技术的创新。

#### （一）海洋石油和天然气钻井平台

近10年来新发现的油气田60%位于海上，海洋石油和天然气开发离不开钻井平台。"蓝鲸1号"（图4-2-4）和"蓝鲸2号"（图4-2-5）就是目前我国自行研发打造的全球性能最先进的海上钻井平台之一。

"蓝鲸1号"于2017年2月由山东烟台中集来福士海洋工程有限公司完成交付。平台甲板面积相当于一个标准足球场大小，高度相当于37层楼高，最大作业水深达3 658米，最大钻井深度超过15 000米，净重超过4.3万吨，适用于全球深海作业；"蓝鲸1号"四条桩腿与船体连接处核心区域用的是100毫米厚钢板，能够抵御海水的常年腐蚀，有足够的韧性抵挡海浪的冲击。"蓝鲸1号"配置了高效的液压双钻塔以及全球领先的DP3闭环动力管理系统，可大幅提升作业效率、节省燃料的消耗。它拥有27 000多台设备、4万多根管路。电缆拉放长度达120万米，相当于从北京到上海的距离。2017年5月，在我国南海北部神狐海域，"蓝鲸1号"成功试采天然气水合物，创造了开采时长与产量的双世界纪录。

"蓝鲸2号"是2018年在"蓝鲸1号"的基础上升级建造完成的。作为"蓝鲸1号"的姊妹船，"蓝鲸2号"的长度、作业深度、钻井深度和"蓝鲸1号"基本相同，重量在4.4万吨左右，而且能够抵抗15级台风。"蓝鲸2号"国产化率达60%，安装了大量全新开采装备和技术，可以开采包括天然气水合物在内的各种全新海底资源。2020年3月，"蓝鲸2号"在水深1 225米的南海神狐海域完成了第二轮天然气水合物试采任务，创造了"产气总量达86.14万立方米，日均产气量达2.87万立方米"两项新的世界纪录。

"蓝鲸"系列超深水钻井平台代表了当今世界海洋钻井平台设计建造的最高水平，使我国深水油气勘探开发能力进入世界先进行列，为海洋强国建设和能源战略实施提供了先进的装备保障。

图4-2-4　"蓝鲸1号"

图4-2-5　"蓝鲸2号"

#### （二）海洋油气平台的"地基"——平台导管架

平台导管架用于支撑海上油气平台庞大身躯与巨大吨位，相当于平台的"地基"，是世界上应用最广泛的海洋油气开发装备。全世界海域共有数千座平台导管架，其中应用水深超过280米的平台导管架仅有10座，多数集中在墨西哥湾或美国南加州外海区域。

2021年12月，随着两台吊装能力达1 600吨的履带吊车，合力将总重超过530吨的最后一节导管腿

安装至平台导管架上，中国海洋石油集团有限公司深
圳分公司的"陆丰15-1"平台导管架顺利完成主结构
合龙（图4-2-6），刷新了我国海洋工程领域的新纪
录，成为亚洲第一深水导管架。

图4-2-6　"陆丰15-1"平台导管架完成主结构合龙现场

"陆丰15-1"平台导管架总高度达302米，重量达
3万吨，焊口总计超过5万道，焊缝总长可以绕赤道3圈
多。平台导管架所服役的"陆丰15-1"油田位于台风
多发区域，海况恶劣，应用水深达300米级别。平台导
管架的安装攻克了超大型导管架总体设计、超大型结构物尺寸控制等系列技术难题，改变了该海域纯
水下开发的高投入模式，可以通过延长导管架、扩容等方式调整井空间，大幅度提高了油田采收率与
开采寿命，对我国南海中深水油气开发具有重要战略意义。

### （三）"海上移动炼油厂"——海上浮式生产储卸油装置

随着海洋油气开发逐渐走向深海、远海，传统铺设长距离油气回输管线的方式成本越来越高、风
险越来越大。解决这一难题最有效的途径就是在海上建设油气处理厂——海上浮式生产储卸油装置，
通过海底输油管线接收来自海底油井的油、气、水等混合物，将其加工处理成合格的原油和天然气，
储存在船舱中，累积到一定量后经过原油外输系统，由穿梭油轮输送至陆地，实现油气生产处理、储
存外输及油田生活支持、动力供应等功能一体化；因其生产工艺复杂、设备设施集成度高、建造难度
大、造价高昂，被称为海洋工程领域"皇冠上的明珠"。

2020年5月，由我国自主设计、建造和集成，有着国内最大作业水深的"海上油气处理厂"——"海
洋石油119"号浮式生产储卸油装置，经过历时22个月的打造后，在青岛西海岸新区正式交付启航。

"海洋石油119"号总长约256米，宽约49米，甲板面积相当于2个标准足球场，集成了14个油气生
产功能模块和1座能容纳150名工作人员的生活楼，可以日处理原油2.1万立方米、天然气54万立方米，
相当于一座占地30万平方米的陆上油气处理厂。"海洋石油119"号拥有国内最复杂的海上油气处理
工艺流程，控制着26套水下井口及采油树，作业水深可达420米。

"海洋石油119"号能够抵抗百年一遇的强台风，具有世界先进水平的船体大型内转塔单点系泊系
统，能长期停泊于海况恶劣的南海深水区。这是我国首次建造集成的世界上集成度最高、技术最复杂
的单点系泊系统，此前在世界范围内仅有四例应用，施工难度极高。

我国拥有海上浮式生产储卸油装置的规模与总吨位均居世界前列，有力推动了造船、机电、冶
金、信息等产业技术的发展。

---

**合作研讨**

P67超大型海上油气加工装置（图4-2-7）是我
国首次自主集成的世界级海上浮式生产储卸油装置
（FPSO），是为国外交付的工程量最大、最复杂、
技术要求最高的FPSO项目。P67总长超过300米，
宽约74米，甲板面积相当于3个标准足球场。P67使
用钢材约4.5万吨，相当于3万辆小汽车的重量；电

图4-2-7　P67超大型海上油气加工装置

缆约150万米，铺设电缆长度相当于北京到天津距离的10倍；材料采办来自全球30多个国家，其中国产化程度高达75%。2018年5月，P67在山东青岛成功交付巴西。

小组合作，查阅资料，交流研讨世界级"海上油气加工厂"P67的研制过程，体会中国海洋工程和海洋技术的强大能力。

### 三、从跨海大桥和海底隧道工程看我国的现代海洋工程成就

跨海大桥和海底隧道，可以连通人流、物流，连接城市，推动经济活跃度，优化产业结构，提升城市高质量发展。作为经济发展加速器的跨海大桥、海底隧道建设，在我国开展得如火如荼。

#### （一）跨海大桥

##### 1. 古代跨海大桥

千年之前，中国人就修建了大型海洋工程。宋代泉州已经成为中国最重要的港口之一，称为货物运输重要的集散地。当时，泉州的洛阳江入海口只有一个渡口，"水阔五里，波涛滚滚"。此渡口受天气影响极大，每逢风潮便要停渡，成为泉州对外交通的瓶颈，泉州人开始酝酿"舍舟由陆，改渡为桥"的构想。

宋仁宗皇祐五年（1053）开始修建泉州洛阳桥（图4-2-8），历时6年之久，建成了一座跨海石梁式大桥。该桥桥长800多米，宽约7米，有46座桥墩。建桥者汲取民间智慧，采用独特的"种蛎固基"法加固桥墩，就是在桥下养殖海蛎，海蛎吸附在桥墩上，它们的分泌物以及死亡后留下的残骸，能将桥墩的石头牢牢凝固在一起。这是一个把生物学运用于桥梁工程的世界创举。泉州洛阳桥在我国桥梁史上与赵州桥齐名，有着"南洛阳，北赵州"之称，被誉为雄镇东南的"海内第一桥"。

图4-2-8 泉州洛阳桥（曾用名"万安桥"）

##### 2. 现代跨海大桥

我国修建了许多跨海大桥，其中港珠澳大桥和青岛海湾大桥具有一定的代表性。

（1）港珠澳大桥。

港珠澳大桥，位于广东珠江口伶仃洋海域内，是连接香港、珠海和澳门的超大型跨海通道，是目前世界最长的跨海大桥，全长55千米。大桥主体工程深入外海，海洋气候和海底地质条件复杂多变，是我国建设里程最长、投资最多、施工难度最大的跨海桥梁，在道路设计、使用年限以及防撞防震、抗洪抗风等方面均为超高标准，在工程技术、建设管理、施工安全和环境保护等领域填补了多项国内空白。

大桥通车后，珠海至香港由水路约1小时、陆路3小时以上缩短至半小时以内，首次实现了珠海、

澳门与香港的陆路对接，形成了"1小时交通圈"。

（2）青岛海湾大桥。

青岛海湾大桥，又称为胶州湾跨海大桥，是我国自行设计、施工、建造的特大跨海大桥，起自青岛主城区，跨越胶州湾海域到黄岛，大桥全长36.48千米（图4-2-9），是世界十大跨海大桥之一。

大桥建设过程中攻克了很多难题。由于胶州湾在冬季有结冰的可能，海冰成为面临的首要难题，设计人员调整桥墩的设计，使其能够承受住海冰的"冲击"。胶州湾的宽阔滩涂成为建设者面临的第二个难题，滩涂无法承受重型施工机械的重量，

图4-2-9 青岛海湾大桥位置图示

影响工程进度。建设者们使用"贝雷梁施工法"解决这一难题，通过架起一座由贝雷梁组成的临时栈桥，用于重型机械的通行，保证了施工的速度。

青岛的东西海岸被胶州湾天然阻隔，之前只能靠轮渡或绕道来相通。大桥的建成加强了主城区与两个副城区的联系。胶州湾大桥结构新颖、造型独特，三座航道桥与蜿蜒的非通航孔桥、海上互通立交等共同谱写了一部桥梁组曲，是屈指可数的现代化桥梁集群工程，成为青岛市的又一标志性建筑。

**自主探究**

查阅资料，了解跨海大桥的建造过程，以及工程技术人员为解决遇到的问题采用了哪些技术与方法。

### （二）海底隧道

在我国已建成和在建的海底隧道中，常用沉管法、盾构法、钻爆法等工程技术（图4-2-10），比较有代表性的有如下10条。

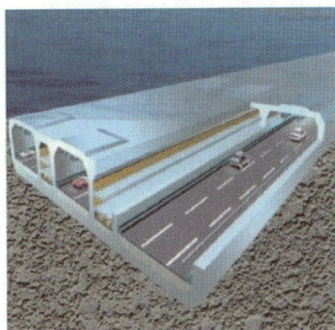
沉管法

盾构法

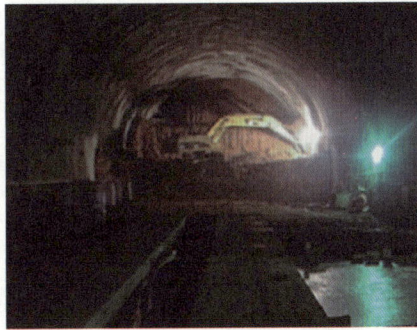
钻爆法

图4-2-10 海底隧道工程技术

#### 1. 港珠澳大桥海底隧道

港珠澳大桥海底隧道是国内首条外海沉管隧道，于2018年10月通车，是目前全世界里程最长、埋入最深（最深处近50米）、单个沉管体量最大、设计使用寿命最长、同行车道最多、技术难度最高的沉管

隧道。为了给珠江口这条世界上最繁忙的航道让出通道，港珠澳大桥主体工程中6.7千米采用海底隧道，海底部分约5 664米，由33节巨型沉管和1个合龙段最终接头组成，最大安装水深超过40米。该隧道与东西两个人工岛一起，被称为港珠澳大桥核心控制性工程，也被称为"交通工程中的珠穆朗玛峰"。

## 2. 厦门翔安海底隧道

厦门翔安海底隧道是我国大陆第一条海底隧道，采用钻爆法修建，于2010年4月通车。翔安海底隧道位于九龙江入海口处，全长8.69千米，隧道全长6.05千米，隧道洞总长5.9千米，海域段4.2千米，最深处位于海平面下约70米。翔安海底隧道是世界上第一条大断面钻爆法施工的海底公路隧道，断面最大面积达到170平方米，横跨17.5米，高13.5米，采用三孔隧道，两侧行车主隧道各设3车道，中间隧道为市政管廊、检修及逃生通道。

## 3. 青岛胶州湾海底隧道

青岛胶州湾海底隧道是我国大陆最早开工建设的海底隧道，采用钻爆法修建，于2011年6月通车。隧道位于胶州湾海域，是连接青岛市的黄岛区与市南区的过海通道，全长7.8千米，其中跨海域段长4.1千米，双向六车道，设计时速80千米每小时。胶州湾海底隧道工程突破极为复杂的地质条件，是世界上埋深最浅的钻爆法海底隧道，形成了一整套海底隧道修建的技术模式。

## 4. 广深港狮子洋隧道

广深港狮子洋隧道是我国第一条海底高铁隧道，采用盾构法修建，于2011年12月通车。广深港狮子洋隧道位于广东珠江口狮子洋，西接广州东涌站，东连东莞虎门站，全长10.8千米，设计行车速度250千米每小时，是世界上行车速度最高的水下铁路隧道，被誉为"中国世纪铁路隧道"，是引领国内隧道施工从穿江时代向越洋时代延伸的标志性工程，也是世界上长度仅次于英吉利海峡隧道的水下盾构隧道。

## 5. 青岛地铁1号线海底隧道

青岛地铁1号线海底隧道是国内首条地铁海底隧道，采用掘进机法修建，于2018年11月贯通。青岛地铁1号线海底隧道全长约8.1千米，其中海域段长约3.49千米。作为地铁1号线最重要的控制工程，该海底隧道既是国内首条地铁海底隧道，也是国内最深的海底隧道和最长的地铁海底隧道。

## 6. 香港海底隧道

香港海底隧道是世界上最繁忙的四线行车隧道之一，包括港九中线隧道、东线隧道和西线隧道三条海底隧道，它们越过维多利亚海湾把港岛与九龙半岛连接起来。港九中线海底隧道于1972年通车，东线隧道1989年建成，西线海底隧道1997年建成。港九中线海底隧道是香港第一条过海行车隧道，全长1.86千米，包括一条四车道的汽车隧道和一条地铁隧道。港九东线隧道为香港第二条过海隧道，也是香港第一条公路铁路两用隧道，全长1.83千米。

## 7. 汕头海湾隧道

汕头海湾隧道是国内首条地处8度地震烈度区建设的海底隧道，采用盾构法修建，是国内"最具挑战性的人直径盾构工程"，于2022年9月通车。汕头海湾隧道位于已建成的海湾大桥和礐石大桥之间，由海底隧道、南滨南路立交及北岸接线工程组成，全长6.68千米，海底盾构施工段长3 047米，双向六车道。汕头海湾隧道是我国最大直径越海盾构隧道、首条兼具城市道路与一级公路功能的水下盾构隧道。

## 8. 厦门海沧海底隧道

厦门海沧海底隧道是我国大陆第3条海底"公路"隧道，采用钻爆法修建，于2021年6月通车。海沧隧道是连接海沧区和厦门岛的一条通道，主线设双向六车道，设计行车速度80千米每小时。该隧道作为厦门第6条跨海通道，成功地打开了厦门本岛通往海沧的新门户。

### 9. 大连地铁五号线火车站至梭鱼湾南站区间海底隧道

大连地铁五号线火车站至梭鱼湾南站区间海底隧道是世界上首例岩溶地层大盾构海底隧道，采用盾构法修建，于2022年5月铺轨双线贯通。海底隧道大盾构段长2 882米，有2 310米下穿大连梭鱼湾海域，是国内最大直径的地铁海底隧道。这一海底隧道的建成标志着我国攻克大盾构下穿海域岩溶地质这一"世界性难题"，为海底岩溶地层、长距离硬岩大盾构施工积累了成功经验。

### 10. 大连湾海底隧道

大连湾海底隧道是我国北方首条大型跨海沉管隧道，采用沉管法修建，2022年9月全线贯通。隧道穿越黄海侧大连湾，是我国交通建设史上继港珠澳大桥工程之后又一项技术复杂、环保要求高、建设标准要求极高的跨海交通工程，包括海底沉管隧道工程、陆域段隧道工程、接线道路工程等；其中海底沉管段全长3 000多米，由18节"航母般"大小的沉管和1个接头构成。隧道设计标准为城市快速路标准，设计使用年限为100年。

---

**合作研讨**

小组合作，查阅资料，了解我国更多的现代海洋工程（图4-2-11至图4-2-14）及其取得的成就，体会我国现代海洋工程对于建设社会主义现代化强国的重要意义。

图4-2-11 山东长岛南隍城岛海域国内首座深远海智能化坐底式网箱"长鲸1号"

图4-2-12 厦门海岸带保护修复工程项目效果图

图4-2-13 "海洋电信工程"——全球首条35千伏低频海底电缆在台州大陈岛入海

图4-2-14 "引海止渴"工程：山东海阳核电站首创利用海水同时为城市供热、供淡水

**拓展·深化**

1. 山东海港优势独特、海洋经济前景广阔。2024年5月22日，中共中央总书记、国家主席、国家军委主席习近平来到山东考察。通过调研，他了解了日照港近年来港口智慧化、绿色化建设情况。习近平总书记指出，山东要经略海洋、向海图强，打造世界级海洋港口群，打造现代海洋经济发展高地。查阅资料，以采访报道的形式，记录山东海洋强省建设取得的成就和感人故事。

2. 党的二十大报告提出"实施产业基础再造工程和重大技术装备攻关工程，支持专精特新企业发展，推动制造业高端化、智能化、绿色化发展"。请结合本专题学习，撰写一篇现代化海洋基础设施体系建设情况的调研报告。

# 专题 3

## 全面推进的现代海洋科教

任务·目标

### （一）任务

1. 学习本专题中"新中国成立70年来我国海洋科技发展历程"，以海洋科技某一领域为例分析总结其发展状况。

2. 学习本专题中"2021年起我国海洋科技的新进展"，合作交流2022年我国的海洋科技进展状况，创意制作介绍我国深海探测技术的课件并交流展示，网上观看视频《龙永图与王凡的对话：中国海洋科技70年》并撰写观后感。

3. 学习本专题中"我国的现代海洋教育"，合作研讨海洋教育的意义，撰文论述"建设海洋强国须培育和增强全民海洋意识"。

### （二）目标

1. 了解我国现代海洋科学技术的发展历程，体会海洋科技对于推动海洋事业发展的重要作用，加深对"科学技术是第一生产力"重要观点的理解，增强海洋科技意识。

2. 了解我国现代海洋科技取得的重大成就，能说明我国海洋科技成就对于世界海洋科技发展的重要影响，增强民族自豪感。

3. 了解我国现代海洋教育的发展状况，能从海洋专业教育和海洋普及教育两方面说明海洋教育对于海洋事业发展的重要意义，加深对发展海洋教育重要性的认识，增强新时代大学生的责任担当意识。

## 情境·问题

### 深情的嘱咐　深蓝的召唤

#### ——习近平总书记在中国海洋大学三亚海洋研究院考察回访记

（海南日报　记者　陈蔚林　徐慧玲　尤梦瑜）

崖州湾畔，万米深海探测从这里起航，海洋强国建设在这里提速。

把海南打造成海洋强省，是习近平总书记的殷殷嘱托。2022年4月10日下午，在三亚市考察调研的习近平总书记，走进位于三亚崖州湾科技城的中国海洋大学三亚海洋研究院，了解海洋观测设备与信息服务系统研发应用情况。

依海而生，向海图强。党的十八大报告明确提出"建设海洋强国"以来，海南扛起建设海洋强国的海南担当，充分发挥资源和区位优势，积极打造深海研发聚集高地，联动高校、企业、科研单位等多方力量，不断提升海洋科技和经济综合实力，朝着"海洋强省"建设目标加速前进，为国家重大战略的实施做好服务保障。

## 不变的牵挂　浓浓的情结

4月10日下午，中国海洋大学三亚海洋研究院里，科研人员和青年学子怀着无比激动、兴奋的心情翘首等待。

大家心怀感激，以习近平同志为核心的党中央高度重视我国海洋事业发展，习近平总书记发表的一系列重要论述，为海洋强国建设指明了方向，更为海洋科研工作者投身深海科研事业提供了源源不竭的强大动力与精神支撑。

人们记忆犹新，2018年，习近平总书记在海南考察时，走进中国科学院深海科学与工程研究所，指示科技工作者"一定要向海洋进军，加快建设海洋强国"。

"这一次，在研究院考察期间，总书记深入了解海洋观测设备与信息服务系统研发应用情况。"说起当时的情形，中国海洋大学三亚海洋研究院的科研人员仍然心潮澎湃。

牢记习近平总书记关于建设海洋强国的重要指示，中国海洋大学三亚海洋研究院紧紧围绕"深海"和"热带"，聚焦国家重大战略和海南地域特色，构建了"空－天－地－海"一体化区域海洋观测系统——"南海立体观测网"，并牵头建设了"南海海洋大数据中心"，在服务国家海洋安全、资源开发、防灾减灾、海洋经济等方面发挥着重要作用。

"这就是向总书记展示的自主研发的海洋观测装备，以及海洋立体观测网沙盘模型，绿色的部分是陆地，蓝色的部分是海洋。"中国海洋大学三亚海洋研究院教授赵玮说。

崖州湾距离1 000米水深海域仅128千米，距离2 000米水深海域仅260千米。从这里出发驶向深海，海洋科考船可在当天往返，相较从前节省了大量时间和经费。越来越多的科研机构选择以三亚崖州湾科技城为桥头堡，开展深海科学研究。

在赵玮汇报时，习近平总书记多次停下脚步，听得非常专注并不时提问。中国海洋大学三亚海洋研究院工程师管延锋说："总书记提的问题都非常专业，他对海洋装备和科考工作有着长期的关注、深入的了解。"

中国海洋大学三亚海洋研究院副教授陈树果说，在这次面对面的交流中，他向习近平总书记展示了团队研发的遥感观测技术，"总书记关切地询问了试验的过程和成果"。

关心科研成果，更关心科研人员。习近平总书记以视频连线的方式，向"深海一号"作业平台工作人员表示诚挚问候，嘱咐他们注意安全、保重身体。

屏幕上，"深海一号"作业平台工作人员笑容洋溢，向习近平总书记用力地挥手。他们身后，一面鲜艳的五星红旗迎风飘扬。

## 光荣的使命　无我的付出

"总书记好！总书记好！"守候在小广场多时的科研人员和青年学子按捺不住内心的激动，顷刻爆发出如雷的掌声。在场的每一个人，都有好多话想向习近平总书记诉说。

"大家都没想到的是，总书记在小广场上停了下来，发表了一席语重心长的讲话。一开篇，就重申了'建设海洋强国是实现中华民族伟大复兴的重大战略任务'。"中国海洋大学三亚海洋研究院教授于华明说。

面向科研人员和青年学子，习近平总书记谆谆教导，要推动海洋科技实现高水平自立自强，加强原创性、引领性科技攻关，把装备制造牢牢抓在自己手里，努力用我们自己的装备开发油气资源，提高能源自给率，保障国家能源安全。

"把装备制造牢牢抓在自己手里"，人们反复默念习近平总书记的重要指示，掌声经久不息。大家一致认为，习近平总书记这番重要讲话，阐释了建设海洋强国的重要意义，明确了海洋强国建设的主要方向，也指明了建设海洋强国的具体路径。

脚踏实地站在祖国的南海边，于华明说，中国海洋大学三亚海洋研究院的成立，给学校科研人员和青年学子打造了一流的热带深海研究中心、海洋创新创业人才培养基地、海洋高新技术开发转化基地和特色现代海洋产业培育推广基地。

在这里，他们亲历伟大时代，感受三亚崖州湾科技城乃至海南自由贸易港的求才若渴、创业热情；在这里，他们围绕"深海"，建设运行深远海立体观测与信息服务基地（图4-3-1）；在这里，他们围绕"南繁（水产）"，突破水产种质创制核心技术、构建"育繁推"一体化种业工程体系，保障我国蓝色粮仓的种源自主可控……

在这里，他们将习近平总书记的殷殷嘱托扛在肩上、刻在心间。

那天下午，目送习近平总书记的车子驶离，人群久久不愿散去，热烈的讨论持续不断——

图4-3-1 中国海洋大学三亚海洋研究院，构建了国际上规模最大的"空-天-地-海"一体化区域海洋观测系统——"南海立体观测网"

"总书记对海洋强国建设的高度重视，赋予了我们光荣的使命，每一位科技工作者都要为此无我地付出。"

"我们要聚焦海洋科技自立自强，大力推进科教融合、产教融合，培养一流海洋高层次人才，突破一批海洋科技卡脖子技术。"

…………

夕阳不知何时染红了天边的云霞。不远处在南海静谧的南山港里，一艘艘满载希望的船舶整装待发。

[源自陈蔚林，徐慧玲，尤梦瑜.深情的嘱咐 深蓝的召唤[N].2022-04-14（A07）]

## 问题导引

1.《深情的嘱咐 深蓝的召唤》一文反映了现代海洋科技与教育发展具有哪些重要意义？

2.我国现代海洋科学技术经历了怎样的发展历程，取得了哪些重大成就？

3.开展海洋教育有什么重要意义？我国现代海洋教育的状况如何？

## 探究·发现

### 一、我国的海洋科技发展历程

#### （一）海洋科技奠基期（1949—1977）

##### 1.海洋科研机构与管理机构相继成立，首个国家海洋规划出台

1950年8月，中国科学院成立了新中国的第一个专业海洋研究机构——中国科学院水生生物研究所青岛海洋生物研究室。1954年1月，该研究室扩大建制并更名为中国科学院海洋生物研究室。1959年1月，中国科学院海洋生物研究所研究室扩建为中国科学院海洋研究所，中国科学院南海海洋研究所也同时成立。1964年7月，国家海洋局正式成立，先后组建了第一、第二和第三海洋研究所，北海、东海和南海3个分局以及其所辖的海洋调查队伍和海洋预报台站，并组建了海洋水文气象预报总台、海洋技术研究所和海洋科技情报研究所等海洋科技机构。

国务院制定1956年至1967年国家重点科学技术任务规划及基础科学规划，将"中国海洋的综合调查及其开发方案"列入第7项。这是我国首次将海洋科学研究列入国家科学技术发展规划，为我国海洋科学的发展勾画出一幅宏伟的蓝图。

##### 2.近海海洋调查逐步开展，为海洋开发利用奠定了基础

1958年9月至1960年12月开展的近海海域综合调查是我国首次大规模、全国性海洋综合调查，初步了解了中国近海水文、生物、化学、地质等要素的基本特征和变化规律。

##### 3.海洋科学研究进展良好，涌现出一批有国际影响的项目

20世纪60年代，文圣常提出的"文氏风浪谱"被评为相关国际科学研究的重要成果，后人基于此发展的"理论风浪谱"研究达到国际先进水平。1977年，中国正式加入了联合国教科文组织政府间海洋学委员会并当选执行理事会成员国，在制定、参与国际重大海洋科学计划等方面有了话语权。

#### （二）海洋科技快速发展期（1978—2011）

##### 1.国家规划、计划和政策相继出台，为海洋科技发展提供了政策保障和经费支持

1978年，国家制定了《全国科学技术发展规划纲要》，该纲要多处涉及海洋科学技术发展。1991年，全国海洋工作会议审议通过了《90年代我国海洋政策和工作纲要》；国家科委、国家计委、国家海洋局于1993年2月联合制定了《海洋技术政策要点》；1997年6月，《海洋应用基础研究计划》发布，科技部、自然科学基金委分别出台的"863"计划和"973"计划，对重点科学基金涉海项目进行资金支持。

##### 2.开展大规模海洋调查研究工作，为了解我国近海环境、开发利用海洋资源奠定了更为坚实的基础

1980年开始，开展了历时7年的"全国海岸带和海涂资源综合调查"，完成大面积调查海域；1988—1995年，进行了"全国海岛资源综合调查"，对面积在500平方米以上岛屿的资源、环境以及社会经济进行实地调查；1984—1995年，先后组织了3次大规模的南沙群岛及其邻近海区综合科学考察，比较客观全面地查明了12°N以南、断续线以内南沙群岛72个主要礁体的状况；2010年，开始实施"全球变化与海气相互作用"专项研究，我国海洋科学调查研究沿着"大区域、长周期、多尺度、多学科"的路线向深远海拓展。

##### 3.大洋资源环境调查，实现"进军三大洋"的战略目标

（1）大洋多金属结核调查研究。

1978年，"向阳红05"号海洋科考船在太平洋埃利斯群岛附近采集到了第一份多金属结核样品，我国对该资源高度重视，在太平洋中部和东部进行了多个航次的多金属资源与海洋环境调查；1991年8月，

我国获得了联合国颁发的国际海底开发先驱投资者证书，成为国际上第五个深海采矿先驱投资国家。

（2）海底热液活动及热液硫化物调查与研究。

2007年至2011年，经过连续4个大洋航次对太平洋、大西洋和印度洋的调查，我国已发现了30多处海底热液活动区，占全世界三大洋已知海底热液活动区的10%以上，并在西南印度洋获得了1万平方千米的勘探合同区。

（3）大洋富钴结壳资源调查和研究。

2011年8月，执行中国大洋23航次任务的"海洋六号"船，对中太平洋的3座海山，成功实施了22个站位的钻探，首次获得最长98厘米的钻探样品（图4-3-2），为富钴结壳资源评价和成矿模式研究创造了良好条件。2013年7月，经国际海底管理局核准，我国获得西太平洋富钴结壳矿区专属勘探权。至此，我国已在国际海底区域拥有多金属结核、热液硫化物矿床和富钴结壳三种主要矿产资源的矿区。

图4-3-2 "海洋六号"深海开钻，首钻出海（拍摄者：左朝胜）

**4. 南极、北极科学考察，相继建立了考察站，获取了大量极地科考资料**

（1）南极科学考察。

1984年，我国第一支南极科考队首次登上了南极洲，开展了对南大洋的首次科学考察，此后于1985年、1989年、2009年先后建设了长城站（图4-3-3）、中山站、昆仑站3个中国南极科学考察站，开展南极系列考察；2005年1月，我国第21次南极科考队登上了海拔4 093米的南极内陆冰盖最高点——"冰穹A"，至此，南极4个"要点"全部被人类确认找到：极点（美国）、冰点（俄罗斯）、磁点（法国）、高点（中国）。

图4-3-3 中国南极长城站（源自中国极地研究中心网站）

（2）北极科学考察。

1999年7月，我国首次北极科学考察队乘坐"雪龙"号极地科考船，开展了北极的首次科学考察。此次考察对"气候北极"的地理范围进行了首次确认，发现了北极地区对流层偏高，对研究全球气候变化具有重要意义。2004年7月，我国在挪威的斯匹次卑尔根群岛建立了中国第一个北极科学考察站——黄河站，为研究空间环境探测、空间物理等众多前沿学科问题提供了有利的物理条件。

**5. 海洋科学技术事业蓬勃发展，多个研究项目位于世界先进水平**

例如，冯士筰等学者深入风暴潮动力学理论研究，编著的《风暴潮导论》是世界上第一部系统论述风暴潮机制和预报方法的专著；1992年，袁业立研发的MASNUM海浪数值模式被国际上认为是第三代海浪数值模式，并被广泛应用于海洋工程中；2011年，我国自主设计建造的新一代科学考察船"科学"号，具有全球航行和全天候观测能力，其技术水平和作业调查能力达到国际综合调查船的同等水平；自主研发的海洋能新技术和装置，部分达到了国际先进水平，如我国第一座双向潮汐电站——4.1兆瓦的江厦潮汐试验电站稳定运行，使我国成为世界上掌握规模化开发利用海洋能技术的少数几个国家之一。

**6. 国际海洋科技合作与交流频繁，显著地提升在国际海洋科学研究的影响力**

例如，1979年5月，我国与美国签订了《中美海洋与渔业科技合作议定书》，开启了国际海洋科技合作与交流的大门，随后相继与日本、德国、英国、法国等国家以及有关国际组织进行了深度合作，共同实施了许多有重要国际影响的大型海洋科学调查与研究项目。

### （三）海洋科技全面加速发展期（2012年以来）

**1. 海洋科技向创新引领型转变，进一步明确海洋科技的发展方向和重点任务**

根据习近平总书记关于要发展海洋科学技术、着力推动海洋科技向创新引领型转变的重要指示精神，2016年12月，国家海洋局发布《全国科技兴海规划（2016—2020年）》，提出"到2020年，形成有利于创新驱动发展的科技兴海长效机制"。

**2. 近海资源环境综合调查的新阶段**

例如，2012年，"中国近海资源环境综合调查与评价"专项调查历时8年多圆满完成，建立了中国现代海洋调查标准，构建了海-地-空-天一体化调查技术体系，完成了中国近海约150万平方千米海域、海岛海岸带环境资源的全面系统掌握和综合认知，建成了高精度的中国近海海洋大数据源，奠定了我国在国际海洋科学研究体系中独特的优势地位。

**3. 国家重大海洋科技基础设施建设成就斐然，为海洋科技创新发展奠定了丰厚基础**

研发了大批先进的海洋仪器装备并投入应用。例如，2018年，海洋一号C卫星、海洋二号B卫星以及中法海洋卫星相继发射成功，组网形成了中国首个民用海洋业务卫星星座，开启了世界首个海洋动力环境监测网的建设。

**4. 多项研究成果居于世界先进水平，大大提升了我国海洋科技的世界影响力**

例如，2012年5月，深水半潜式钻井平台"海洋石油981"号在南海首钻成功，标志着我国海洋石油资源开发完成了从浅水到超深水的历史性跨越；2016年6月至8月，无人潜水器"海斗"号在马里亚纳海沟下潜深度突破万米，创造了中国无人潜水器的最大下潜及作业深度纪录，成功获得了万米级水柱的温盐深数据，使我国成为日、美之后第3个拥有研制万米级无人潜水器能力的国家；2017年5月至7月，利用自主设计制造的深水半潜式钻井平台"蓝鲸一号"，在南海海域对海底天然气水合物矿藏开采出天然气，实现了我国在海底天然气勘察开发理论、技术、工程和装备的自主创新；2017年3月，我国自主研发的"海翼"号水下滑翔机（图4-3-4），在马里亚纳海沟下潜深度达到6 329米，完成了观测任务，刷新了当年度水下滑翔机最大下潜深度世界纪录，为深渊科考提供了全新的科考手段；"蛟龙"号是我国第一台自行统计、自主集成研制的深海载人潜水器，其最大下潜深度超过7 000米，打破了同类载人潜水器下潜世界纪录。2020年，11月10日8时12分，"奋斗者"号载人潜水器成功坐底"地球第四极"——西太平洋马里亚纳海沟，深度为10 909米，创下中国载人深潜新的深度纪录。

图4-3-4 "海翼"号水下滑翔机

**5. 南北极科考深入开展，尽显我国海洋科技的风采与魅力**

2014年2月，我国在南极建成了第四个考察站——泰山站。2015年5月，我国发布了2005年至2011年的南极洲冰架崩解数据集，这是人类首次对南极冰架崩解做出的较为精确和细致观测。2016年11月至2017年4月，"雪龙"号极地科考船刷新了全球科考船到达南极海域最南端的纪录，这是世界航海史又一个新的里程碑。2024年2月，我国第五个南极考察站——秦岭站开站，位于西南极的罗斯海恩克斯堡岛。罗斯海是南极地区岩石圈、冰冻圈、生物圈、大气圈等典型自然地理单元集中相互作用的区域，是全球气候变化的敏感区，它的建成填补了我国在南极罗斯海区域的考察空白。2018年10月，我国和冰岛共同筹建的中-冰北极科学考察站建成并投入运行，成为中国第二个北极综合研究基地。

### 6. 国际海洋科技合作与交流取得新进展

2012年，我国发起并实施了《南海及其周边海洋国际合作框架计划（2011—2015）》，推动开展南海及其周边区域海洋可持续发展方面的合作，得到印度尼西亚、泰国、柬埔寨等20多个国家和有关国际组织的积极响应和参与；2015年，世界气候研究计划下的核心子项目之一"气候变率及可预测性项目"落户青岛，标志着中国在国际最高级别科学计划有了重要影响。

---

**自主探究**

查阅资料，了解海洋科技某一领域的发展状况，体会我国海洋科技的快速发展。

---

## 二、2021年以来我国海洋科技的新进展

### （一）2021年中国十大海洋科技进展

2022年2月25日，《中国自然资源报》报道，中国海洋学会联合中国太平洋学会、中国海洋湖沼学会、中国航海学会、中国指挥与控制学会评选出2021年中国十大海洋科技进展。

#### 1. 北极海冰–海洋动力遥感协同观测与航道保障应用

我国科研人员建立了北极海冰和海洋动力环境的7种关键参数的卫星遥感反演算法，突破了高分辨率合成孔径雷达北极海冰和海洋动力协同观测的瓶颈，面向全球发布和共享了系列高级遥感产品，支撑了北极航道空间观测保障服务体系的建立，向中远海运特运公司2021年度北极东北航道航行提供海冰与海洋动力遥感观测信息150余次，为航路规划、风险规避等起到了关键保障作用，显著提升了我国海运公司在北极航行的商业竞争力。

#### 2. 我国首套深海矿产混输智能装备系统"长远号"海试成功

我国成功研制的具有完全自主知识产权的首套深海矿产混输智能装备系统"长远号"，于2021年8月在南海克服了复杂恶劣海况影响，下放深度达519米，总运行时间超56小时，稳定运行体积浓度超11%，关键核心部件混输泵稳定运行流量大于240立方米每小时，最大流量356立方米每小时，实现了真实海洋环境下系统布放回收等混输全过程的健康监测、智能调控和预警决策，创造了我国深海矿产混输智能系统海上试验最大下放深度和最长连续稳定运行时间的纪录，实现了我国深海矿产混输智能化装备技术的重大突破，是我国深海采矿技术发展史上的重要里程碑。

#### 3. 海洋古菌新门的发掘及其功能演化

在绝大多数海洋古菌尚未得到分离培养、世界科学界对海洋古菌的多样性及功能演化知之甚少的情况下，该研究从滨海湿地、近海沉积物到西太平洋深渊等样品中，发现了多个新的古菌门类，拓展了生命之树；通过解析阿斯加德古菌和乌斯古菌的代谢潜能，阐明了它们在碳、氮等元素的地球化学循环中的作用；重构了阿斯加德古菌和乌斯古菌的功能演化过程，不仅为揭示阿斯加德古菌与真核生物起源的关系提供了重要依据，还为探究乌斯古菌从寄生到自由生的代谢多样化演化史提供了科学依据，为我国在海洋微生物学和真核生物起源等国际前沿研究领域抢占了一席之地。

#### 4. 海洋极端环境微生物独特生命特征及环境生态效应机制

该研究在海洋有机硫二甲基巯基丙酸内盐（DMSP）循环方面：首次发现海洋细菌代谢 DMSP 的新生态功能，揭示了极地海洋中 DMSP 循环独特的生物地理学特征，鉴定了一类催化机制全新的 DMSP 裂解酶；发现并揭示深海细菌通过合成甲基胺类物质耐受高静水压的耐压新机制，细菌小染色体由单向复制进化为双向复制的现象和机制；发现了第一个肝素外切酶家族，阐明了该家族酶的催化机制及其应用潜力；揭示了海洋细菌代谢甲基胺的分子机制及新型酯酶的低温适应机制，推动了海洋学科的发展。

#### 5. 新型海洋微波遥感探测机理模型与信息提取技术

经过近5年的科技攻关，2021年我国科研人员在新型海洋微波遥感探测机理研究方面，发展了复杂海况多尺度全极化微波散射新模型，建立了微波多普勒海表流场测量新机理，提出了一种新型海洋测流的星载原型载荷；突破了干涉成像雷达高度计海面高度、有效波高等要素信息提取、星载海洋波谱仪高精度海浪谱信息提取、海洋盐度计主被动联合盐度反演和静止轨道SAR成像模型和成像算法等关键技术。研究成果已成功应用于在轨天宫2号成像雷达高度计和中法海洋卫星波谱仪数据处理中，有力推动了我国海洋微波遥感基础理论和原创性技术水平大幅提升，使我国海洋微波遥感技术实力已由跟跑向并跑、领跑转变，在新型载荷仿真研制、数据处理算法模型等领域已跻身世界先进行列。

#### 6. 国产全平台远距离高速水声通信机突破全球最高指标

2021年11月，我国科技人员研制出具备体积小、功耗低、抗移动性强等特点的远距离高速水声通信机，在云南抚仙湖和浙江舟山近海试验中分别实现14千米和4.5千米距离的3.07千比特每秒的高速率相干通信，突破了同类水声通信机全球最高性能指标，标志着我国自主远距离高速水声通信技术打破了国外封锁，克服了当前国外的远距离高速水声通信设备普遍体积重量大、抗移动性弱、水下高速移动平台搭载困难的弊端，实现了技术超越，对推动我国水下装备信息化具有重大意义。图4-3-5为浙江大学研制的中深海款（左）、浅海款（右）水声通信机。

图4-3-5 浙江大学研制的中深海款（左）、浅海款（右）水声通信机

#### 7. 海上风电新型桩-桶复合基础研发及其工程应用

我国新型桩-桶复合基础技术，于2021年9月在福建平海湾海上风电工程实现了替代"打桩-钻、扩孔-浇筑混凝土-打桩"式嵌岩单桩的全球首次应用，避免了嵌岩和桩周冲刷防护施工，大幅提高了施工效率，降低了造价；同时，在深远海和大容量机组发展趋势下，克服了多桩基础施工效率低而常规单桩基础承载力不足且需要冲刷防护等瓶颈，为我国海上风电工程技术进步提供了原创性的、具有自主知识产权的核心技术解决方案。

#### 8. 我国主持制定的首项海洋调查国际标准发布

由我国提出并联合8个国家制定的国际标准《海洋环境影响评估（MEIA）-海底区海洋沉积物调查规范-间隙生物调查》经国际标准化组织（ISO）批准正式发布，为海底区沉积物生物调查提供基于国际前沿的理论体系与技术方法，适用于海底区域沉积物生物多样性的调查与评估，为开展海洋调查领域多边合作和国际谈判提供强有力的科学依据，标志着我国海洋调查技术标准国际化工作取得重要突破，为国际社会贡献中国方案并促进全球海洋治理。

#### 9. 自主完成北极高纬密集冰区国际首次大规模海底地球物理综合探测

2021年，我国北冰洋科学考察航次创造了多项国际新纪录：首次在该区自主完成了大规模海底地震和大地电磁探测，推翻了国际上高纬密集冰区无法开展深部探测的断言，完成了洋中脊地壳探测最后一块拼图；首次在缺乏观测的洋中脊东段取得大量地质样品和影像资料，发现了异常范围大、信号强、生物匮乏的独特极地热液系统，实现了冰下海底地震仪、海底电磁仪、短基线阵列、电视抓斗、光学拖体、水下机器人等关键设备自主研发，形成了高纬密集冰区海底探测自主作业能力，推动了我国主导的国际北冰洋洋中脊联合探测计划的实施，得到了国际科学界的广泛参与和赞誉。

### 10. 自主质量守恒海洋温盐流数值预报模式（妈祖1.0）研制与应用

经过多年攻关，我国科研人员于2021年完成了质量守恒海洋温盐流数值预报模式（妈祖1.0）研发工作，实现了"中国芯"对"欧美芯"的替代。妈祖1.0发展了两大数值模式技术创新：一是采用先进的质量守恒物理框架，成为国际上首个基于海水质量守恒的业务化海洋环流预报模式，能够更加真实地模拟海洋动力环境变化过程；二是支持在CPU和GPU计算设备上高效计算，具有"碳友好"特性。经测算，相对于传统计算方式，妈祖1.0可降低预报运行能耗90%，减少设备购置维护费用70%以上，每年可减少碳排放520吨。

## （二）2022年中国十大海洋科技进展

2023年6月，中国海洋学会联合中国太平洋学会、中国海洋湖沼学会、中国航海学会、中国指挥与控制学会、中国大洋矿产资源研究开发协会评选出2022年中国十大海洋科技进展。

### 1. 首次从能量学角度阐释气候演变的低纬驱动

海洋是地球气候系统最大的热储库。人类释放二氧化碳所产生的过剩热量，90%以上进入海洋。热带印度洋—西太平洋暖池是全球表层海温最高、热含量最集中的区域，不断地为大气上升运动、对流降雨提供能量和水汽，也是整个地球气候系统的"热量和蒸汽引擎"，其上层海洋热量也是推动热带风暴（台风）的关键要素。然而，海洋热量与陆地降雨之间的联系和机制，仍不够清楚。现代仪器观测资料的不足，极大限制了对极端天气/气候灾害的预测和预防能力，利用地质记录和数值模拟等手段，研究海洋热含量变化及其对海陆间能量/水循环的调控作用是有效的方法。

同济大学海洋地质国家重点实验室研究团队首次利用暖池区10个深海沉积岩芯中的浮游有孔虫微体化石，重建了过去36万年以来上层海水（0～200米）热含量的变化，发现暖池的热量可以调控亚洲大陆与太平洋之间的水汽传输，使得亚洲石笋氧同位素和热带太平洋表层海水剩余氧同位素在岁差周期上呈反相位变化。这既为全球季风的水循环和亚洲石笋的水汽动力学提供了新的解释（图4-3-6），也开拓了古海洋学的海洋热含量研究新领域，第一次从能量学角度阐释了低纬海洋过程在气候演变中的驱动作用。

图4-3-6 热带西太平洋上层海洋增暖，与东亚季风区降雨增强紧密联系

### 2.30年洋流记录显示热带气旋增强

台风是世界上最严重的自然灾害之一。台风强度是目前台风预报的难点，其变化也一直是国际前沿科学问题。复旦大学研究团队利用一组漂浮装置测得的高质量洋流观测数据，作为传统方式的补充，以全新方式量化了热带气旋的强度。通过分析1991—2020年期间全球数据发现，30年来占全球70%的弱台风无论在全球尺度还是海盆尺度上都存在明显增强趋势。该方法可用于全球所有台风的强度变化分析，为进一步提高台风模拟和预测精度提供了重要基础，一定程度上也证实了全球气候变暖导致台风增强的理论，将有助于提高对未来台风强度变化的预估。

### 3. 全球海表油膜遥感监测

海面油膜是漂浮于海洋表面的烃类化合物薄层，来源可归纳为自然源（海底油气藏的天然烃渗漏）与人为源（船舶、离岸油气设施及陆源排放等）两种。海面油膜阻碍了海气间氧气/热量交换，降低水体自净能力，严重危害海洋生物和生态环境，其中人类活动产生的油膜对海洋生态环境的影响更大，但界定不同来源仍有很大的不确定性。研究利用2014—2019年56万余景遥感影像，提出了半自动化海面油膜识别—提取—分类框架，构建了迄今为止最为全面、位置明晰的海面油膜持续固定排放源清单。研究发现全球海面油膜近岸分布特征明显；首次观测到21条与航线高度吻合的高密度油膜带；发现人类活动是全球海面油膜的最主要来源，其比例远高于自然源油膜，揭示了过去20年人类活动对海洋石油污染的影响被严重低估，为协同海洋能源开发、石油污染治理、海洋环境监管等提供了重要的数据支撑与决策依据。

### 4. 海洋激光遥感的关键技术与应用

该科技围绕国家海洋环境立体剖面遥感测量的技术难点和发展我国海洋激光卫星的迫切需求，突破了机载蓝绿双波长海洋激光遥感技术、海洋体散射函数小角度测量技术、船载海洋激光雷达系统可调视场探测技术等三大关键技术，形成了船载海洋激光雷达遥感技术、机载海洋激光雷达遥感技术、星载海洋激光雷达系统指标论证、海洋激光雷达辐射传输模型和主被动海洋光学遥感融合技术等五大标志性成果，取得了多种不同体制船载海洋激光探测设备研制和综合试验（图4-3-7）、星载海洋激光雷达系统技术指标论证、基于实测水体偏振散射相函数的海洋激光辐射传输模型等三大创新点，为我国未来海洋激光卫星的探测新体制打下了十分扎实的技术基础，有助于提高我国海洋环境安全信息保障能力，推动我国海洋光学遥感技术的跨越式发展。

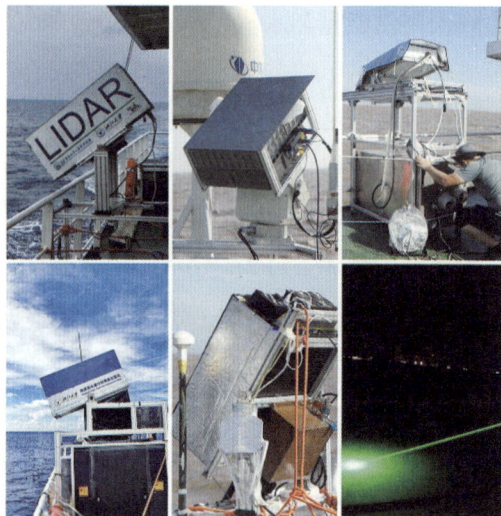

图4-3-7　海洋激光探测设备研制和综合试验
（源自卫星海洋环境动力学国家重点实验室）

### 5. 海底地震仪主动源探测国际标准发布

2022年5月，国际标准化组织（ISO）发布《船舶与海洋技术—海底地震仪主动源探测技术导则》，这是由我国主持制定的首项海洋地球物理调查国际标准。该标准的实施有利于促进各国海底地震仪技术性能的提高和数据格式的统一，有效促进不同国家在海底资源调查、开发、利用领域的国际合作。

长期以来，海底地震仪广泛应用于国际海上地球物理调查工作中，在包括海洋油气勘探、地质灾害预警等方面效果显著。但海底地震仪探测技术要求复杂，不同国家生产的海底地震仪在仪器性能、操作流程和数据格式上各有差异，亟须规范。依托我国自主研发的海底地震仪，将水声应答、释放机制、采集模式、姿态地震计等自主创新的关键技术成果转化为国际标准，可极大地提高海底地震仪主动源探测的成果数据质量，推动海底地震调查领域的健康发展。

### 6. 基于无人船艇集群的近海海域海底基础调查

近海海域岛礁众多，海况复杂，传统测绘手段风险高，耗时长，成本高。2022年，相关科研人员探索了无人艇集群测绘作业模式，为海洋调测提供了新思路。通过"1艘母船+多艘无人船"的集群作业，首次突破了动态协同组网、联合海洋环境参数在线估计、全局障碍物场综合感知、障碍物联合感知、多级最优避障策略等技术难题，构建了适用于复杂海洋环境下的无人船集群环境感知与协同运动

图4-3-8 无人船集群测绘作业现场

控制技术体系。仅用时55天，完成了超过2 700平方千米海域面积测量，测线总里程高达25 000千米，提升效率近5倍，总体作业成本下降30%以上，被《人民日报》称之为新时代的两万五千里"海上长征"，开创了我国无人船艇海上集群作业时代的新篇章。图4-3-8为无人船集群测绘作业现场。

### 7. "哪吒"海空跨域无人航行器

"哪吒"海空跨域航行器（图4-3-9）具有新颖独特的上天入海、飞潜合一以及反复水空穿越航行能力，为海气界面观测、海事应急搜救及隐蔽侦查等应用需求提供全新的解决方案。"哪吒"具备垂直起降与悬停、水平飞行与水下滑翔多种运动模式，也是当前国内外公开发布的同类成果中下潜深度最大、负载能力最强、水下运动范围最广的一款海空跨域航行器，攻克了多模式兼容与顺畅切换技术、俯仰姿态极限调节技术、浮姿耦合水下滑翔行为分

图4-3-9 准备起飞的"哪吒"海空跨域航行器

析等关键技术，突破了风浪流复杂海洋环境下快速、准确的运动模式切换与控制技术瓶颈，成功完成了首例真实海洋环境下海空跨域航行全流程试验。

### 8. 北冰洋中全新世海冰融化新机制的发现

北冰洋海冰是全球气候系统中的"驱动器"和"放大器"，其变化深刻影响着全球陆地—海洋—大气—生态—社会环境等不同圈层的发展演化。研究结果表明，全新世中期相对较高的夏季太阳辐射强度导致俄罗斯泛北极地区河流入海热通量增加，从而直接融化北冰洋陆架海冰，这一过程同时也降低了海冰对太阳辐射的反射率，从而扩大夏季太阳辐射对海冰融化的影响力。该研究结果暗示，在全球变暖背景下，泛北极地区河流热量排放的增加可能加剧夏季北冰洋海冰融化，从而加速北极地区的快速气候变化。

### 9. 中国海上首个百万吨级二氧化碳回注封存关键技术及示范

中国海油恩平15-1油田位于深圳西南约200千米的珠江口海底盆地，油田开发伴生的二氧化碳被捕获、分离、加压至气液混合的超临界状态，回注至距平台3千米远、在海床约800米底下的"穹顶"

式地质构造中，实现长期稳定封存。这是我国海上首个百万吨级二氧化碳封存示范工程（图4-3-10），每年封存量达30万吨，总计超150万吨，相当于植树近1 400万棵，标志着我国成功掌握海上二氧化碳捕集、处理、注入、封存和监测的全套技术和装备体系，打破了国外海上二氧化碳封存技术的垄断，填补了我国海上二氧化碳封存技术的空白。

图4-3-10　我国海上首个百万吨级二氧化碳封存示范工程示意图

### 10. 勘探发现我国首个深水深层大气田

2022年10月，海南东南部海域琼东南盆地勘探获重大突破，发现我国首个深水深层大气田宝岛21-1，探明地质储量超500亿立方米。

在海洋油气勘探领域，一般把水深超过300米的水域称为深水海域，把井深超过3 500米的井定义为深层井。此次发现的宝岛21-1气田位于海南东南部海域深水区，最大作业水深超过1 500米，完钻井深超过5 000米，海洋地质条件极端复杂。随着地层的加深，地震等基础资料品质变差，储层预测、含气性分析、构造落实的难度成倍加大，钻井难度也大大提高。宝岛21-1的成功发现，表明我国在深水深层勘探技术上取得重要突破，对类似层系的勘探具有重要指导意义。

## （三）2023年度中国十大海洋科技进展

2024年5月，中国海洋学会联合中国海洋湖沼学会、中国航海学会、中国指挥与控制学会、中国大洋矿产资源研究开发协会评选出2023年中国十大海洋科技进展。

### 1. 我国绘制迄今为止最大动物基因组图谱

被称为"海上金矿"的南极磷虾（图4-3-11），是南极洲生态系统里的关键物种，是鲸鱼、海豹、海狗、企鹅等动物的主要食物来源。它体长3～5厘米，体重一般不超过2克，却是地球上生物量最大的动物。我国科学家利用自主研发的基因组组装算法，破译了南极磷虾这一迄今为止地球上最大的动物基因组，首次完整刻画了南极磷虾适应极昼极夜生物节律的基因网络；明确

图4-3-11　被称为"海上金矿"的南极磷虾

了环南极三大洋不同群体间具有遗传连通性；解决了长期以来国际上有关南极磷虾地理群体异/同质性的争议；阐明了南极磷虾种群扩张的历史演变规律。以上科学认知为深入研究海洋生物环境适应机制及群体演化规律提供了新的理论支撑，为我国深度参与极地渔业国际治理提供了科学依据。

### 2. 海洋生物碳泵与营养盐循环研究取得突破

生物泵是海洋碳循环的核心内容，也是发展基于海洋的气候解决方案和实施海洋负排放技术的关键理论基础。厦门大学研究团队通过跨时空尺度的观测、多同位素示踪和数值模型等手段，在解析生物泵结构及海洋碳氮循环的互作关系等方面取得突破性进展。

该研究团队研发了生物地球化学逆向模型，刻画了全球海洋生物泵的分布格局，提出了海洋生物泵的时间域分布，为全球变化下生物泵的演变提供了参考；提出了寡营养海区真光层"双层结构"，即营养盐匮乏层和营养盐充足层这一新的理论框架，提高了对副热带流涡区固碳机理及增汇潜力的认

识；揭示了氨氧化古菌产生$N_2O$的机制，量化了其产率；发现并证明了有氧水体$N_2O$也可以来源于反硝化过程，深化了对海洋$N_2O$生产过程机理的认知；指出了对于负排放技术效率的评估应该考虑全路径碳输出，大型海藻养殖是一种潜在的高效负排放技术选择。

### 3. 在新近纪全球大洋有机碳埋藏研究领域取得重要进展

地质历史时期埋藏在大洋海底沉积物中的有机碳能够有效地与地球表层系统隔离，海底因此成为大气二氧化碳的重要碳汇，对调控全球碳循环发挥着重要的作用。在当前全球气候变化加剧的背景下，准确估算地质历史时期有机碳在全球大洋海底的埋藏速率，揭示有机碳埋藏对地球气候系统的反馈效应，成为目前全球碳循环研究所广泛关注的热点问题。传统上有机碳埋藏速率的估算主要是基于有机碳和无机碳的质量平衡方法，然而这一方法在关键参数的估算上存在相当大的不确定性，导致对全球大洋海底有机碳埋藏速率的估算存在非常大的偏差。

该研究综合了国际大洋发现计划在全球不同海盆共计81个站位上的岩芯总有机碳测试数据和地质年代框架，建立了基于海底有机碳埋藏速率的自下而上的计算方法，首次揭示了新近纪海底有机碳埋藏的变化历史，发现海底有机碳埋藏的时空变率远高于以往的估计。研究指出，在上新世和中新世早期全球近海、陆架和深海沉积扇普遍存在有机碳埋藏的峰值，这与造山期隆升和（或）冰川侵蚀导致的高沉积物通量密切相关，陆源物质输入通量高的区域因而成为有机碳埋藏的"热点"；而在开阔海洋，海底有机碳的埋藏则更多地受到海洋输出生产力变化的影响。在中新世的中期，气候变暖导致海洋中异养细菌新陈代谢速率加快，有机质再矿化速率升高，使得海底有机碳埋藏速率降低，从而对气候产生正反馈效应。这一结论对于认识地质历史时期以及当前全球变暖背景下海洋有机碳埋藏、全球碳循环和气候系统演变均具有重要意义。

### 4. 发现全球变暖将导致多年拉尼娜事件频发

类似2020—2022年多次拉尼娜事件会给全球气候、农业生态及人类经济社会带来叠加的破坏性影响，并显著提高极端天气灾害的发生风险。未来多年拉尼娜事件如何变化，是海洋与气候领域的重大前沿问题之一。研究首次发现多年拉尼娜事件的发生频率将会在全球变暖后的21世纪显著增加，进一步的研究表明，太平洋背景平均态海温变化导致的热带与热带外之间的相互作用增强是多年拉尼娜事件更加频发的关键机理。研究成果对认知厄尔尼诺-南方涛动（ENSO）的多样性及其未来变化具有重要意义，也为国际社会有效应对气候变化与制定气候政策提供了科学依据。

### 5. 粤港澳大湾区超级工程深中通道主线贯通

2023年11月28日，国家重大工程——深中通道主线贯通，项目建设取得重要进展。深中通道地处粤港澳大湾区核心区域，横跨珠江口东西两岸，路线起自广深沿江高速机场互通立交，东接机荷高速，向西跨越珠江口，在中山市马鞍岛登陆，与在建的中开高速对接，路线全长约24千米，采用双向八车道，设计速度按照100千米每小时高速公路技术标准建设。

该项目是集"桥、岛、隧、水下互通"于一体的世界级跨海集群工程，工程建设条件异常复杂、综合技术难度非常高。其中伶仃洋大桥为主跨1 666米海中特大跨径悬索桥（图4-3-12）。大桥桥面高91米，通航净空达到76.5米，是世界通航

图4-3-12　深中通道伶仃洋大桥东塔及西人工岛

净空高度最高的大桥，能够满足3万标箱集装箱船、30万吨级油轮、22.5万吨级豪华邮轮通航需求。沉管隧道创新采用了钢壳混凝土沉管隧道新结构，是目前世界最长、最宽的钢壳混凝土沉管隧道，在设计理论、制造工艺、新型材料、大型装备和最终接头等方面实现多项原始创新，有力推动了我国沉管隧道建设技术进步。

未来深中通道建成通车后，深圳与中山的车程，将从现在的2小时缩减为约20分钟。作为连通珠江口东西两岸城市群的交通大动脉，深中通道将与已建成的港珠澳大桥、南沙大桥、虎门大桥等，共同组成大湾区跨海跨江通道群。

### 6. "数字化深海典型生境"大科学计划正式获批

2023年6月8日，来自全球6大洲39个国家64家海洋机构、国际组织等共同发起的"数字化深海典型生境"大科学计划（Digital Deep-sea Typical Habitats Programme，简称"DEPTH"计划）正式获批，成为2023年联合国"海洋科学促进可持续发展十年"（简称"海洋十年"）大科学计划（Programme）申报中的唯一获批计划，也是我国在联合国框架下发起的首个深海生境领域大科学计划。

"DEPTH"计划以解决"海洋十年"的第八项挑战"数字化的海洋"为目标，重点关注海山、洋中脊、陆坡和平原等易受自然变化、气候变化、人类活动影响的深海典型生境类型，开展科学调查及连通性研究，发展深海长期智能观监测技术，提升深海典型生境应对扰动的预测能力，构建"发现–模拟–预测"数字化平台，集成深海典型生境"一张图"等公共产品并形成深海典型生境治理解决方案。"DEPTH"计划将聚焦深海生境与生物多样性的调查与研究，探索人类生存与深海生物多样性养护的可持续发展路径。该计划同时还针对发展中国家开展能力建设，与近20个发展中国家建立了合作关系，致力于培养青年一代公平参与深海科学研究与治理，树立我国负责任大国形象。

2023年11月9日，"DEPTH"计划在厦门国际海洋周期间正式启动，并组织召开了第一次国际研讨会。2024年将开展"西太平洋国际航次"，邀请国际知名专家学者联合开展生物多样性调查，为提升对海山区生物多样性认知做出积极贡献。

### 7. 国产首艘大型邮轮"爱达·魔都号"正式命名交付

2023年11月4日，国产首艘大型邮轮"爱达·魔都号"（图4-3-13）历时8年科研攻关、5年设计建造，顺利完成命名交付，已具备正式商业运营的条件。

国产首艘大型邮轮命名交付，标志着我国又一次成功摘取世界造船业皇冠上的明珠，我国成为全球唯一一个目前同时建造航空母舰、大型液化天然气（LNG）运输船、大型邮轮的国家，是我国由造船大国向造船强国迈进的标志性一步。

图4-3-13　国产首艘大型邮轮"爱达·魔都号"

在建造此大型邮轮中，采用引进消化吸收再创新的模式，联动和管理361家一级供应商、1 105家二级配套企业，汇集全球30多个国家超过5 000名的工程技术人员紧密协作，相继突破重量重心、安全返港、动力系统、综合电网、舱室环境、振动噪声等贯穿邮轮全生命周期的一系列关键核心技术，形成了大型邮轮设计建造和复杂巨系统工程管理能力，持续构建邮轮业的中国标准体系。

### 8. 我国首次完成3 000米超深水三维地震勘探

我国大型深水物探船"海洋石油720"搭载我国自研"海经"拖缆地震勘探系统，完成了珠江口盆地2 600平方千米的三维地震数据采集。这是我国首次完成3 000米超深水三维地震勘探作业，标志着我国自主海洋勘探技术取得重大突破，对保障我国海洋油气开发自主可控、提升我国深海资源开发能力具有重要意义。

"海经"是我国自主研发制造的首套海洋拖缆地震勘探采集装备，填补了我国在海洋地震勘探领域装备技术空白，实现了"从0到1"的突破。"海经"以其超低频、高精度的三维地震采集能力，精准描绘出深水深层以及复杂地质结构的"3D立体图"，大幅提升了我国在超深水领域的油气勘探能力。

此次作业位于珠江口盆地3 000米超深水区块，最大作业水深达到3 500米，勘探目的层最大埋深处5 600米，打破了我国海洋三维地震勘探作业最大水深纪录。"海洋石油720"深水物探船搭载"海经"，60天时间采集到40TB的三维地震勘探数据，为落实工区地质结构、沉积充填和油气运移等基础石油地质条件打下坚实的基础。

### 9. 我国首艘大洋钻探船正式命名试航

我国自主设计建造的首艘大洋钻探船正式命名为"梦想"号（图4-3-14），并在广州南沙首次试航，这标志着我国深海探测能力建设和装备现代化建设迈出关键一步。

"梦想"号具有全球最先进的钻探系统，建有全球面积最大、功能最全、流程最优的船载实验室，总面积超3 000平方米，涵盖基础地质、古地磁、无机地化、有机地化、微生物、海洋科学、天然气水合物、地球物理、钻探技术九大实验室，配置世界一流的磁屏蔽室、超净实验间和全球首套船载岩心自动传输存储系统，可满足海洋领域全学科研究需求，建有全球规模最大、最先进的科考船综合信息化系统，可实现钻采作业全过程监测、科学实验智能协同。

"梦想"号建成后将为深海资源开发利用提供重要装备保障，进一步提高我国能源自主保障能力，有力支撑我国实施大洋钻探国际大科学计划。

图4-3-14 "梦想"号大洋钻探船

### 10. 有限体积海浪模式"妈祖·海浪"研发与业务化应用

有限体积海浪模式"妈祖·海浪"解决了我国海浪数值预报严重依赖国外模式、自主技术缺失、计算耗时长等突出问题，取得以下科技创新与突破：一是首次采用六边形网格及相应动力框架，能在重点加密海域和南北极高纬度海域获得高精度预报结果；二是提出了新的卷积算法，使波−波非线性作用项计算效率提升三分之一；三是优异的大规模并行可扩展性，在逾20万CPU核的超规模并行计算情景下，依然保持线性加速比；四是领先的GPU并行加速能力、单台GPU服务器的计算能力相当于90台CPU服务器，计算能耗降低约88%。"妈祖·海浪"对极端大浪过程刻画能力更强，周期模拟优势明显，整体性能达到国际同类模式先进水平，可替代原有海浪数值预报模式。

中国科学院院士吴立新等学者指出，我国未来的海洋科学研究应瞄准海洋多尺度相互作用与气候变化、跨圈层流固耦合、海洋生命过程、健康海洋与海岸带可持续发展、快速变化的极地系统等重大科学前沿，凝练关键科学问题，在国内启动一批重大专项，在国际上聚焦"两洋一海"（西太平洋−南海−印度洋）和极地等关键海区，组织并发起我国主导的国际大科学计划，布局依托物联网技术的太空−海气界面−深海−海底的多要素立体观测网，进行前沿核心技术研发以及技术平台整合，开展跨尺度、跨圈层的多学科交叉研究，构建基于人工智能和大数据的多圈层耦合的高分辨率海洋观测与模拟预测系统，抢占海洋科学研究的国际制高点。

**合作研讨**

　　小组合作，交流研讨，体会我国海洋科技的快速发展和重大影响。

### 三、我国的现代海洋教育

党的二十大报告提出要建设教育强国、科技强国、人才强国，首次将教育、科技、人才三大战略融为一体统筹规划，这也为我国新时代的海洋教育发展、海洋科技发展与海洋人才培养指明了前进方向、提供了根本遵循。海洋教育承担着培养海洋专业人才、促进海洋科技发展以及增强全民海洋意识、为建设海洋强国创造良好氛围的光荣任务，是我国以海洋事业的发展助力中国式现代化宏伟目标实现的重要支撑。

#### （一）专业性海洋教育

专业性海洋教育主要指海洋高等教育、海洋职业教育和海洋专业培训等，目的在于培养发展海洋事业所需要的各类海洋专业人才。

早期的中国高等海洋教育始于1910年前后张謇先后开设的邮传部上海高等实业学堂船政科（今上海海事大学）、江苏省立水产学校（今上海海洋大学）、河海工程专门学校（今河海大学），1946年山东大学设立海洋研究所，同年厦门大学成立海洋学系等。新中国成立后，我国的高等海洋教育得到恢复与发展。1952年全国高校院系调整，厦门大学海洋学系与山东大学海洋研究所合并，成立山东大学海洋学系。1958年山东大学大部迁往济南，留青部分于1959年成立山东海洋学院（今中国海洋大学），这是新中国第一所专门培养海洋人才的高等院校。

目前，我国已经基本建成了包括基础海洋教育、职业海洋教育以及高等海洋教育的海洋教育体系。除我国台湾以外，以"海洋"冠名的高等院校有10所，分别是中国海洋大学、上海海洋大学、大连海洋大学、江苏海洋大学、浙江海洋大学、广东海洋大学、海南热带海洋学院、厦门海洋职业技术学院、威海海洋职业学院、泉州海洋职业学院；以"海事"冠名的高等院校有6所，分别为大连海事大学、上海海事大学、江苏海事职业技术学院、上海海事职业技术学院、武汉海事职业学院、山东海事职业学院；以"航海"冠名的高等院校有3所，为广州航海学院、武汉航海职业技术学院、日照航海工程职业学院；以"船舶"冠名的高等院校有2所，为武汉船舶职业技术学院、渤海船舶职业学院。海洋类专业在专科、本科、硕士、博士学位教学中逐步建立起来，学科体系日趋完整，为海洋专门人才的培养奠定了坚实的基础。另外，海洋高等院校既是汇聚人才的要地，也是科研创新高地，对于推动我国海洋科技事业的发展起到重要的支撑作用。除了海洋高等院校外，涉海职业中学和中专学校在我国沿海地区也普遍建立，为地方海洋事业的发展贡献力量。

### （二）普及性海洋教育

普及性海洋教育的对象是我国全体国民，其主要内容是普及海洋知识、弘扬海洋文化、增强海洋意识、培养海洋素养。在建设海洋强国、实现中华民族伟大复兴的进程中，普及性海洋教育具有不可替代的重要作用。

为加强全民海洋教育，我国制定了一系列政策文件。2008年国务院印发《国家海洋事业发展规划纲要》提出，"把普及海洋知识纳入国民教育体系，在中小学开展海洋基础知识教育"；2014年中宣部印发《关于提升全民海洋意识宣传教育工作方案》《关于提高海洋意识加强海权教育的工作方案》，都提出要"加快推进海洋知识进学校、进教材、进课堂"；2015年教育部和国家海洋局共同组织编制《全民海洋意识教育指导纲要》，重点面向青少年群体提出海洋意识教育的内容及实施途径；2016年国家海洋局同教育部、文化部等五部门联合印发《全民海洋意识宣传教育和文化建设"十三五"规划》，进一步提出以海洋知识"进教材、进课堂、进校园"为主要途径实施海洋教育等。

当前，我国的普及性海洋教育呈现以下良好发展态势。

全方位、深层次、宽领域，内容丰富、形式多样的海洋宣传教育体系基本形成。连年举办的世界海洋日暨全国海洋宣传日活动异彩纷呈，全国大中学生海洋知识竞赛、全国大学生海洋文化创意大赛影响广泛，年度海洋人物评选鼓舞人心，"海疆万里行"主题宣传报道活动持续开展……

高品质海洋文化节庆活动日趋活跃。各地举办的各类海洋节庆、海洋民间信仰传承活动特色鲜明、引人入胜。舟山群岛－中国海洋文化节、中国（象山）开渔节等海洋节庆以及中国海洋经济博览会、厦门国际海洋周、青岛国际海洋节、世界妈祖文化论坛等知名会展论坛成为展现我国特色文化和海洋发展水平的重要平台。

海洋意识教育和宣传的场所和平台建设逐步完善。各地将海洋知识教育融入实践基地项目和少年宫项目，国家海洋博物馆、中国大洋样品馆、中国航海博物馆等海洋特色公共文化服务设施成为展现中华海洋文化的重要场所。全国海洋意识教育基地、海洋科普基地建设蓬勃发展。

丰富多彩的海洋文化精品多有推出。海洋文化申遗取得历史性突破，"妈祖信俗""泉州：宋元中国的世界海洋商贸中心""送王船"等被列入世界文化遗产名录。《走向海洋》《穿越海上丝绸之路》等一批海洋题材大型纪录片播出，梳理了中华民族五千多年的海洋文明沧桑变迁，再现了中华民族海洋文化特质魅力。

"一十百千万"海洋科普工程成效显著。该工程旨在组建一个海洋科普专家库，打造一批海洋科学传播专家团队，邀请10位知名海洋专家学者进校园、进社区，举办10场全国海洋科普教育能力培训，建成100个海洋科普教育小屋，策划编创100种海洋科普图书音像出版物，选择100家地市级科技馆、文化馆等场馆充实海洋文化和海洋科普内容，让海洋科普走进全国1 000个文明社区，招募10 000名海洋科普教育志愿者，取得良好效果。

幼儿园、大中小学的普及性海洋教育得以落实。沿海地区的幼儿园积极开展趣味横生的海洋教育活动；许多地方的中小学开设了海洋教育地方课程与校本课程，并将海洋教育与学科教学结合起来实施；各高等院校通过不同形式对大学生们进行海洋通识教育，使他们在浓郁的海洋文化氛围中，增长了海洋知识、增强了海洋意识、培养了海洋素养。

合作研讨

　　小组合作，以亲身体会交流分享海洋教育的重要意义。

## 拓展・深化

1. 网上观看视频《龙永图与王凡的对话：中国海洋科技70年》，撰写观后感。
2. 查阅资料，就我国的深海探测技术制作课件，并与同学们交流展示。
3. 查阅资料，撰写"建设海洋强国须培育和增强全民海洋意识"小论文。

# 主题五

## 海洋文学艺术，描绘中华儿女的海洋情结

　　从先秦典籍《山海经》开始，我国先民就在敬畏中对海洋展开了大胆想象与原始探索。《楚辞》向天发问"东流不溢，孰知其故"；《逍遥游》海中鲲化为鹏，扶摇直上九万里；秦汉三国两晋南北朝海洋文学初成雏形，尽显魏晋风骨；隋唐宋大家向海抒情咏志，浪漫张扬；元明清时期杂剧戏曲小说体裁丰富，贴近百姓生活。在多彩的笔下，大海时而汹涌澎湃，势如万钧雷霆；时而温柔平静，诉说风轻月明；时而威严静穆，涌现浩然正气。海洋艺术也日益充实丰富，绘画雕刻再现海洋物象情貌，音乐舞蹈反映涉海劳动生活。

　　现代以来，海洋文学艺术以救亡图存与爱国情感为主旋律，以国为家，以海为师，经海洋传递反抗意志，用文字点燃青年力量，以画卷描摹万里海疆，讴歌海洋英雄人物。及至当代，人与海洋和谐共生，海权意识逐渐觉醒，海洋强国战略深入人心，涌现出了一批精彩纷呈的海洋文学与艺术作品。

　　踏波逐浪，畅游海洋文学与艺术之海，描绘海洋强国建设与中华民族伟大复兴的美好未来，亦是人生的幸福！

# 专题 1

## 古代文学作品中的海洋风景线

### （一）任务

1. 学习本专题中"先秦时期文学作品对海洋的探索与敬畏"，自主探究《山海经》被认为是中国海洋文学源头的原因。

2. 学习本专题中"汉魏六朝时期虚实结合的海洋文学雏形"，合作研讨海洋文学的性质以及海洋文学作品的特点。

3. 学习本专题中"唐宋时期抒情咏志的海洋文学盛景"，合作解读描绘海洋人物、海洋生物的诗词。

4. 学习本专题中"元明清时期日趋丰富的海洋文学形式"，解读赏析王慎中的《海上平寇记》。

5. 网上观看视频《海洋文化1：中国古代文学中的海洋主题》并撰写观后感，查询了解西方海洋文学发展状况，对比分析西方海洋文学与中国海洋文学并制作课件交流展示。

### （二）目标

1. 了解我国古代海洋文学的起源，能结合先秦文学作品中散见的海洋文学内容分析总结我国先民在文学中创作的海洋意象或依托海洋表达的思想，丰富人文海洋积淀。

2. 了解我国古代海洋文学的基本发展脉络，能说明各个时期海洋文学作品的主要类型及代表作家，提高文学修养水平。

3. 理解我国先民对海洋的复杂情感，能结合各时期的时代背景并以对各时期的典型海洋文学作品赏析的形式，说明他们对海洋的敬畏与幻想，增强海洋文化意识。

### 情境·问题

#### 电影《大鱼海棠》的成功

从两千多年前的先秦古籍《山海经》开始，认识和表达海洋就成为我国文学作品的重要主题。散见于古代文学作品中的海风海韵，展现了我国先民对于海洋的认识以及人与海洋关系的思考，推动了古代海洋文学的发展。研究古代海洋文学的发展历程，有利于我们了解海洋文化的兴起与繁荣，弘扬优秀的海洋文化，树立正确的海洋价值观。近年来，国家对传统文化的传承愈来愈重视，由古代文学作品改编成的影视节目得到广泛好评，根据一些古代海洋文学作品制作的动漫电影更是受到广大青少年观众的青睐。例如，《大鱼海棠》《山海经：再见怪兽》等为青少年影迷们津津乐道；《大鱼海棠》票房超过5亿元，并获得了动漫金龙奖、布达佩斯国际动画电影节最佳动画长片奖等奖项。

《大鱼海棠》取材于《庄子·逍遥游》《搜神记》《山海经》（图5-1-1）等中国古书章节，以海洋为起源和背景，融入中华传统文化，讲述了一个"属于中国人的奇幻故事"。故事发生的场景"神之围楼"取材于历史悠久的福建客家土楼；故事中人物的名字鲲、椿、湫、祝融等来自《庄子·逍遥游》《山海经》；影片中处处可见的牌匾多出自古籍，如"天行有常"出自《荀子·天论》的"天行有常，不为尧存，不为桀亡"；影片开篇即引用了《庄子·逍遥游》的"北冥有鱼，其名为鲲。鲲之大，不知其几千里也"。这部影片虽故事情节简单，却借

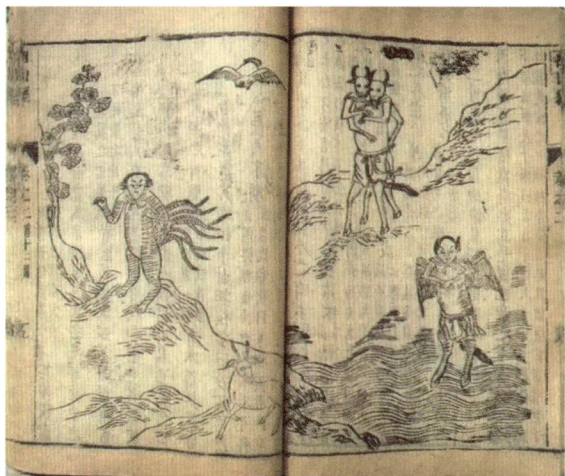

图5-1-1　《山海经》插图

助于古籍蕴含的传统文化，表现了对权威的挑战和为了集体牺牲小我、勇于承担责任的高尚精神。

---

**问题引导**

1.《山海经》等古代文学作品是如何展现我国先民对于海洋的认识以及人与海洋关系的思考的？

2. 除了《山海经》《庄子·逍遥游》之外，还有哪些反映海洋意象、蕴含海洋意识的古代文学作品？请举例说明。

3. 我国古代海洋文学经历了怎样的发展过程？

---

**探究·发现**

## 一、先秦时期文学作品对海洋的探索与敬畏

先秦时期是指秦朝建立之前的历史时代，始于巢燧羲农（有巢氏、燧人氏、伏羲氏、神农氏、轩辕氏等）远古文化时期，经历夏、商、西周以及春秋、战国，直至秦始皇统一全国。这期间航海技术不发达，先民主要通过想象来构建海外世界，出现了许多具有海洋视野和海洋审美观的文学作品。

### （一）《山海经》藏着海洋文化秘密

上古社会，面对无论是空间距离还是时间深度都无法丈量的大海，先民形成的往往是一些神秘的意象，并早在先秦时期就通过文学作品来描述对海中岛屿及居民的想象，其中《山海经》是独特的一部。

《山海经》是先秦典籍中包含历史、神话、宗教、天文、地理、民俗、民族、物产、医药等多种资料的小百科全书，也可以说是最古老的地理人文志，大约成书于战国至汉初，原题为夏禹、伯益作，实际上并非一时由一人所作。全书以山为经，以海为纬，所记事物大部分由南开始，然后向西，再向北，最后到达大陆（九州）中部，九州四围便是东海、西海、南海和北海。

《山海经》共18卷，清代著名学者毕沅在《山海经新校正》中将《山海经》分为《山经》与《海经》。所谓"《山海经》之名，未知所始。今按《五藏山经》，是名《山经》，汉人往往称之。《海外经》以下，当为《海经》，合名《山海经》，或是向、秀所题"。这种观念一直被后世学者所沿用。《山海经》中大量涉及海洋的文字内容，主要分布在《海外经》《大荒经》《海内经》中。

《山海经》记录了四海许多奇异之事,例如,海上神山——《山海经·海内经(海内北经)》记载"蓬莱山在海中""大人之市在海中";海上山川的生物——《山海经·大荒经(大荒东经)》记载"东海中有流波山,入海七千里。其上有兽,壮如牛,苍身而无角,一足,出入水则必风雨,其光如日月,其声如雷,其名曰夔。黄帝得之,以其皮为鼓,橛以雷兽之骨,声闻五百里,以威天下";海中人鱼(图5-1-2)——《山海经·海内经(海内北经)》中记载 "陵鱼,人面,手足,鱼身,在海中"。

《山海经》中有许多神话故事,《山海经·北山经(北次三经)》中的"精卫填海"(图5-1-3)是其中故事之一:"又北二百里,曰发鸠之山,其上多柘木,有鸟焉,其状如乌,文首、白喙、赤足,名曰精卫,其鸣自詨(xiào)。是炎帝之少女,名曰女娃。女娃游于东海,溺而不返,故为精卫,常衔西山之木石,以堙(yīn)于东海。漳水出焉,东流注于河。"

图5-1-2 人鱼——陵鱼(源自《山海经(图绘全像)》明·蒋应镐绘)

图5-1-3 精卫(源自《山海经图》明·胡文焕绘)

《山海经》原以图画为主、文字为辅,后图画丢失仅剩文字,较难读懂,尤其因成书年代久远,很多记载无法考证,连司马迁写《史记》时都说"至《禹本纪》《山海经》所有怪物,余不敢言之也",但它却能彰显先民勇于突破自我的宝贵品质和极具瑰丽色彩的大胆想象,自然成为中国海洋文学创作的精神之源。

**自主探究**

查阅资料,探究:《山海经》内容怪异神奇、结构简单零散,却被认为藏着海洋文化秘密,这是为什么?

**(二)《诗经》与《楚辞》中反映海洋意象的诗歌作品**

《诗经》与《楚辞》作为中国先秦诗歌的双璧,分别是中国现实主义文学和浪漫主义诗歌的源头,其中也出现了反映海洋意象的作品。

例如,《诗经》中《大雅·江汉》载有"于疆于理,至于南海",说明先民开始从内陆向南方边缘尽头广阔海域探索,海洋从遥远渺茫向亲近清晰过渡;《小雅·沔水》写有"沔彼流水,朝宗于海",描绘了"条条河流水弥漫，倾注大海去不休"的壮观景象，是当时先民对百川归海的基础认知。

再如，《楚辞·大招》写的"东有大海，溺水浟浟只。螭龙并流，上下悠悠只"，生动刻画了东方大海波涛汹涌、沉溺万物、螭龙翻滚的画面；《楚辞·天问》中的"东流不溢，孰知其故？"，则对百川归海、海却不满溢进行发问，是对大海奥秘的早期探索。由此可见，先民对海洋的认知已从简单的观察向深入思考发展，并正式进入了文学创作的范畴，多次出现的蓬莱、咸池以及海上仙山浮石、海鸟、鱼类等海洋事物也寄托了文人的情感。

虽然先秦时期未出现独立的海洋文学作品，但相关诗歌和神话传说等却是当时海洋意识与海洋观念的写照，体现了带有丰富想象的涉海审美风格。

### （三）孔孟老庄笔下的海

孔子（图5-1-4）的思想核心是"礼"与"仁"。孔子主张用道德和礼教来治理国家，但在推行"仁政"思想的过程中遇到诸多阻碍，所以他也曾有告别纷扰、远离尘世的想法，《论语·公冶长》中有"道不行，乘桴浮于海"的表述可以为证，但这也仅仅是孔子慰藉自己空怀治国理想却不得志的一剂止痛药罢了。孔子没有退缩避世，而是以知其不可为而为之的勇气，为理想毕生奋斗。

孟子（图5-1-5）在《孟子·尽心上》中写道："孔子登东山而小鲁，登泰山而小天下。故观于海者难为水，游于圣人之门者难为言。观水有术，必观其澜。日月有明，容光必照焉。流水之为物也，不盈科不行；君子之志于道也，不成章不达。"他以看过汪洋大海之人很难被江河湖泊所吸引来强调人应该志存高远，拥有大海"纳百川、容万物"的胸襟；以观赏水一定要看其波澜来强调志存高远的同时，也要踏实努力、把握规律、循序渐进、逐步通达。对于孟子而言，大海更像是他理性思考的精神源泉，海洋的波澜壮阔和潮汐规律教会他胸襟开阔、积极进取。

图5-1-4 山东曲阜尼山孔子塑像

图5-1-5 山东邹城孟子塑像

老子（图5-1-6）在《道德经》第六十六章中写道"江海所以能为百谷王者，以其善下之，故能为百谷王"，以江海因善于处下所以能够成为百川河流汇集之地的例子，来说明统治者应具有不争、甘为民下的品质。在老子眼中，海洋博大精深、包容万物。

庄子（图5-1-7）在《逍遥游》中塑造了海中鲲鹏的形象，展现了天地空间的无限广阔，鲲鹏扶摇直上九万里的形象被当作壮志凌云、积极向上的进取精神。他在《秋水》中写道"井蛙不可以语于海者，拘于虚也；夏虫不可以语于冰者，笃于时也"，以井蛙因所处空间的狭小限制难以相信大海的宽阔、夏虫因生存时间的短促难以理解冰的寒冷，来说明认知主体只有突破自身存在的局限才能提升境界。《秋水》中还有"天下之水，莫大于海；万川归之，不知何时止而不盈"等多个和"海"相关的表述。"海"在《庄子》中共出现50多次，是其重要的文学意象之一，体现了庄子突破传统世俗，身处顺境不骄傲自满，身处逆境不消极沉沦，以宁静达观的态度面对一切，舒展个性，享受自由的、独到的思想智慧与精神意趣。

图5-1-6　福建泉州老子塑像

图5-1-7　湖北武汉东湖磨山庄子塑像

### 二、秦汉三国两晋南北朝时期虚实结合的海洋文学雏形

秦汉时期经济显著增长，商业贸易得到前所未有的发展。秦始皇四次东巡来到海滨，西汉时期形成了我国历史上第一条远洋航线——海上丝绸之路，汉武帝七次巡海航行等都有力推动了当时海上交通的发展，也为虚实结合的海洋文学的发展提供了条件。三国两晋南北朝时期航海技术得到长足发展，尤其是南北朝时期，涉海文学有了突破性进步，形式多样的海洋文学作品逐渐跃入人们的视野，其中不乏流传至今的名作。这一时期的海洋文学作品继承了先秦文学作品的特点，但又充满创新，展现出向海洋进发、搏击的勇气，开始借助海洋抒发个人感情，并对海洋有了纯粹的审美意识。

**（一）涉海人物及涉海时间被记入历史文献，形成了初期海洋纪实文学**

秦汉三国两晋南北朝时期的文学作品反映了当时我国与海外诸国的文化交流。中国首部记录历史地理沿革的著作《汉书·地理志》记载了汉代的海上航线和海洋疆土情况。另据文献记载，公元二三世纪，汉字就传入日本。南朝宋顺帝升明二年（478），倭王武致南朝宋顺帝的表文，就是用华丽的中国骈体文写成的官方文件。此表文被收入南朝政治家、史学家沈约主编的《宋书》卷九十七《夷蛮传》中，是中国古代文学对日本文化产生影响的最早例证之一。

东晋法显的《佛国记》则是汉魏六朝时期彰显我国文化交流的重要文献。《佛国记》又名《法显传》《历游天竺记》等，成于晋安帝义熙十年（414），记述了法显399—413年间的旅行经历，详细记载了所历各国的山川地势、风土人情、物产气候、宗教信仰、佛教胜迹、政治经济、社会制度、语言文字、航海归来的海上经历，内容十分丰富，是一部典型的游记。

**（二）海洋志怪神话故事形成了较为完整的海洋神话传说体系**

佛教的传入带来异域的海洋故事，道教仙道活动也逐渐丰富，代表作有《神异经》《洞冥记》《十洲记》《博物志》等。

《神异经》模仿《山海经》，"然略于山川道里而详于异物"（鲁迅《中国小说史略》），其中记有"北海有大鸟，其高千尺……头向东正，海中央捕鱼……西海之外有鹄国焉，男女皆长七寸……东海沧浪洲生强木焉，洲人多用作舟楫……"

《洞冥记》则以汉武帝求仙和异域贡物为主要内容，书中所叙奇闻有助于了解西域及中亚、西亚一带国家的民俗与传说；所贡方物，珍稀奇异，功效神奇，极富想象力。海洋志怪神话故事，多写神仙方家之事，荒诞不经，反映了当时人们对海洋的敬畏和奇异幻想。

《十洲记》是古代志怪小说集，曰八方巨海之中，有祖洲、瀛洲、玄洲、炎洲等十洲，为人迹稀绝之处，上有不死之草、不死之药、不死之仙人之类；其中，"瀛洲在东海中，地方四千里……上生神芝仙草。又有玉石，高且千丈。出泉如酒，味甘，名之为玉醴泉。饮之，数升辄醉，令人长生"。

《博物志》是继《山海经》后我国又一部包罗万象的奇书，分类记载了山川地理、飞禽走兽、人物传记、神话古史、神仙方术等，也保存了我国古代不少神话资料。例如，书中记述了八月有人乘浮槎至天河见牛郎的故事，是有关牛郎织女神话故事的最古文字起源，填补了我国博物类书籍的空白。

### （三）以海洋为主题的诗赋大量涌现

东汉班彪的《览海赋》、东汉王粲的《游海赋》、魏曹操的《观沧海》、魏曹植的《远游篇》、魏曹丕的《沧海赋》、晋郭璞的《游仙诗》、北齐祖珽的《望海》等都是以海洋为主题的诗赋。

《观沧海》云："东临碣石，以观沧海。水何澹澹，山岛竦峙。树木丛生，百草丰茂。秋风萧瑟，洪波涌起。日月之行，若出其中；星汉灿烂，若出其里。幸甚至哉，歌以咏志。"作者曹操将浩瀚深邃的大海、树木丛生的海岛、秋风乍起带来的巨浪及日月星辰在大海中穿梭运行的奇幻景象描写得栩栩如生，让人宛如身临其境，并从中读出曹操意气风发、一统河山的雄心壮志。图5-1-8为秦皇岛鸽子窝公园《观沧海》石刻。

图5-1-8　秦皇岛鸽子窝公园（又称鹰角石公园）《观沧海》石刻

《游仙诗》云："杂县寓鲁门，风暖将为灾。吞舟涌海底，高浪驾蓬莱。神仙排云出，但见金银台。陵阳挹丹溜，容成挥玉杯。姮娥扬妙音，洪崖颔其颐。升降随长烟，飘飘戏九垓。奇龄迈五龙，千岁方婴孩。燕昭无灵气，汉武非仙才。"本诗的显著特点是富于象征意义。诗人描述了一个逍遥的神仙境界：群仙或举杯畅饮，或轻歌曼舞，或随风飘摇，或年逾千岁却貌若孩童。这是一片没有忧愁的乐土，是诗人理想的象征，笔法夸张，对比鲜明，形成奇特的艺术效果。

北齐祖珽《望海》云："登高临巨壑，不知千万里。云岛相接连，风潮无极已。时看远鸿度，乍见惊鸥起。无待送将归，自然伤客子。"这首诗主要描写游子登高望海思归之情。诗中写海之巨大不知千万里，天上的云与海中的岛相连接，海风推动海浪，海潮滚滚而来，只见远处鸿雁飞翔，突然近处海鸥惊起，以海中景物的变化表达游子思归的思潮澎湃。

秦汉三国两晋南北朝时期的海洋文学反映这一时期人们对海洋的认识，对海洋的神往，对海洋的赞美，对海洋的描写，均表现在以海洋为题材的文学体裁上。大一统的西汉王朝时期，全国各地及域外物产极大丰富，诗歌作者也多展现昂扬向上、积极进取的精神和对人生价值及个体自由的追求。而汉末以后，持续的社会动乱给人民造成了很大的灾难，不满社会现实、同情人民悲苦的情感也在当时的诗歌中有所体现。

秦汉三国两晋南北朝时期的海洋文学的表现形式和写作内容相较于先秦时期有了极大的丰富，个体生命情感强烈，崇尚海洋的英雄气概突出，描绘海洋景色的语言华丽恢宏。浪漫精神、自由追求与写实意识相互交融，细致呈现了壮阔的海洋景色、丰富的海洋活动，并借由幻想抒发情感、展现气势、感叹人生、托志明理。这一时期海洋文学有的对海洋之美进行细腻描绘，有的依托海洋写景寓情，有的对海上奇景展开想象，真假参半，虚实相间，或形象逼真扑面而来，或光怪陆离天马行空，写尽了海洋景色及海上仙人鬼怪的千姿百态，让人读来应接不暇、情绪随之跌宕起伏，大大充实了海洋文化内涵，为隋唐宋时期海洋文学的发展起到了良好的奠基作用。

---

**合作研讨**

海洋文学是海洋文化的重要构成要素，中国海洋文学是中华民族精神的生动反映。认识、研究海洋文学的内涵和外延，厘清源远流长的中国海洋文学发展脉络，是了解中华民族精神塑型的科学方法，是认识建设海洋强国在建设社会主义现代化强国、实现中华民族伟大复兴中重要作用的有力途径。

小组合作，查阅资料，结合前面的学习交流研讨：海洋文学指的是什么样的文学？海洋文学作品具有哪些特点？

---

### 三、隋唐宋时期抒情咏志的海洋文学盛景

隋朝历史较短，并无能够体现当时思想和文化的海洋文学作品流传下来。唐朝是中国封建社会的鼎盛时期，海上丝绸之路非常兴旺。这个时期有众多歌颂海洋的名篇佳作流传至今。宋代的商业发展达到新的高峰，沿海地区的经济发展和海上贸易活动进一步发展，海洋文学作品也有了平民化趋向，诸多宋词描绘渔家生活，流露出浓厚的生活气息。

群星灿烂的唐宋时期，出现了诗赋、曲词等丰富多样的海洋文学体裁，一批文学大家积极参与海洋文学创作，如唐代的李白、王维、孟浩然、白居易，宋代的苏轼、柳永、陆游、李清照。

诗仙李白，或直接描绘海洋壮观景象，或援引典故抒情言志，语言张扬，内容丰富。《行路难（其一）》的传世名句"行路难！行路难！多歧路，今安在？长风破浪会有时，直挂云帆济沧海"，抒写了李白在政治之路上遭遇艰难险阻之后情绪激愤，但又未因此而放弃远大的政治理想，仍盼着有一天能施展抱负的复杂情感，表现了李白对人生前途乐观豪迈的气概，充满了积极浪漫主义的情调。

白居易的诗歌以通俗写实著称。《海漫漫·戒求仙也》云："海漫漫，直下无底旁无边。云涛烟浪最深处，人传中有三神山。山上多生不死药，服之羽化为天仙。秦皇汉武信此语，方士年年采药去。蓬莱今古但闻名，烟水茫茫无觅处。海漫漫，风浩浩，眼穿不见蓬莱岛。不见蓬莱不敢归，童

男觋女舟中老。徐福文成多诳诞，上元太一虚祈祷。君看骊山顶上茂陵头，毕竟悲风吹蔓草。何况玄元圣祖五千言，不言药，不言仙，不言白日升青天。"这首诗以简洁的语言来批判嘲讽秦皇汉武迷信长生不老药的道士方术，派遣徐福等方士寻找海上仙山求取仙药的荒诞做法。《杂曲歌辞·浪淘沙》云："一泊沙来一泊去，一重浪灭一重生。相搅相淘无歇日，会交山海一时平。白浪茫茫与海连，平沙浩浩四无边。暮去朝来淘不住，遂令东海变桑田。青草湖中万里程，黄梅雨里一人行。愁见滩头夜泊处，风翻暗浪打船声。借问江湖与海水，何似君情与妾心。相恨不如潮有信，相思始觉海非深。海底飞尘终有日，山头化石岂无时。谁道小郎抛小妇，船头一去没回期。随波逐浪到天涯，迁客生还有几家。却到帝乡重富贵，请君莫忘浪淘沙。"该词描绘了大浪淘沙时的情景：茫茫大海，波浪汹涌，浪花翻滚，海水和泥沙相互冲击，相互翻卷，从不停息，随着时间流逝，潮涨潮落，沧海桑田。诗人于大海边感叹这循环往复的规律和巨大力量，同时也暗含有世事无常、变幻莫测之感。图5-1-9为位于洛阳市郊区安乐乡狮子桥村东的白居易故居纪念馆中的白居易雕像。

图5-1-9 白居易故居纪念馆中的白居易雕像

苏轼七年间被一贬再贬后，在宋哲宗元符三年（1100），终遇赦北还时所作的《六月二十日夜渡海》云："参横斗转欲三更，苦雨终风也解晴。云散月明谁点缀？天容海色本澄清。空余鲁叟乘桴意，粗识轩辕奏乐声。九死南荒吾不恨，兹游奇绝冠平生。"这首诗中，既有对其夜半渡海北归时景色的描绘，也有对其遭迫害、被流放几乎九死南荒的经历的诉说，还有其终得北还时的欣喜之情，是对那时那景那情的真实写照。

李清照的《渔家傲·天接云涛连晓雾》云："天接云涛连晓雾，星河欲转千帆舞。仿佛梦魂归帝所。闻天语，殷勤问我归何处。我报路长嗟日暮，学诗谩有惊人句。九万里风鹏正举。风休住，蓬舟吹取三山去。"诗人一改其浪漫婉约的风格，描绘了一幅海天一色、斗转星移、千帆起舞、万里鹏飞的壮丽奇幻之景，意境开阔，气势磅礴。这既是梦境，也是她在历经颠沛流离后对自由自在安定生活的向往。

另外，宋代徐兢的《宣和奉使高丽图经》（图5-1-10）中有许多卷具体记述了航海工具和航海经历；杨万里的《过金沙洋望小海》的"须臾满眼贾胡船"，反映了宋代中外海洋商贸的兴盛。

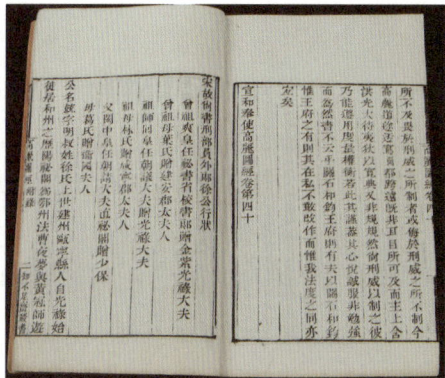
图5-1-10 《宣和奉使高丽图经》书影

**合作研讨**

小组合作，解读以下描绘海洋人物、海洋生物的诗词，交流体会诗人的海洋情结。

### 岛夷行
#### 唐·施肩吾

腥臊海边多鬼市，岛夷居处无乡里。
黑皮年少学采珠，手把生犀照咸水。

### 海人谣
#### 唐·王建

海人无家海里住，采珠役象为岁赋。
恶波横天山塞路，未央宫中常满库。

### 初南食贻元十八协律
#### 唐·韩愈

鲎实如惠文，骨眼相负行。
蚝相黏为山，百十各自生。
蒲鱼尾如蛇，口眼不相营。
蛤即是虾蟆，同实浪异名。
章举马甲柱，斗以怪自呈。
其余数十种，莫不可叹惊。
我来御魑魅，自宜味南烹。
调以咸与酸，芼以椒与橙。
腥臊始发越，咀吞面汗骍。
惟蛇旧所识，实惮口眼狞。
开笼听其去，郁屈尚不平。
卖尔非我罪，不屠岂非情。
不祈灵珠报，幸无嫌怨并。
聊歌以记之，又以告同行。

### 煮海歌
#### 宋·柳永

煮海之民何所营，妇无蚕织夫无耕。
衣食之源太寥落，牢盆煮就汝轮征。
年年春夏潮盈浦，潮退刮泥成岛屿。
风干日曝咸味加，始灌潮波增成卤。
卤浓碱淡未得闲，采樵深入无穷山。
豹踪虎迹不敢避，朝阳山去夕阳还。
船载肩擎未遑歇，投入巨灶炎炎热。
晨烧暮烁堆积高，才得波涛变成雪。
自从潴卤至飞霜，无非假贷充糇粮。
秤入官中得微直，一缗往往十缗偿。
周而复始无休息，官租未了私租逼。
驱妻逐子课工程，虽作人形俱菜色。
煮海之民何苦门，安得母富子不贫。
本朝一物不失所，愿广皇仁到海滨。
甲兵净洗征轮辍，君有馀财罢盐铁。
太平相业尔惟盐，化作夏商周时节。

唐宋时期海洋文学体裁丰富、题材多样、思想深刻、艺术多元，海洋诗词艺术臻于完美，取得了很高的艺术成就，既有铺陈的壮阔海景又有细描的碧涛细浪，既有惊涛拍岸、明月静海又有渔家风光、渔民生活，以海写思愁离苦，以海显壮志豪情，塑造了不同类型创作者的精神气质，体现出敢于超越和开拓的海洋精神，以其独特的思想内涵和艺术风格在中国文学史上占有重要地位，呈现出中国海洋文化的繁荣。

### 四、元明清时期日趋丰富的海洋文学形式

元明清时期，随着郑和下西洋壮举的实现，工商业进一步发展，城市也愈加繁荣，海外贸易兴

盛，社会分工进一步细化，海港城市崛起，凭海而生各种职业，带来文学创作样式和内容的极大丰富。海洋文学进一步民间化、现实化，突出个性与理想，展现了鲜明的时代特征。这一时期海洋文学得到长足发展，尤其是海洋戏曲和小说，内容和形式通俗易懂，贴近人们日常生活，融入人们真情实感，受到人们的普遍欢迎。

### （一）海洋文学创作人群及作品数量激增

元明清时期作家和海洋文学作品数量远超以前，显示了海洋文学的兴盛。海洋文学作家上至皇帝下至百姓，创作活动十分活跃。

朱元璋的《沧浪翁泛海》"海天漠漠际无穷，巨舰樯高挟两龙。帆饱已知风力劲，舵宽方觉水情雄。鳌鱼背上翻飞浪，蛟蜃鬐头触见虹。何日定将归泊处，也应系缆水晶宫"，生动地描写了乘船泛海的经历。

康熙皇帝第三次东巡归途中，经山海关登澄海楼所作的写景托物言志的诗《登澄海楼观海》："危楼千尺压洪荒，骋目云霞入渺茫。吞吐百川归领袖，往来万国奉梯航。波涛滚滚乾坤大，星宿煌煌日月光。阆苑蓬壶何处是，岂贪汉武觅神方"，描绘的是从山海关城楼向远处延伸到海平面，一幅城楼险峻、高高矗立，苍茫大海、云霞缭绕，吞吐百川、万国来朝，波涛滚滚、群星璀璨的壮丽画卷；再将思维延伸到乾坤的广度，流露出君临天下、踌躇满志的心情与气魄。雍正皇帝的《望海楼二首（其二）》："朱栏画栋最高楼，海色天容万象收。海底鱼龙应变化，天中云雨每蒸浮。无波不具全潮势，此日真成广汉游。仙客钓鳌非我意，凭轩惟是羡安流"，大意是说在山海关雕梁画栋的那座最高的楼上，他倚着朱栏，看到海天一色、气象万千，海底龙腾鱼跃，天空中云雾蒸腾，海面波涛汹涌，海潮磅礴。这一日，真成了自在的遨游，但过着像仙人钓鳌的世外生活，非其本意；临窗垂目，他也只是倾慕天下太平、风调雨顺、百姓安宁的生活。

当时，地方官员和文人骚客的海洋文学作品更是不可胜数。

### （二）表现涉海生活的文学体裁更为丰富

元明清时期的文学体裁包括志怪小说、杂剧、曲、小品文等，十分丰富；其中，海洋志怪小说多反映中外文化交流。

例如，吴承恩的《西游记》将海洋作为人物活动背景：唐僧师徒四人取经路上，东海龙王随叫随到、时时相助，白龙马则任劳任怨、忠心护主。

又如，罗懋登的《三宝太监西洋记通俗演义》则将明朝永乐年间郑和七次奉使"西洋"的史实描绘成神魔小说，希望借此激励明代君臣勇于抗击倭寇，重振国威。

再如，蒲松龄的《聊斋志异》中则有许多出海经商的商人遇难来到异国荒岛，几经辗转侥幸生还的故事，如《海公子》《罗刹海市》。《罗刹海市》描写了海外虚无缥缈的罗刹国和海市国。罗刹国以丑为美，不重文章重相貌，越丑越得重用，是作者对当时社会现实的揭露与讽刺；而海市国则政治清明，人美物丰，是一生郁郁不得志的作者人生理想的寄托。

清代戏曲家李渔则将唐朝《柳毅传》加以改编，融入张生煮海的故事情节，综合而成《蜃中楼》，讲述柳毅、张生与两位龙女舜华、琼莲历经千辛万苦终得团圆的故事。人神之恋让才子佳人的故事具备了实实在在的生活气息，为人们津津乐道。

### （三）海洋文学作品反映涉海生活

元明清时期反映海洋生产生活的文学作品逐渐增多。明代彭孙贻《竹枝词十三首（其三）》中的"葫芦山月长珠胎，海市未开渔市开。残星满天细犬吠，黄鱼船上贩鲜回"，描绘了海边清晨渔市的景象；清代郑板桥的《渔家》，描写了渔民生活的辛劳和不易，"卖得鲜鱼二百钱，籴粮炊饭放归船。拔来湿苇烧难着，晒在垂杨古岸边"。以上诗词例子均以渔家生活为背景，展现了当时社会沿海人民的生活状况，具有浓郁的现实气息。

元代出现了《鲸背吟集》（图5-1-11）——对元代海运进行全景式艺术再现的专题诗集，将海运途中"所历海洋山岛，与夫风物所闻，舟航所见，各成诗一首"。全部33首皆"航海之作"，是中国文学史上第一部航海诗集、第一部海洋诗歌专集，也是《四库全书》中唯一具有海洋诗歌专集性质的作品，在中国海洋文学发展史上具有里程碑式的意义。

图5-1-11 《鲸背吟集》（节选）

除了为百姓津津乐道的志怪小说和洋溢着浪漫奔放的海洋情怀的诗歌，元代还有著名杂剧《沙门岛张生煮海》，讲述了古代秀才张羽与东海龙王三女儿之间的爱情故事，用人神之恋表现了那个时代人们希望突破礼教，与封建思想做抗争的坚定意志。"张生煮海逼婚"反映了古代劳动人民征服大自然的幻想，表现了青年男女勇于反对封建势力、争取美满爱情的斗争精神。作者李好古用词华丽精巧，其中对海景的描写出神入化，让人宛如身临其境。

【梁州第七】你看那缥缈间十洲三岛，微茫处阆苑蓬莱，望黄河一股儿浑流派。高冲九曜，远映三台，上连银汉，下接黄埃。势汪洋无岸无涯，出许多异宝奇哉。看、看、看，波涛涌，光隐隐无价珠玑；是、是、是，草木长，香喷喷长生药材；有、有、有，蛟龙偃，郁沉沉精怪灵胎。常则是云昏气霭，碧油油隔断红尘界，恍疑在九天外。平吞了八九区云梦泽，问甚么翠岛苍崖。

### （四）涌现出一批反映抗击外来侵略、讴歌民族浩然正气的海洋文学作品

与此前历代统治者重视发展海洋贸易不同，明代实行"海禁政策"，本意是抑制商贾，以农立国，同时彻底剿灭海上的反明势力，结果却激发了走私活动和倭寇海患。抗倭平倭、巩固海防成为明代海洋社会生活中的一个重要部分。这种时代背景提供了一种新的海洋文学主题：反映抗倭活动事迹、讴歌民族浩然正气。作品如明代抗倭名将、诗人俞大猷的七言律诗《舟师》，明代著名文学家李攀龙的《大阅兵海上四首》，明代诗人与散文家王慎中的海洋散文《海上平寇记》，等等。

俞大猷的《舟师》中的"倚剑东冥势独雄，扶桑今在指挥中。岛头云雾须臾尽，天外旌旗上下翀。队火光摇河汉影，歌声气压虬龙宫。夕阳景里归篷近，背水阵奇战士功。"描绘了一幅动人心魄的海上作战、扫除倭寇的战斗场面，反映了作者杀敌报国的情感，塑造了抗倭战士的英雄形象（图5-1-12）。俞大猷还写过一首关于抗倭海战的诗《与尹推府》："匣内青锋磨砺久，连舟航海斩妖魑。笑看风浪迷天地，静拨盘针定夏夷。渊隐虬龙惊阵跃，汉飞牛斗避锋移。捷书驰报承明主，沧海而今波不澌。"这首诗在构思和措辞章法上与《舟师》相近。

图5-1-12 《舟师》中描写的场景

**自主探究**

解读王慎中的《海上平寇记》，体会作者的爱国主义精神。

## 海上平寇记

守备汀漳俞君志辅，被服进趋，退然儒生也。瞻视在捍蔽之间，言若不能出口，温慈欵悫，望之知其有仁义之容。然而桴鼓鸣于侧，矢石交乎前，疾雷飘风，迅急而倏忽，大之有胜败之数，而小之有生死之形，士皆掉魂摇魄，前却而沮丧；君顾意喜色壮，张扬矜奋，重英之矛，七注之甲，鸷鸟举而猊虎怒，杀人如麻，目睫曾不为之一瞬，是何其猛厉孔武也？

是时漳州海寇张甚，有司以为忧，督府檄君捕之。君提兵不数百，航海索贼，旬日遇焉。与战海上，败之；获六十艘，俘百八十余人，其自投于水者称是。贼行海上，数十年无此衄矣。由有此海所，为开寨置帅，以弹制非常者，费巨而员多；然提兵逐贼，成数十年未有之捷，乃独在君；而君又非有责于海者也。亦可谓难矣！

今观昔之善为将，而能多取胜者，皆用素治之兵，训练齐而约束明，非徒其志意信而已；其耳目亦且习于旗旄之色，而挥之使进退则不乱，熟于钟鼓之节，而奏之使作止则不惑，又当有以丰给而厚享之，椎牛击豕，酾酒成池，餍其口腹之所取；欲遂气闲，而思自决于一斗以为效，如马饱于枥，嘶鸣腾踏而欲奋，然后可用。君所提数百之兵，率召募新集，形貌不相识；宁独训练不夙，约束不预而已，其于服属之分，犹未明也。君又穷空，家无余财，所为市牛酒，买粱粟，以恣士之所嗜，不能具也。徒以一身率先士卒，共食糗糒，触犯炎风，冲冒巨浪，日或不再食，以与贼格，而竟以取胜。君诚何术，而得人之易，致效之速如此？予知之矣！用未早教之兵，而能尽其力者，以义气作之而已；用未厚养之兵，而能鼓其勇者，以诚心结之而已。

图5-1-13 俞大猷画像

予方欲以是问君，而玄钟所千户某等来乞文勒君之伐，辄书此以与之。君其毋以余为儒者，而好撝言兵意云。君之功在濒海数郡；而玄钟所独欲书之者，君所获贼在玄钟境内，其调发舟兵诸费，多出其境，而君靖廉不扰，以故其人尤德之尔。

君名大猷，志辅其字，以武举推用为今官。

---

**拓展·深化**

1. 网上观看视频《海洋文化1：中国古代文学中的海洋主题》，写一篇观后感。

2. 从古至今，海洋文学的发展与特定的社会历史背景密不可分。查阅资料，了解西方海洋文学发展简史及特点，与中国海洋文学进行对比并分析原因，制作课件并与同学们交流展示。

## 现当代文学作品中的海洋故事

### ▌任务·目标

（一）任务

1. 学习本专题中"现代海洋文学：家国情怀与人文温情并存"，分析总结20世纪三四十年代移居青岛的作家们创作的文学作品的丰富内涵，合作研讨郭沫若的《女神》、冰心的《繁星春水》等现代著名诗歌的特点，以及现代作家是怎样在海洋文学作品中用不同的方式传递相似的爱国情感的。

2. 学习本专题中"当代海洋文学：从海上斗争向与海共生过渡"，查询赏析海洋强国战略下我国涌现出的海洋文学作品，尤其是标志着海权意识觉醒的海洋文学作品。

3. 学习本专题中"海洋科普创作的功能与发展趋势"，分析总结著名科学家推出的海洋科普力作的主要内容和特点。

4. 网上观看视频《海洋文化2：从海洋中发现世界》并撰写观后感，撰文论述"海洋文学的重要价值"。

（二）目标

1. 了解我国现代海洋文学的特点，能结合时代特征分析现代海洋文学作品所抒发的思想情感，增强家国情怀与人文意识。

2. 了解我国当代海洋文学的基本发展脉络，能介绍不同时期海洋文学作品的类型及代表作家，丰富人文海洋积淀和海洋文学修养。

3. 认识海洋科普创作的功能，能科学地分析与评价海洋科普作品，加深对海洋科学与海洋文学之间关系的理解，提高海洋科普表达与展示能力。

### ▌情境·问题

#### 《海的故事》——中国诗人的海洋诗画

海南省是海洋大省，书写海洋题材的诗作是海南诗人无法绕开的重要主题。生活在海南的媒体人兼诗人彭桐历时三年编选了一部中国诗人的《海的故事》，并由南方出版社出版。

《海的故事》主编彭桐介绍了选编这部诗集的经历。他说："将各地诗人盛开在大海上的心灵之花集中而美好展示是一个尝试，也算是抛砖引玉，期望有更具能力和水平、有情怀与大爱的诗人，能在更多方面支持下出炉更多海洋诗集，让人们一直能清晰地听到诗人们的吟唱和大海的歌唱，社会各方更好地诗意地传递海洋文学发展的接力棒！"

《海的故事》（图5-2-1）全书共310页，收入了舒婷、李少君、黄亚洲、潇潇、韩庆成等海南岛外40位诗人的诗作62首，孔见、江非、雁西、艾子、远岸、乐冰等海南岛内45位诗人的诗作76首，以及145幅海洋风光高清图。诗集中诗与画的完美融合营造了一种虚实相生的审美空间，读者既能通过诗歌获得想象的、审美的海洋形象，又能通过精美的、取材于海南本土的摄影作品来直观地感受大海的形象。

图5-2-1　《海的故事》展品

"大海是生命的摇篮，每个人心中都有一个海的故事。"在诗人看来，人生就是大海；充满激情的人生，犹如大海汹涌澎湃，同样需要在风雨中飞扬，在艰难中前行。徐敬亚在《既然》中写道"既然/与彼岸尚远/隔一海苍天/那么，便把一生交给海吧/交给前方没有标出的航线"，表达了为抵达彼岸而默默航行的志向；舒婷通过她的《双桅船》驶向她"心爱的岸"，"不怕天涯海角/岂在朝朝夕夕/你在我的航程上/我在你的视线里"；李少君离开了生活工作了20多年的海南，但始终眷恋着那片海，"我是有大海的人/我的激情，是一阵自由的海上雄风/浩浩荡荡掠过这一个世界"（《我是有大海的人》）。

**致大海**

雁西

（选自《海的故事》）

今夜　我和你在一起

睡在离你最近的地方

你的呼吸和语言

通过青蓝的图式传递

我长长地凝视你

你和天地连在一起

千年的等待和流动

像是为了时间的永恒

我看清了你的模样

你是最美的女神

海面像一面镜子

阳光洒在上面　　　　　　　　　你会忘记自己的名字

金光灿灿 分不清彼此　　　　　　也会忘记天在你的头顶

光明　虚幻变得真实　　　　　　有时想　温情的你

藏在夜色深处　　　　　　　　　一定是泪水的会合

隐去了你美丽的面容　　　　　　忧伤的　咸咸的

　　　　　　　　　　　　　　　沉浸之后的宽容

涨潮的时候

冲动　激情　奔腾　　　　　　　所有的苦难和不幸

你像是舞蹈的女王　　　　　　　在你的眼里算不了什么

在爱的呼唤中奔泻

一次次地席卷　　　　　　　　　世间的万物

一首首抒情诗的吟唱　　　　　　都在你的心中起起伏伏

《海的故事》用诗和画表达着诗人们拥有的共同指向、意象或喻体，叙说着诗人充满个性而又相似的情感倾向、思想坐标和心理流程，通过或激越或平静或奔放或内敛的诗画向人们展现一幅幅诗人心中鲜活的海洋景象。图5-2-2为《海的故事》插图。

图5-2-2　《海的故事》插图

## 问题引导

1. 作为一本诗歌与摄影作品融合的优秀图书，《海的故事》的出版具有什么意义？

2. 除了诗歌外，我国还有哪些著名的现当代海洋文学作品？

3. 我国现当代海洋文学作品中蕴含了怎样的海洋权益、海洋安全等海洋意识？

4. 我国现当代海洋文学经历了怎样的发展过程？

## 探究·发现

### 一、现代海洋文学：家国情怀与人文温情并存

近代以来，帝国主义的侵略如洪水猛兽扑面而来，威胁中国的生死存亡。受社会变革和社会思潮影响，五四运动后，中国整体弥漫着浓重的现实焦虑。海滨城市多处于边境且多为通商口岸，面临的冲击胜于内陆，中华民族和国人自我意识的觉醒引发了更多关于生存的思考。于是，海洋文学进入了一个新的时期，既继承了古代海洋文学的优秀传统和浪漫风格，也开始与民族国家命运紧密相连，更

加关注人与海的关联：或直抒胸臆，表达当时对贫穷落后的中国的忧虑以及对成为海洋强国的期盼；或以海为题，展现唯美与温情，给予读者温暖的人文关怀。

**（一）难以掩抑的家国之情**

爱国与救亡图存情感始终是主旋律。从鸦片战争到甲午中日战争，海战的屡屡溃败刺痛了国人的神经，落后挨打的屈辱与悲愤深深烙印在了国人心中。1900年八国联军发动侵华战争，1914年日本取代德国占领青岛，1931年日本帝国主义对华侵略扩张，发动"九一八事变"，1937年7月7日，中国抗日战争全面爆发。中国的近现代史就是一次又一次的沦陷和中国人民持续反抗的斗争史，沉郁的爱国之情被作家融入海洋文学创作中，海洋意象也就变得凝重而悲亢。

巴金（图5-2-3）以"写悲剧的大师"著称，其悲剧审美追求和悲剧意识均来源于社会真实的悲剧——民族危亡步步紧逼，人民苦难历历在目。他创作的《海的梦》，通过对海岛抗暴故事的叙述构造了一个民族的大悲剧，用童话般的形式描述了海岛上的奴隶，响应英雄杨的号召，浴血奋战抵抗入侵者，为国家独立和解放而壮烈牺牲，其精神却留存下来鼓舞每一个活着的奴隶前仆后继奋斗的故事。在这部小说中，大海的意象是奴隶们顽强抗争的精神图腾、抗击入侵敌人的理想动力，也

图5-2-3　巴金

是故事悲壮氛围的环境布景。小说中，杨在临牺牲时嘱托里娜将他的尸体抛到海里，即使生命逝去也借由大海的力量努力将屈辱洗刷干净，为建立自由开放的国家献出最后一滴血。里娜虽然明白抗争路上困难重重，但也坚信大海的风暴和巨浪能将专治和暴力推翻。小说中的海洋带有强烈的浪漫主义色彩和鲜明的人格化特征，化身为与悲壮的英雄们共同参与战斗的勇士，携手去摧毁暴力的牢笼，突破黑暗的时代。

郭沫若被称作第一个在中国诗歌中注入了真正的海洋精神的人。他的诗歌常以大海为背景或以大海作譬喻，甚至直接将海洋当作对话的对象。例如，《浴海》的第一节写"我"在无限的太平洋所营造的圆形舞场中"血同海浪潮""心同日火烧"，但到末尾就要在"这烈日光中放声叫"；第二节更是高声疾呼："快把那陈腐了的旧皮囊/全盘洗掉！/新社会的改造/全赖吾曹！"在《立在地球边上放号》中借助自然的雄伟壮丽、海洋的潮汐涌动、巨浪翻腾来发出具有强大生命力的嘶吼，传递自己坚定昂扬的意志信念，表达自己宏大的家国理想和奋力拼搏的情感精神："无数的白云正在空中怒涌，啊啊！好幅壮丽的北冰洋的情景哟！无限的太平洋提起他全身的力量来要把地球推倒。啊啊！我眼前来了的滚滚的洪涛哟！啊啊！不断的毁坏，不断的创造，不断的努力哟！"作者借助北冰洋的壮丽和太平洋的力量来抒发自己内心强烈的情感，表达推翻旧时代、呼唤新时代到来的勇气。滚滚海洋中蕴含着的无尽力量成了五四精神贴切的象征，接续了西方浪漫主义以来拜伦、普希金等作家笔下激情澎湃、叛逆豪情的海洋，彰显了作者感时忧国的现实精神。

王统照作为中国新文学的奠基人和青岛第一份现代文学期刊《青潮》的创始人，是现代文学30年时间里在青岛留下身影和重要作品的青岛"文学教父"（图5-2-4）。他的名篇《青岛素描》描写了青岛的历史沿革和兴起过程："青岛在荒凉的渔村时代，什么也没有"直到"完全变象了"。在他的眼里，青岛是一个混合着"德国人的沉重、日本人的小巧和中国固有的朴厚"的城市。在《青岛素描》中，他将青岛的浅水、明沙写得舒适诱人，而青岛机器繁忙、孩子瘦弱又隐藏着被列国占领的病态；

所见纷杂，所叙平淡，却透露出作者对祖国落后挨打深深的忧患之情。图5-2-4为青岛文学馆里王统照照片及其作品介绍。

老舍《五月的青岛》一文，以热烈的语言，描绘盛开的野花、绿得可爱的大海、欣喜的人们，尤其是写到青岛的海，那份绿"看一眼路旁的绿叶，再看一眼海，真的，这才明白了什么叫做'春深似海'。绿，鲜绿，浅绿，深绿，黄绿，灰绿，各种的绿色，连接着，交错着，变化着，波动着，一直绿到天边，绿到山脚，绿到渔帆的外边去。……可不是，春深似海"，但文末却笔锋一转，"预备呀，忙碌呀，都红着眼等着那避暑的外国战舰与各处的阔人。

图5-2-4　青岛文学馆里王统照照片及其作品介绍

……到那时候，青岛几乎不属于青岛的人了，谁的钱多谁更威风，汽车的眼是不会看山水的"。寥寥数语，却透出一股青岛不属于青岛人的嘲讽和伤怀。而这种感情在老舍《青岛与山大》一文中同样得到了表现。老舍对日本等帝国主义在青岛的侵略行径极为痛恨。他在文中写道："至于沿海上停着的各国军舰，我们看见的最多，此地的经济权在何之手，我们知道得最清楚……我们眼前的青山碧海时时对我们说：国破山河在！于此，青岛和山大就有了很大的意义。"

**自主探究**

查阅资料，探究：五四运动至20世纪三四十年代在山东青岛聚集了一批主力作家，如王统照、老舍、臧克家、闻一多等，这些寓居青岛的作家创作的作品有什么相似的特点？

### （二）温柔殷切的人文情怀

与郭沫若和巴金作品中喷薄而出的时代气象不同，冰心的作品更多的是对人的关怀与解放。冰心是首个以"海"为题、以"海"为师的现代作家。她诗文里的海景生动多姿，蕴含深厚的感情基础。在她的诗歌中，"爱"是永恒的人生主题，她以孩童般纯洁的心，讴歌大海，振作社会青年的精神，点燃他们生活的热情。她将深沉诚挚的感情充盈于静谧悠远的自然中。例如，她在《春水》中深情地写道："造物者/倘若在永久的生命中/只容有一极乐的应许/我要至诚地求着/我在母亲的怀里/母亲在小舟里/小舟在月明的大海里。"她在《繁星》中也劝慰似地写道："坐久了/推窗看海罢/将无边感慨/都付与天际微波。"这体现出了儿童之真、母亲之爱和大海之美。

冰心笔下的海洋意象浸染着她温婉的个性。在她的笔下，海洋不是暴虐地摧毁船只的恐惧力量，而是与人和睦相处、互相关爱的温暖力量。如同梁实秋所说，"她（冰心）所憧憬的不是骇浪滔天的海水，不是浪迹天涯的海员生涯，而是在海滨沙滩上拾贝壳，在静静的海上看冰轮作涌"。冰心文学作品中的大海情结和她四岁就跟随父亲迁居山东烟台，在辽阔静谧的大海边度过的童年密不可分。她在海边的成长与思考成就了她开阔博大浪漫纯真的文学风格。在散文《往事·一四》中，冰心记录了和弟弟们对海的畅想，从海潮、海风、海舟到海的女神，再到抒发"海化"青年的理想，海洋所蕴含的温柔沉静、威严神秘、虚怀广博的品质正是五四新青年所倡导和追求的。冰心的第一部诗集《繁星》中就有这样一篇描写大海的小诗："大海呵！哪一颗星没有光？哪一朵花没有香？哪一次我的思潮里/没有你波涛的清响？"冰心对大海的感情从一而终。1923年，冰心赴美留学，在开往美国的邮轮上，她遇到了人生挚爱——坦率博学的青年吴文藻，开启了60年的相爱相伴。1999年冰心去世时，送她离开的也是用管弦乐器演奏的海浪声和海鸥的鸣叫声，长于海边、以海为师、因海结缘、海声相送，海洋是贯穿冰心一生的物象，冰心与海的脉脉深情可谓自由浪漫的极致表达。

郑振铎的抒情散文《离别》记述了他在1927年"四一二"反革命政变后，被迫离乡远走欧洲时在船上的所见所感，抒发了眷恋祖国亲人、渴望祖国振兴之情。作者将心中的热爱与憎恨、痛苦和追求、热烈纯真的爱国感情和委婉缠绵的离愁别绪，都坦白无饰地倾诉了出来："别了，我爱的中国，我全心爱着的中国。当我倚在高高的船栏上，见着船渐渐的离岸了，船与岸间的水面渐渐的阔了，见着许多亲友挥着白巾，挥着帽子，挥着手……然而我终将在这大时代中工作着的，我终将为中国而努力，而呈献了我的身，我的心；我别了中国，为的是求更好的经验，求更好的奋斗的工具。暂别了，暂别了。在各方面争斗着的勇士们，我不久即将以更勇猛的力量加入你们当中了。"这篇文章显露出作者高尚的爱国情操，体现大革命失败后爱国知识分子不屈不挠的革命精神。

而《海燕》，则通过描绘故乡春光明媚、燕子归来以及海面上海燕斜掠英姿的优美画卷，抒发郑振铎浓烈的去国怀乡之情："如今，离家是几千里！离国是几千里！托身于浮宅之上，奔驰于万顷海涛之间，不料却见着我们的小燕子。……在故乡，我们还会想象得到我们的小燕子是这样的一个海上英雄么？……小燕子在海面上斜掠着，浮憩着。它们果是我们故乡的小燕子么？啊，乡愁呀，如轻烟似的乡愁呀！"作者用工笔手法描绘了一幅家乡生机勃发的春景图：在万物峥嵘、春意盎然的景象中，活泼伶俐而逗人喜爱的小燕子由南方归来，在空中尽情地斜飞横掠，安适自在，是因为它们回到了自己的故乡。作者对小燕子依恋故土和旧巢的着意渲染，是他借以抒发其自身对祖国的眷恋深情。而回到现实中，海燕在万顷波涛上面或勇敢飞翔，或从容伫立，这是作者想以海燕的勇敢坚定、一往无前的精神来激励和鞭策自己，要在海外不畏艰险，去为灾难深重的祖国建功立业。这样由远而近、由此及彼、富于变化的移步换景的写法，不仅使作者一腔思乡念国的强烈感情熔铸到艺术形象里，显得鲜明生动，使人具体可感，仿佛身临其境，而且赋予了景物以主观感情色彩。

**合作研讨**

小组合作，查阅资料，共同阅读并讨论郭沫若的《女神》、冰心的《繁星春水》等现代著名诗歌，体会现代作家怎样用不同的书写方式传递相似的爱国情感。

## 二、当代海洋文学：从海上斗争向与海共生过渡

海洋的浩瀚荡涤着作家的胸怀，它的神秘和深邃滋养了作家丰富的想象，它的开阔和包容拓展了作家视野，当代作家对自然、社会、人生乃至命运和存在之惑都进行了深刻的思索和探究。新中国成立后，新的经济和政治状况给当代海洋文学带来崭新的面貌，当代海洋文学开始全面反映人民的海洋实践活动、经济建设成效、取得的辉煌成就等。当代海洋文学的发展总体可以分为三个阶段：对海上斗争的生动再现，人文精神的落地生根，海洋生态文学的异军突起。

### （一）对海上斗争的生动再现

1949年后，局部海战的延续以及战争文化心理的积淀，导致这一时期海洋文学呈现明显的革命化趋向。例如，体现海战题材的小说有王愿坚的《东山岛》、丁芒的《海鹰》等，这些小说主要体现人民海军在与敌对势力斗争时的英勇无畏，是对这一特殊时期社会历史的反映。除了海战及海军题材，战斗化的渔民生活也是这一时期的主题之一，如黎汝清的《海岛女民兵》、姜树茂的《海岛怒潮》、单学鹏的《渤海渔歌》等。2021年，为庆祝中国共产党成立100周年，中国言实出版社推出百年百部红旗谱丛书，军旅作家黎汝清的中篇小说《海岛女民兵》入选。《海岛女民兵》是黎汝清的成名作（图5-2-5），创作于1965年，作者以海岛为背景展现了以主人公海霞为代表的一群女民兵的成长道路以及她们亦渔亦武、保家卫国的战斗生活。

图5-2-5 《海岛女民兵》封面

除了小说，诗歌也有明显的革命斗争特征，如郭小川的长诗《致大海》、艾青的《大西洋》等。郭小川的长诗《致大海》写出了一个犹豫的战士如何向广袤的海洋学习，逐渐成长为勇猛战士的历程。《致大海》以磅礴大气见长，大海在诗人眼中既是练兵的沙场，也是未结束的战场。艾青的《大西洋》写于新中国成立后，诗作内容贴近革命现实，从中仍然可以看出诗人紧绷的神经："在这个大西洋里/海岸和海岸相互仇视/岛屿与岛屿相互对立/每一块礁石都充满仇恨。"正是当时政治环境的影响，使得艾青在去智利访问的过程中飞越大西洋时都联想到大洋两岸紧张的对峙，可以说，该诗是对革命年代海洋精神最好的注脚。

类似的风格在同时期出版的孙静轩的《海洋抒情诗》、解放军文艺丛书编辑部编的《中国人民解放军战士诗选》中也多有体现，如"只有那汹涌的海水仿佛记忆着历代的往事/它在用高亢的调子歌唱着千百次悲壮的战斗"（孙静轩《在海边》），"敌人敢来侵犯/我们忠实的水兵们/会把它歼灭在海洋"（尹海滨《海洋是我们的家乡》）。这些诗歌借助海战题材表达同仇敌忾的战斗激情，符合这一时期诗歌抒情的革命传统。

### （二）人文精神的落地生根

如果说冰心笔下的海洋意象更多体现的是"五四"时期人文主义传播下对人的关怀与解放，那么，改革开放后的海洋文学则少了些许唯美与柔情，多了些普通人民日常生活的烟火气，主要叙说了"文化大革命"造成的伤痕、体验美好的爱情生活以及日益先进的渔业生产带来的可观经济利益及渔民生活条件的改善，是人与海洋和谐共生，人文精神真正在人民群众中落地生根，走入普通百姓家的表现。

王蒙（图5-2-6）的短篇小说《海的梦》写于1980年4月，这是复出后的王蒙创作的被称为"集束手榴弹"的六篇小说之一。小说讲述了52岁的翻译家和外国文学研究专家缪可言虽生于内陆，少年时代所拥有的激进而浪漫的理想却一直与大海的浩瀚神秘意象结合在一起，即使被打成"特嫌"又经历了20多年的苦难，大海对其仍不减魅力的故事。平反之后，缪可言到海边疗养，如愿以偿见到大海，他想到的是对青春不再的悲叹。对于海，他梦想了50年，只待了5天。但作者没有沉溺于伤感的回味中，而是对个人的苦难经历、曾经拥有的理想和梦想、民族的历史和未来都进行了一种冷静清醒而又平和温煦的沉思。缪可言在海边经历了精神的净化，放下了心结。大海帮助他洗去了初来时满身的尘垢，重新点燃生活的亮光，成为希望的代名词。图5-2-7为王蒙题写的中国海洋大学校训。

图5-2-6 王蒙

图5-2-7 王蒙题写的中国海洋大学校训（拍摄者：王雅萱）

邓刚的《迷人的海》、王家斌的《百年海狼》等则将渔民的生活用文学的方式表现出来，把海洋当作真正独立的客体进行呈现，将海洋开发作为题材。因为来自作者真实的体验，所以作品更为深入细致，彰显了人对与海洋关系的反思。

《迷人的海》中那群穿着橡皮鸭蹼、拿着锋利鱼枪深潜海底在暗礁中捕捉海洋生物的水手，被称为"海碰子"。"海碰子"身上最难得的是那种在风浪中、苦难中挣扎抗争的精神和坚定不移的理想。邓刚自己就曾经是"海碰子"中的一员，他将自己的亲身经历写进了小说，赶海、潜捕都是他从小练就的本领。在长期与海接触的过程中，他了解、熟悉大海，所以他笔下的海是多彩的、真实可感的。同样是描写海洋，他笔下的捕鱼行为也好海洋景色也罢，都非常生动形象、打动人心，呈现出五彩斑斓的形态。邓刚笔下的海是海本身，充满了海作为客体应有的神秘与趣味，在作者对海洋的喜欢和敬畏的复杂情感中，读者也可以很自然地感受到海洋之力和海洋之美。

在《百年海狼》中我们也再次看到有着丰富海洋经历的作者同样精彩的海洋书写。小说中有一段写到渤海湾大海啸造成的"沧海万世劫"，当时整个海面如同天翻地覆一般，几十米的巨浪将载满渔获的小船从浪峰带至谷底，小船如同飘摇的枯叶随时可能发生倾覆。实际上，这是作者王家斌的生死历险，并不是虚构想象。作为水手的王家斌曾亲手猎杀过五六吨重的龙青鲨，三番五次地从大海难中死里逃生，因而在多年之后再次回到当年的海啸现场，回忆起在海啸中丧生的亲友，他心中五味杂陈，一挥而就完成了长篇小说《百年海狼》。如果说《迷人的海》表达的是对于海的喜爱之情，那么《百年海狼》表达的则是对于海的敬畏之意。

### （三）海洋生态文学的异军突起

随着技术进步和海洋开发的逐步深入，一系列问题逐渐凸显，人们终于意识到自然是作为一个自在的主体而存在的，人与自然主客二分对立的模式也开始向人与自然一体化和谐相处的模式转变。

早在20世纪80年代，就有部分海洋文学作家表达了对自然的朴素保护意识。在蓬勃的开发建设热潮中，渔人以海为家，非常注意海洋承受的限度。例如，张岐的《又见故乡海》中，作者赞叹家乡人开拓海洋牧场，却能保持大海的干净澄澈，是"有赖于故乡人的精心养护"；散文《海参岛散记》中，作者借养殖场海参孵化员小吕之口，直接指出人"不能只顾眼前利益酷捕滥捉了，一吨海参几万元，收益是大的，可不能把眼钻进钱圈里，不看它的资源……吃海必须养海"；《海珍》一文中更是坚定了这种信念，在海珍之乡的人们没有因为海珍出口获取的暴利而对自然进行无顾忌的索取，但这个时期，对海洋的环境保护还不是作品的着力点。

《讨海人》是我国台湾作家廖鸿基放弃城市朝九晚五的枯燥生活，登上渔船成为渔民之后，将其所见所闻整理而创作的散文集。其中的名篇《丁挽》，讲述的是渔夫与丁挽之间的生存之战，在充分的细节描述中展现人与鱼之间无声的战斗，表达了作者对于丁挽搏命厮杀的敬畏以及将海、海洋生物与人等而视之的态度。廖鸿基的《鲸生鲸世》更多地呈现了人与大海的深层生命联系。该书是1996年"花莲沿岸海域鲸类生态研究计划"的产物。在寻鲸的过程中，他们不仅发现了台湾海域仍有大量不同种类鲸鱼的存在，更发现鲸鱼竟然也富有"人性"，是有情有义的生灵，人与它们应该成为朋友而不是敌人。

诗歌是最适合复构生命形态与表情达意的一种文体，海洋生态文学的发展离不开诗歌创作。新时代的新锐诗人东涯，出生在海边，大海的丰沛成就了她的诗性。她熟悉渔民生活，深深感知渔民仰望大海如同仰望神祇的那份椎心的虔诚，便用诗歌进行梳理，借此抚慰受伤者的心灵并传递出理性的生存法则，这也形成了她以其海边岁月为背景的诗歌写作探索的鲜明个人特色。她的诗集《侧面的海》将豁达浪漫的海洋精神风貌渗透到个体生命形态、作品的形象气质中，使生命价值得以延展，充分展现了"内在海洋"是对"外在海洋"豁达宽厚的生命模样的浇灌与熔铸。例如，她在《东楮岛》一诗中写道："在这里，我不问是谁把涛声搬上屋顶/海苔草漾起细腻的波浪/我不问罩在屋顶的旧渔网，浸透着多少盐分/多少风浪与鱼群的传说/我不问耕海牧渔的老水手，是怎样征服了浪尖/洁白的浪花盛放在他黝黑的脸膛/我不问岛礁上刻有多少伤痕/海雾中隐藏多少迷思/一场退潮后的海绵沙滩/记录了多少沉甸甸的故事/我不问若没有归航，落日是否圆满/若没有渔火，星群是否寂寞/若没有那些与惊涛骇浪抗争的渔民/大海是否索然无趣/海风迎面吹来，抚着万历年间的青石墙/每一次凝望都闪过神秘的眼神/我不问那在海上痛失了丈夫和儿子的女人/是怎样活成了珊瑚的模样/坚硬的筋骨，明丽的姿态/鸥鸟的翅膀掠过暮色压低的海平面/路边的铁锚遍布时光的锈迹/靠近一块老船板，就知道，万物自有答案/我相信，是从海草房的屋顶不断升起的光/让我们有了存世的依傍。"

**自主探究**

查阅资料，了解海洋强国战略下我国涌现出了哪些有特色的海洋文学作品。

### 三、海洋科普创作的功能与发展趋势

科学普及简称科普，又称大众科学或者普及科学，是指利用各种传媒以浅显的、通俗易懂的方式，让公众接受自然科学和社会科学知识、推广科技应用、倡导科学方法、传播科学思想、弘扬科学精神的活动。海洋科普则是对与海洋相关科学的普及。海洋科普创作是科学内容和文学手法有机的结合，有助于受众尤其是青少年了解最新科技发展状况，激发青少年对海洋的好奇心和想象力，培养具有科学家潜质的青少年群体，为建设海洋强国和科技强国夯实人才基础；有助于增强全民海洋生态文明意识，形成对海洋的科学认知，为国家发展海洋经济的同时保护好海洋生态环境的各项举措获取大众支持，提供有利环境；有助于普及海洋权益意识，培养受众国际视野，为在国际海洋事务中维护我国海洋权益，增强我国参与全球海洋治理能力，捍卫我国海洋安全和发展利益奠定群众基础。

海洋科普作家雷宗友先生毕业于山东大学物理海洋专业，是长期从事教学、科研、海洋调查和在海洋石油平台上进行预报工作的海洋学家，出版科普著作60余部；其中的"海空传奇丛书"包括《奇趣海洋动物》《悲壮冰洋探险》《未解海空之谜》《浩渺日月星空》4个分册，让科学知识与社会现象相互融通，寓海洋知识于故事情景中，改变严肃刻板的科普印象，并积极融入了年轻人喜闻乐见的元素，多角度展现科学的美丽，不仅是科学知识的普及，也是科学思想和科学精神的传播。"海空传奇

丛书"荣获2012年第二届"中国科普作家协会优秀科普作品奖"。

近年来，越来越多的著名科学家加入了科普创作队伍，推出一系列深受广大民众喜爱的高水平海洋科普作品。

由中国科学院院士汪品先（图5-2-8）创作的《深海浅说》（图5-2-9）共有8章，附有150幅图片。每章开头，作者都用小段引语引入每一章话题。例如，第四章《海底在移动》中，先提到"海誓山盟""坚如磐石"等读者熟知的成语，随后话锋一转，展示深海大洋"移山倒海"的真相，勾起读者好奇心，让人禁不住再探究竟。又如，第五章《解读深海档案》中，对"小行星撞击地球""绿萍漂浮北冰洋""地中海干枯之争"几个科学问题的研究过程娓娓道来，科学严谨。该书精选大量图片作为文字补充，让读者可以轻松理解书中所述内容，书末还提供参考书目及图片来源，方便有兴趣者深入学习。

图5-2-8 汪品先

图5-2-9 《深海浅说》封面

《深海浅说》一书从深海的基础知识讲起，一直讲到深海的开发利用，说明海洋既不能被当作聚宝盆，也不该被用作垃圾桶；在学术方面，既反映了国际科研的最新进展，又追溯了历史，揭示了科学发现的过程。全书不仅着眼于海洋科学本身，更是深入东西方文化的差异，深入浅出，高屋建瓴，堪称目前国内最为全面且精准的海洋科普力作之一。该书于2021年1月入选《中国新闻出版广电报》2020年度好书；于2021年4月23日入选中国图书评论学会评选的2020年度"中国好书"名单，同日获得"第十六届文津图书奖"；于2021年11月获得2021深圳读书月"年度十大童书"；于2022年2月入选2021年度十大科普作品。

自然资源部中国大洋协会秘书长，连续6年出任"蛟龙"号海上试验和试验性应用现场总指挥刘峰担任总主编的"跟着蛟龙去探海"丛书（图5-2-10）是海洋科普的又一力作。该丛书包括《探海重器》《海底奇观》《奇妙生物圈》《深海宝藏》4册，系2021年度国家出版基金资助项目，入选《2022年农家书屋重点出版物推荐目录》。整套丛书语言优美、内容丰富、图文并茂、精彩纷呈，以"蛟龙"号深潜器的视角，为读者依次介绍了奇妙的海洋生态和生物系统、深海海底的奇异现象、深潜器自身以及深海矿产资源。

图5-2-10 中国海洋大学出版社于2021年出版的"跟着蛟龙去探海"丛书

　　《奇妙生物圈》一册介绍了热液、冷泉、海山、超深渊和鲸落几大典型的深海生态系统，具体讲述了栖息于深海或可以下潜至深海的海绵动物、刺胞动物、栉水母动物、环节动物、节肢动物、软体动物、棘皮动物、鱼类、爬行动物和哺乳动物。《探海重器》一册通过"走向深蓝的海洋之梦""探索深蓝的海洋科技""融入深蓝的中国步伐""蛟龙探海""潜水器母船与支撑保障基地"五个单元，详细介绍了美国、法国、俄罗斯、日本和中国潜水器的发展历史，着重展示了我国"蛟龙"号载人潜水器从立项、海试到试验性应用的整个过程。《海底奇观》一册通过海底的前世今生、海山、大洋中脊、热液、海底冷泉、海盆、海沟及海底的其他奇异现象八个部分的内容来讲述深海海底的奇异现象，带领读者一起探索奇妙的海底地形、令人惊异的海底生物、让人无法解释的奇特现象。《深海宝藏》一册图文并茂地展示了深海生物和矿产资源。其中，深海生物资源部分包括深海食品生物资源与深海药用生物资源，"深海食品生物资源"以生动的语言描述了有代表性的可食用深海鱼、雪蟹等生物，"深海药用生物资源"较详细地总结了深海鱼类、海绵等生物及来自这些生物的代表性药物，涉及热点"蓝色粮仓"与"蓝色药库"、深海养殖、深海生物基因资源的研究开发。而深海矿产资源部分则较详细地展示了海洋石油和天然气、可燃冰、多金属结核、富钴结壳、多金属硫化物、深海稀土的形成、分布、开采与利用。

### 合作研讨

　　小组合作，查阅资料，了解还有哪些著名科学家推出了海洋科普力作，交流分享这些科普力作的主要内容和特点。

## 拓展·深化

　　1. 网上观看视频《海洋文化2：从海洋中发现世界》，撰写观后感。

　　2. 改革开放后，中国人民的海洋权益意识逐渐增强，媒体和文学期刊也开展了各种各样的"蓝色国土"宣传工作。查阅资料，了解改革开放后我国有哪些标志着海洋权益意识增强的文学作品。

　　3. 查阅资料，结合本主题专题1和专题2的学习，撰写关于海洋文学重要价值的小论文。

# 专题 3

## 充满民族文化自信的海洋艺术

### 任务·目标

**（一）任务**

1. 学习本专题中"中国海洋艺术的起源"，自主探究开发贝丘遗址对于研究海洋艺术起源的意义。

2. 学习本专题中"中国古代海洋艺术的发展"，自主探究保护与传承被列入非物质文化遗产的海洋艺术形式的意义，并进一步探究沙田民歌的起源、发展与分类。

3. 学习本专题中"中国现当代海洋艺术的繁荣"，合作研讨《东方之珠》歌曲创作的时代背景、歌曲中蕴含的家国情怀，分析总结当今流行的具有海洋特色的影视作品的特点，网上观看央视纪录片《走向海洋》并撰写观后感。

4. 撰文论述"海洋艺术的重要价值"。

**（二）目标**

1. 了解我国海洋艺术的基本发展脉络，能介绍不同历史时期的典型海洋艺术作品，加深对海洋艺术的理解，增强民族文化自信。

2. 了解我国海洋艺术的常见形式，能结合不同艺术类型的代表作品分析海洋艺术特色，感受海洋艺术的魅力，提高艺术审美水平和鉴赏能力。

### 情境·问题

#### 长岛渔号，一首古老不息的"闯海之歌"

"顿顿桨，装大舱，

装舱起吆，嘿吆吼……"

风帆时代每逢出海时，长岛渔民们都会吼起苍凉又虔诚的渔号。

这是海上最动人的歌谣——长岛渔号，也是渔民创造的闯海之歌。

长岛渔号源于长岛县渔业区的砣矶岛，距今已有300多年的历史。早在清末民初，砣矶岛上的大风船就有300多只，这些大风船成为海上生产的劲旅，常年活动在烟威、莱州、渤海湾和辽东湾一带渔场。那时，帆船全靠风力和人力做动力，每只大风船多由18个人操作。由于大风船作业时间长，距离家门渔场远，自然条件变化大，在体力劳动繁重的生产环境中简短、声势弱的叫号满足不了生产的需要，于是以吆喝、呐喊和领唱、合唱为主要形式的长岛渔号便成为统一步调、协调动作、指挥生产的"渔令歌"。据《长岛县志》记载，在20世纪30年代，砣矶岛后口村有只"大瓜蒌"（船名）在烟台港站锚（抛锚），适逢有只天津的"大改翘"（船名）正要掌篷出海。时值雨后，篷缆湿涩，船上10多个人费了九牛二虎之力，也没有把篷帆掌起来。"大瓜蒌"上有个号头，绰号"小鬼奶奶"，他即刻带领4个伙计靠了上去，一阵"掌篷号"，硬是把沉重的篷帆掌了起来。在港的各地渔民无不钦佩，争相学喊，长岛渔号从此名声大振。1949年，砣矶岛大风船参加了解放长山岛战役。1950年，长岛组织了大风船支援解放舟山群岛的支前活动。长岛渔号伴随着大风船一起南下，在我军渡海作战史上写下光辉的一页。

长岛渔家人长年闯海，在生产中演变出了上网号、竖桅号、摇橹号、掌篷号、拾锚号、拉船号等20多种长岛渔号，充分体现了渔民在捕捞工作中的辛劳和收获后的幸福。

上网号。清明节前后，岛上的渔民在出海前持托网具，摆成龙一样的队形，将几十或几百杆子长的网具送到船上，此时便喊起了上网号。这是一个热闹非凡而又隆重的场面（图5-3-1）。

竖桅号。桅，即桅杆，是风船上挂帆、挂灯、挂吊子（长幅红布）和系结其他船用生产工具的支柱，高十几米，直径有几十厘米，人力竖桅是件很困难的事，但渔民喊起竖桅号，桅杆很快就能牢固地竖在船上。

摇橹号。在风平浪静、碧波万顷的"镜儿海"上

图5-3-1　渔民们唱着上网号上网

或者风力不大时，大风船无法借助风力航行，这时渔民们要摇起大橹推动船只行进。在这种情况下，吼起摇橹号，渔民们会格外精神抖擞，大风船也会劈波斩浪。每当风暴来临或追赶鱼群的关键时刻，4人或8人同摇一张大橹，喊起摇橹号则节奏加快；在渔号的聚集力、向心力和号召力下，渔民们裸露着健壮的脊梁和粗壮的胳膊，手腕和腿上暴起青筋，眼神和力量全都集中到橹杠上，表现出崇尚团结、不畏艰险的强大群体力量以及同舟共济、征服自然的大无畏精神。

掌篷号。"篷"就是"帆"。渔民们说的"船使八面风"，就是指掌起篷帆后借用风力，使船迅速行进。升哪块儿帆以及帆升的高度、角度等都取决于渔民们对风向和风力的巧妙运用。吼起掌篷号，不仅能减轻渔民们的体力消耗，并且能使船帆更加灵活地配合船的行进。

长岛渔号词句简单，语调粗犷豪放、坚定乐观，以吆喝、呐喊、领和叫唱等方式表现，不采用任何乐器伴奏。渔号一般分为领者和和者。领者，是富有经验的闯海者，胸有成竹，气宇轩昂；和者，是众多渔民，齐心协力，众志成城。领号，有轻有重，有长有短，或间歇，或急促，与劳动节奏相吻合；和号，视渔令为军令，应和的句头紧咬着领号的句尾，严格地配合领号的腔调、情绪，和得及时，答得协调。一领一和，一呼一应，音程八度大跳，句头句尾紧紧咬合，令"多心眼"想到一起，

图5-3-2　2019年7月，国家级非物质文化遗产长岛渔号的展演现场

把"八股绳"拧到一块，在险情当头、时间紧迫和重负荷压顶的情况下，产生以一顶十的降龙伏虎之威。

长岛渔号作为海洋民俗文化的一朵奇葩，波及整个渤海和北黄海沿岸，北至丹东、大连、营口、长海县，西至天津、塘沽，南至蓬莱、莱州、龙口，东至威海一带。

长岛渔号于2006年被列入省级非物质文化遗产名录，2008年6月成功入选第二批国家级非物质文化遗产名录。图5-3-2为2019年7月，国家级非物质文化遗产长岛渔号的展演现场。2019年11月，文化和旅游部办公厅公

布《国家级非物质文化遗产代表性项目保护单位名单》，长岛综合试验区文化文物服务中心获得国家级非物质文化遗产代表性项目长岛渔号保护单位资格。

现在，海上笨重艰苦的体力劳动已被机械所代替，但是长岛渔号仍在延续、演唱着。在长岛的海滩码头、山间村落、广场闹市、学校营区，凡有生产劳动的地方、集体活动的场所，长岛渔号还时时被传唱着。老人扶着小孩子学步，哼着渔号；妇女爬山干活，唱着渔号；小伙们肩挑人拉，喊着渔号；连小学生们的拔河比赛也叫着渔号齐使劲。长岛渔民说，号子像军号，似命令。喊起它，就来了精神，添了力气；唱着它，能卡着拍子使齐劲，一门心思干活计。这正是长岛渔号一直常唱不衰、不断创新发展、广泛流传的原因。

各种劳动号子作为民歌的主要体裁之一，早在原始时代人们开始从事集体劳动时就已产生，而直到现代社会机器取代部分集体劳动才逐渐消失。数千年来，它伴随着劳动大众在与自然的搏斗中发挥了巨大的社会功能，创造了人类战胜自然的一个又一个奇迹。同时，号子又是人与自然和劳动相结合又相碰撞而产生的最早的精神、艺术之花，具有永恒的历史文化价值。在风帆时代已成为历史的今天，挖掘、抢救、保护、传承与发展长岛渔号这一海洋民俗文化遗产，对于继承前人不屈不挠的闯海传统，彰显同舟共济的团队精神，丰富沿海城市、渔村的文化生活，构建和谐社会，将起到积极的推动作用。

### 问题引导

1. 为什么说长岛渔号是一首古老不息的"闯海之歌"？
2. 除了渔家号子外，还有哪些海洋艺术形式？
3. 与一般艺术形式相比，海洋艺术具有哪些鲜明特点？
4. 海洋艺术对于弘扬海洋文化、提升海洋文明水平具有什么重要意义？

### 探究·发现

海洋艺术是指遵循审美的属性，通过各种具体生动的形式，反映涉海生产与生活的艺术。广义的海洋艺术泛指所有涉及审美价值的涉海艺术创作，狭义的海洋艺术特指以海洋风物、习俗、生活等为题材来塑造海洋形象、再现涉海生活、表现海洋精神的艺术作品。

#### 一、中国海洋艺术的起源

中国海洋艺术伴随着中国先民的涉海劳动、涉海生活而萌芽，经历了从非艺术向艺术的生成过程。在原始涉海生产形态中，先民以简单节奏的乐、舞来统一涉海劳动行为，庆贺渔获丰收；描绘、石刻涉海物件形象来祭祀天地鬼神，祈求神灵祖宗护佑；打磨制造石质涉海工具来提高生产效益，期望获得高产；钻磨海洋贝壳、鱼骨制作贝饰装扮，显示对生活质量的追求。在一些现存涉海文物中可以看到中国早期海洋艺术的大致状况。例如，在北京山顶洞人文化遗址中发现了经过磨光、钻孔、着色后的鱼骨和海蚶壳，它们可用来制作项链（图5-3-3）。在浙江河姆渡文化遗址中出土的刻花纹木桨和陶舟（图5-3-4），显示了中国先民质朴的涉海审美追求。陶舟两头尖，下半部呈弧形，廓线自然，显然是仿造的独木舟，是一件新石器时期的准原始海洋艺术品。在新石器时代的文化遗存中，贝类装饰品的出土更加多见，加工工艺也更加成熟。贝类还被原始人用于占卜、祭祀等宗教用途，比如1987年在河南濮阳西水坡发掘的巫觋墓葬中就有三组用蚌壳摆塑的动物形象（图5-3-5）。

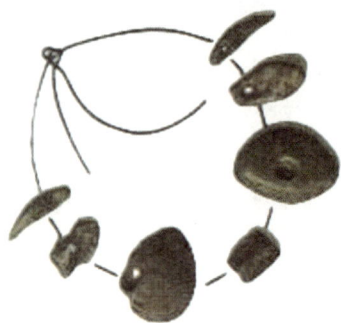

图5-3-3　北京山顶洞人鱼骨项链

图5-3-4　河姆渡文化陶舟

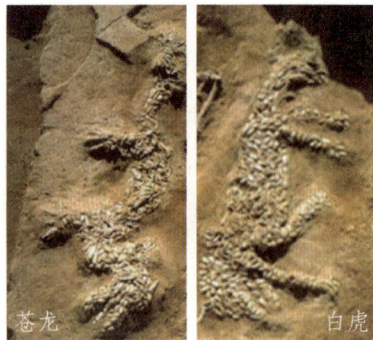

苍龙　白虎

图5-3-5　濮阳墓葬中的蚌壳摆塑

1955年在西安半坡出土的仰韶文化代表作人面鱼纹彩陶盆，是在彩陶盆内壁以黑彩绘出两组对称的人面鱼纹（图5-3-6）。1957年甘肃甘谷县西坪出土的鲵鱼纹彩陶瓶（图5-3-7）则属于仰韶文化石岭下类型。距今约5 000年前的黄河上游新石器时代晚期马家窑文化遗址出土了一些彩陶（图5-3-8），造型饱满，图案精美，出现了漩涡纹、水波纹、网格纹、菱形纹、蛙纹、鱼纹等装饰纹饰。网格纹和菱形纹可能是先民对鱼鳞花纹的摹绘，旋涡纹体现了当时黄河上游地区人们对水的感受，蕴含着一种生机和活力，是先民对激流的敬畏和崇拜，更表现出先民希望借助其所蕴含的强大力量消灾避凶的美好希冀。

图5-3-6　西安半坡人面鱼纹彩陶盆

图5-3-7　鲵鱼纹彩陶瓶

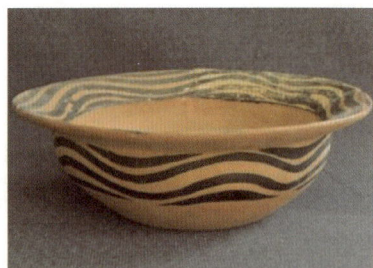

图5-3-8　马家窑文化水波纹彩陶罐

广东珠海发现的高栏岛的宝镜湾岩画（图5-3-9），共5处7幅，散布于海湾所在的山腰、山麓200米范围内，其中最大的一幅长5米、高3米。岩画阴刻于大块平整的石面上，图案密集而复杂，形状有船、波浪、龙蛇、舞蹈人等。澳门科技大学特聘教授、北京师范大学珠海分校客座教授李世源认为，宝镜湾岩画所反映的年代应在距今4 500～4 200年。

原始社会的很多陶器都彩绘了各种图案和图画。图案包括植物花纹和几何线条，图画则含有贝类、鱼形、蛇形等各种图案。这些描绘反映了先民在长期的采集和捕鱼活动中对自然现象和事物的仔细观察，显示出人类早期的审美意识来源于劳动生活，艺术与生产生活密不可分。原始氏族在捕鱼过程中，还形成了海洋乐舞的雏形。当人们在海边集体捕鱼劳作时，为了协调彼此的动作，自然而然依照劳动动作发出呼声，这种呼声具有高低和间歇，也形成了一定节奏，这就是后世渔民号子的起源。与原始海洋音乐共同产生的还有海洋舞蹈，源于生产实践与劳动过程。例如，原始先民在向海神敬献供品时，敲击石块发出乐音并配以简单的舞蹈步伐，这可以视为海洋乐舞艺术的萌

图5-3-9　宝镜湾岩画（源自《珠海市文物志》）

芽形式。

　　贝丘是古代人类居住遗址的一种，主要由古代人类食贝后抛弃的大量贝壳构成，大都属于新石器时代，有的则延续到青铜时代或稍晚。查阅资料，探究：在辽东半岛、山东半岛及庙岛群岛等地和内陆的河流湖泊沿岸发现了一些贝丘遗址，研究贝丘遗址的意义有哪些？

## 二、中国古代海洋艺术的发展

### （一）海洋绘画

　　海洋绘画是中国古代重要的海洋艺术形式之一，作品存世较多。根据内容的不同，古代海洋绘画可以分为以下三类。

　　第一类，以海洋神话传说为题材的绘画作品。早期中国海洋绘画受先民对世界认知水平的限制，多与海洋神话和仙山信仰相关，代表作有汉代墓室帛画、唐代周昉的白描《过海罗汉图卷》、清代袁江的《海上三山图》等。

　　1976年5月，在山东临沂的金雀山九号汉墓中出土的《金雀山汉墓帛画》是继长沙马王堆帛画出土之后的又一重大发现。这幅帛画长约200厘米、宽约42厘米，直接覆盖在棺盖之上。值得注意的是，现今发掘的古代帛画约有24幅，但大多位于长江流域，金雀山汉墓帛画是长江以北地区所发现的唯一的西汉帛画。

　　金雀山汉墓帛画的内容，从上而下分为三个部分，分别是"天上""人间""地下"。"天上"绘有日月，下有蓬莱、方丈、瀛洲三座仙山；"人间"分为5层，分别讲述墓主的起居、歌舞、会客、生产、游戏等生活事迹，生产活动中用于纺织的工具基本与现代无异，可知汉代纺织技术已经达到相当高的水平；"地下"则绘有两条长龙及御兽的方相氏，方相氏是古代驱疫避瘟的神祇，在墓室中可以打鬼除妖。这幅帛画为研究秦汉时期的人文风情和绘画提供了珍贵资料。

　　第二类，表现海洋景观的绘画作品。汉代以后，我国的海洋活动增多，促进了海洋艺术的发展。在海洋神话之外，海洋景观与人物也成为绘画的主题内容，如南宋马远的《水图》、元代王蒙的《丹山瀛海图》、清代袁江的《海屋沾筹图》等。我国的海洋绘画艺术充分融合颜色、线条、造型、比例等多种元素来形象地再现或表现海洋物象情貌。画家们大多凭借独特的艺术观感与生活经历来比拟与表征多彩的海洋物象与多姿的海洋生活，传达亲海、近海、爱海的真情实感。

　　第三类，反映海洋人物的绘画作品。其大体又分为两大类：一是历史名人的涉海事迹，如东晋戴勃的《秦皇东游图》、南朝宋谢稚的《秦王游海图》；二是描绘船舶舟师的绘画作品，如西晋卫协的《吴王舟师图》、北宋燕文贵的《船舶渡海像》等。以在北宋时期名气很大的燕文贵为例，北宋刘道醇在《圣朝名画评》中所列画科六门，即人物、山水林木、畜兽、花卉翎毛、鬼神、屋木，燕文贵是名列三门的名家。据《圣朝名画评》卷一描述燕文贵的《船舶渡海像》如下："大不盈尺，舟如叶，人如麦，而樯帆樯橹，指呼奋踊，尽得情状。至于风波浩荡，岛屿相望，蛟蜃杂出，咫尺千里，何其妙也"。

### （二）海洋雕刻

　　中国古代雕塑与绘画关系密切，"塑绘不分"或"塑容绘质"是中国雕塑的一个特点。尽管中国古代海洋雕刻作品留世不多，但在多种器物上雕刻的涉海内容，已反映出中国古代海洋文化在雕刻方面的深刻影响。

从内容上来看，古代海洋雕刻主要分为以下三大类。

第一类，以船舶、竞渡等为主要内容的航海主题雕刻作品。例如，1935年在河南汲县战国墓地1号大墓中出土的水陆攻战纹铜鉴（图5-3-10）中绘有乘船航行和战斗的生动场面。此鉴以器身水陆攻战纹而闻名于世，共刻有287人，另有游鱼18只、鳖3只；人物姿态各异，战斗形式有徒卒战、舟师战、仰攻战、飞梯战、投石战、阵地战等，被中国考古学的开拓者之一、商周考古的奠基者郭宝钧先生称为"至今尚为中国唯一的、最早的一种战况写实图"。再如，战国时期的宴乐渔猎攻战纹图壶（图5-3-11）纹饰内涵丰富、形象逼真，上面雕刻的宴乐、射猎、攻战、采桑等纹饰，再现了战国时期贵族的社会生活的一些场景。壶的下腹部绘有二战船水战、船下鱼鳖游动、双方都有蛙人潜入水中活动的画面，形象生动，栩栩如生。

图5-3-10　战国时期的水陆攻战纹铜鉴

图5-3-11　战国时期的宴乐渔猎攻战纹图壶

此外，浙江甲村出土的羽人竞渡纹铜钺，上首为龙纹，下部以弧形边框线为舟，上坐四人为一排；四人皆头戴羽毛冠，双手持桨作奋力划船状。

第二类，以海浪、波涛等海景为主要内容的装饰类雕刻作品，如海船纹铜镜等。这一类作品很广泛，常见的纹样为整个镜背为一单桅杆帆船在大海波涛中航行。

宋金时期有海船镜、海舶镜、航海图形镜等。金"煌丕昌天"海船纹铜镜（图5-3-12）的镜体是八瓣菱花形，半球形钮，镜背浮雕一艘海船，在波涛汹涌的大海上航行，海浪的波峰和波谷落差较大，突出了波涛的汹涌。单桅帆高出人身体的数倍，衬托出海船的宏伟、大海的浩瀚。船身两侧有四道篷索从不同方向对桅杆加以固定。船身部分，只用两道简约线条，便将整个船身形象地勾勒出来。船头、船尾及船舱中的人物依稀可见。这类海船纹铜镜在国内其他地方也发现了10余件，如宋八瓣菱花形航海铜镜（图5-3-13），说明海船纹铜镜的平民化和商品化，反映出宋金时期航海事业的发达与海上贸易的繁荣。

图5-3-12　金"煌丕昌天"海船纹铜镜

图5-3-13　宋八瓣菱花形航海铜镜

第三类，以海神信仰为主要内容的宗教类雕刻作品（常见的如渡海观音像）。山西平遥双林寺的渡海观音像（图5-3-14）用圆雕手法塑成。这尊明代观音像侧身踞坐在红色莲台上，周匝是庄严壮丽滚滚不绝的波涛，飘带在身后随风飞扬，显现出行进中的动姿。她优雅的面容里饱含坚定，有一种"纵浪大化中，不喜亦不惧"的气质。山西新绛千年古刹福胜寺正殿内有宋（金）、元、明时期彩塑20余尊，塑工精湛。图5-3-15为山西新绛福胜寺塑像。除了渡海观音像，寺庙中比较常见的海洋雕塑作品还有龙柱石雕等。

图5-3-14 山西平遥双林寺的渡海观音像

图5-3-15 山西新绛福胜寺塑像

## （三）海洋音乐舞蹈

中国古代海洋音乐舞蹈也得到了发展，其内容往往来源于涉海的劳动生活、海神信仰或与重要的涉海事件紧密相关。海洋音乐舞蹈从起源来看，大致分为以下三大类。

第一类，与涉海事件有关的音乐舞蹈。例如，流行于浙江、福建等地的藤牌舞（图5-3-16）就与明代抗倭名将训练士兵的战术有关，其于2011年被纳入第三批国家级非物质文化遗产名录。明嘉靖三十一年至四十年（1552—1561）间，瑞安曾先后六次遭倭寇劫掠烧杀，镇守闽浙的戚继光，创练浙兵，用藤牌作为抗倭杀敌的防御武器，并取得了最终的胜利。藤牌就此成为明、清两朝军队的主要兵器，并形成了一整套刀和藤牌的技击动作。清代光绪年间，由于洋枪大炮

图5-3-16 藤牌舞

的进入，藤牌已渐渐失去作用，春秋两季的练兵活动也名存实亡，但是由于百姓比较喜欢观看藤牌操练，于是由瑞安籍的清兵、团勇把练兵中的藤牌操组织成节目，在清明庙会时向人们表演，既纪念了戚继光，又表达了人们驱邪祟、保太平的主观愿望。

第二类，与海洋生产生活实践相关的音乐，如我国台湾东部的古老民歌《打渔歌》、广东南屏与海洋围垦劳动有关的沙田民歌。

### 自主探究

沙田民歌源自东晋，它采用带有珠海沙田地域口音及语汇的广州方言演唱，在婚、丧、祀神等民俗活动中产生并发展，是广东省级非物质文化遗产之一。查阅资料，欣赏沙田民歌的代表作品，了解沙田民歌的起源、发展与分类。

流传于上海沿海地区的渔民山歌也别具特色。著名民歌理论研究专家江明惇先生主编的《中国民间歌曲集成（上海卷）》收录了500多首上海传统民歌，种类包括劳动号子、田山歌、小调、吟唱调等。如今，上海港码头号子、崇明山歌、青浦田山歌已经成为国家级非物质文化遗产。崇明山歌是崇明方言地区民歌和民谣的总称，常用的曲调有"四句头山歌""采茶调""白鱼号子"等30多种。《水乡妹子山歌多》这首歌就是有人问水乡妹子，说："你们会唱歌吗？"妹子们回答："你们要听我就来唱。"她们就唱出一连串的小山歌。而关于青浦田山歌的流传记载，最早可以追溯到清朝年间。民国《青浦县续志·杂记》载："唱田歌悠扬赴节，声闻远近。"这充分表明青浦田山歌在民间被广泛传唱。

第三类，与海神信仰相关的古代舞蹈，如松江的叶榭舞草龙，就与向龙王求雨仪式有关。舞草龙（图5-3-17）相传源自唐代。传说在唐德宗贞元六年（790），叶榭境内遭受了一场特大旱灾，百姓用稻草扎龙祈求苍天降雨无效，"八仙"中的韩湘子，吹起神箫，瞬间招来东海"青龙"，倾盆大雨瓢泼而下。舞草龙分为"祷告""行云""求雨""取水""降雨""滚龙""返宫"七个段式，要求舞龙之人充分运用手（甩、摆、翻）、眼（望、顾、盼）、身（转、仰、扭）、步（踩、蹲、蹉）四法，全队配合，箫龙合一，将表演推向高潮；仪式过程中供奉象征韩湘子的"神箫"和"青龙王"牌位，摆上陈稻谷、麦、豆、浜瓜、鲤鱼等供品以寄托对风调雨顺的期盼。

图5-3-17　舞草龙

### 三、中国现当代海洋艺术的繁荣

现当代以来，中国海洋艺术得到充分发展，海洋艺术形式从传统的绘画雕刻、音乐舞蹈向海洋影视等扩展。

#### （一）海洋绘画

现当代海洋画家用画笔描摹波澜壮阔、变化莫测的海景和多姿多彩的海洋风物，注重意境渲染，脱彩留形，留白写意。云山雾海，虚实相生，仙境缥缈，令人神往，形成了独具中国特色的国画风格。

现代画家杨夏林是著名的山水画家和美术教育家，著名画作有《风雨海哨》《碧海长堤》《鹭江渔火》等。他笔下的大海，惊涛拍岸，卷起千堆雪，被称为"画海一绝"。他画海涛，笔法另具一格，却又饱含中国画的基本元素，以墨色为主，用笔细谨，赋色明丽，并融合西画的某些特点来发挥，给人满眼的波涛、满纸的激情。

现当代名画家孔仲起也擅长画江海波涛。他以自创的技法形象生动地表现出大海不同的真实动态与深远意境，代表作有《东海波涛》等。

当代海洋画家李海涛历时五年完成了《海疆万里图》。该画作呈现了海疆从南到北的自然风貌及各海域不同的气候变化、风土人情、渔村渔船、沿海名胜及城镇建筑等近百个重要景点，仿佛使祖国气象万千的万里海疆尽收眼底，抒发了强烈的爱国主义精神，在国人心中强化了祖国领土的海疆概念。当代还出现了大量反映沿海地区普通民众涉海活动和生活风情的作品，赞美普通渔民与驻海士兵坚忍不拔、热爱生活的精神与品格。

在浙江舟山，活跃着一群淳朴的渔民画家，他们以画大海为动力，从海洋事物的真实形象出发，进行大胆的创意和想象，用画笔流露着自己对生活的真情实感和对大海的深情眷恋。作品散发着浓郁的"海腥味"，创作对象多为渔船、渔网等工具及鱼虾、海鸥等各类海洋生物，创作内容来自渔民出没于狂风巨浪，甚至与海洋生死搏斗的经历。作品往往奇幻、神秘而又抽象怪诞，形成了舟山渔民画（图5-3-18）自己独特的艺术魅力。代表作品有刘云态的《渔姑梦》《咪咪梦》，张亚春的《嬉鱼》，林国芬的《拣鱼》《剖鲞》，张定康的《穿龙裤的菩萨》，戴君芬的《看戏文》等。1987年11月，舟山渔民画在北京中国美术馆展出，获得了广泛好评。1988年1月，文化部将舟山群岛定海、普陀、岱山、嵊泗4个县（区）命名为"中国现代民间绘画画乡"。

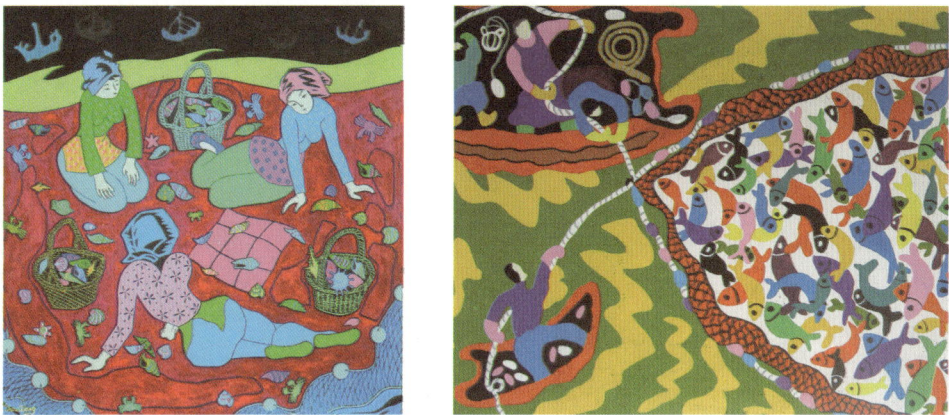

图5-3-18 舟山渔民画

## （二）海洋雕塑

根据表现内容的不同，现当代海洋雕塑可分为以下三大类。

第一类，涉海人物形象的雕塑。大量涉海历史人物如徐福、郑和、郑成功、邓世昌等，都成为城市雕塑的表现对象。比如，巨型花岗岩雕像郑成功于1985年8月27日在郑成功诞辰361周年纪念日落成，屹立在鼓浪屿东南端的覆鼎岩上。郑成功雕像（图5-3-19）面朝大海，身披盔甲，手按宝剑，气势雄伟。民族英雄邓世昌铜像（图5-3-20）则于1986年9月，由山东省威海市政府和人民群众在环翠楼公园前举行了揭幕仪式。这座铜像重3.5吨，底座由大理石砌成，形似"致远"号舰首，连同底座高10.2米。邓世昌身穿披风，表情深沉，双手按着一把长长的带鞘宝剑，十分威严。

图5-3-19 福建省厦门市鼓浪屿岛中的郑成功雕像

图5-3-20 山东省威海市环翠楼公园中的邓世昌铜像

第二类，海洋城市景观雕塑。景观雕塑采用抽象与具象相结合的方法，表达海洋文化的内涵，让人们体验具体可感的涉海生活。例如，大连的海纳百川国际雕塑公园（图5-3-21），是全国首个以海洋文化为主题的雕塑公园。这座雕塑公园在大连海边露天展示了30幅海内外著名雕塑家的作品。它们既是艺术家奉献给大连人民的一份厚礼，也是大连人民和艺术家们送给大连海岸的一份珍贵礼品。辽宁省营口市鲅鱼圈区的地名来自一个古老而美丽的传说"鲅鱼公主与一个年轻渔夫的爱情故事"，寓意深刻，美丽动人。2009年辽宁营口鲅鱼公主雕塑（图5-3-22）落成，作为渤海明珠景区的重要组成部分，东与望儿山翘首相望，北与鱼跃龙腾雕塑交相辉映，是山海文化、鱼龙文化相互交融的经典力作，是营口这座海滨旅游城市的标志性建筑。

图5-3-21 大连的海纳百川国际雕塑公园一角

图5-3-22 辽宁营口鲅鱼公主雕塑

第三类，新形态雕塑。充分运用多种材质，借助线条纹理，融入现代技术，呈现各种海洋景色与水生物造型的新型雕塑，传达海洋气息，塑造海洋风貌，如贝雕以及由海水与沙子拼合而成的沙雕等。图5-3-23为舟山南海沙雕群景区一角。

### （三）海洋音乐

由于清朝的海禁以及列强的侵略，中国近现代海洋音乐作品数量不多，且大部分与战争的革命背景相关。1927年赵元任先生创作了大型合唱曲《海韵》，以诗人徐志摩诗集《翡冷翠的一

图5-3-23 舟山南海沙雕群景区一角

夜》的同名长诗为背景，用少女与大海对话的方式来反映20世纪的有志青年对思想自由的向往和探索精神。1934年经典艺术歌曲《渔光曲》由安娥作词、任光作曲，歌词质朴真实。歌曲采用委婉惆怅的宫调式、抒情的旋律以及三段体曲式等表现要素描绘了渔民生活艰苦的凄凉景象，抒发了渔民们被剥削、生活困苦的悲愤心情。1938—1939年由娄树华创作的《渔舟唱晚》是中国古筝艺术史上划时代的作品。它以古曲《归去来兮》为素材发展编创而成，4/4拍的作品给人似游荡在辽阔无边的大海上的安逸感，歌唱性的旋律描绘了一幅夕阳西下，渔民们满载而归、欢歌笑语的场景，表达了作者对祖国大

好河山的赞美和热爱之情。

　　20世纪60—80年代迎来了海洋音乐创作的高峰期。1959年由作曲家马圣龙、顾冠仁以东海渔民劳动生活为题材而编创的民乐合奏曲《东海渔歌》，表达的是渔民出海的愉悦之情和对美好生活的向往。1961年中国歌剧电影《红珊瑚》，讲述的是渔霸七奶奶为讨好国民党窦司令，把渔女送去做妾，渔女悲愤不已，被逼无奈逃到岛上欲跳海解脱，却被解放军所救的故事。1962年由作曲家秦咏城创作的小提琴曲《海滨音诗》，淋漓尽致地抒发了豪迈的理想和大海般坦荡宽广的胸怀。

　　1973年由胡宝善、王传流作词、胡宝善作曲的《我爱这蓝色的海洋》，是我国第一首用圆舞曲的形式谱写的军歌，3/4拍中慢速的曲子给人一种似坐在小船上摇曳的感觉。该曲表达了海军战士在艰苦生活中的乐观主义情绪，成为歌颂祖国海军的经典歌曲。同年，由作曲家李自立创作的《丰收渔歌》以潮汕一代的渔歌为素材，以南海波涛为背景，描绘了渔民们出海捕鱼、丰收归来时的喜悦情景。1980年有传唱于祖国大江南北的《外婆的澎湖湾》。1982年有王立平的《大海啊，故乡》，明亮阳光的大调色彩表达了人们对大海故乡和祖国母亲深切的爱。军旅歌曲《海姑娘》和流行歌曲《东方之珠》《大海》《水手》等更是风靡一时。

　　2010年著名作曲家康建东在青岛人民会堂音乐厅演出的《龙心岛——有感青岛的古老传说》，将东海龙王之女"琴女"与"渔夫之子"的爱情故事与青岛自然景观"石老人"的神话传说相结合，为高雅的交响艺术注入了民间传说的魅力。全曲共由9个主要故事贯穿而成。在序曲《海之诉》的余音中，《琴女韵》《渔夫谣》相继亮相。在这里，古筝比作"琴女"，笛、箫喻为"渔夫"与"渔夫之子"，由乐器间不同的旋律对奏传递人物间的默默絮语。在《九龙寻妹》情节的精彩演绎过后，一组打击乐器组成的鼓乐演奏《击鼓开天》将全曲逐步推向高潮。随之以《天门顿开》《心鼓破碎》再到《天庭闭合》的故事场景，再现复杂的情感叙述。至此，整篇乐章到了尾声，在一段《渔夫成石》的凄婉旋律中，幻想曲（《龙心岛——有感青岛的古老传说》）余音消散，余韵悠长……

### 合作研讨

　　小组合作，查阅资料，合唱《东方之珠》这首海洋歌曲，并讨论这首歌创作的时代背景和歌曲中蕴含的家国之情。

### （四）海洋舞蹈

　　海洋舞蹈是我国海洋文化底蕴与舞蹈艺术完美结合与高度统一的产物。艺术家们在海洋与舞蹈两个要素的基础上，根据我国沿海人民的生产实践活动，借助人的肢体语言、面部神情与外显情感来展现人的精神、意愿、思维、审美等诸多层面的海洋文化内涵，引导着人们全面地认识海洋、保护海洋，进而促进人类与海洋的和谐共生。

　　例如，台湾现代舞蹈表演团体云门舞集原创的大型舞蹈《九歌》用身体形态来呈现变化万千的海水。《九歌》共分为8段，分别是"迎神""东君""司命""湘夫人""云中君""山鬼""国殇""礼魂"。整出舞的概念来自屈原的作品《楚辞》中的《九歌》。该舞剧有三大主轴，分别是爱情、国家、民众，故事性强，别具一格。海洋文化风情舞蹈诗《咕哩美》，曾荣获全国"五个一工程"奖和"荷花奖"等。《咕哩美》是北海民间传唱的"咸水歌"中的叹词，当地人无论喜庆或忧伤都唱《咕哩美》。图5-3-24和图5-3-25分别是《九歌》和《咕哩美》的剧照。

图5-3-24　大型舞蹈《九歌》剧照

图5-3-25　《咕哩美》剧照

### （五）海洋影视

随着电影的百年发展，海洋影视也用镜头，全方位多角度地记录着涉海生产劳动的发展和海边人民的生活状况。

根据内容与题材的差异，海洋电影大体可以分为以下三类。

第一类，海洋战争题材电影。电影《甲午风云》出品于1962年，讲述了邓世昌在甲午中日海战中反对李鸿章主和，指挥北洋舰队英勇抗击日本海军，在弹药用尽后，率领"致远"号战舰硬撞敌舰"吉野"号，不幸被鱼雷击中，以身殉国的故事。我国较早的以海洋军事为题材的电影，还有《海鹰》（1959年）以及《南海风云》（1976年）等。

第二类，海洋生产生活电影。例如，《大海在呼唤》是北京电影制片厂于1982年拍摄的描写中外两代海员痛苦与欢乐的影片，旨在歌颂他们的美好心灵与国际友谊。《大海风》是福建电影制片厂于1993年拍摄的反映造船工人生活的主旋律电影，曾获得1994年"华表奖"特别贡献奖。《海岛之恋》是中影金马（山东）影业有限公司于2015年拍摄的电影，讲述了两个均被爱情伤害的男女在海岛相遇并最终找到真爱的喜剧故事。

第三类，海洋神话电影。1971年林仲子编剧、陈洪民导演的《八仙渡海扫妖魔》是此类电影的早期代表，其内容来自"八仙过海"的民间传说；2020年上映的《人鱼缚》则是一部奇幻爱情电影，讲述了鱼妖白秋练与罪将柳梦白一见倾心，却发现对方是仇人的后代，两人在爱与恨的边缘徘徊与抉择的故事。

海洋电视剧主要分为以下五类。

第一类，海洋生产生活电视剧。例如，2008年首映的，由广州新时代影音公司制作的古代传奇电视剧《九姓渔民》，以民国时期九姓渔家女陈雪梅与徽商子弟朱文甫的婚恋故事为线索，讲述了九姓渔民试图上岸生存并最终与岸上民众融合的故事。2020年首映的，由中央广播电视总台出品、中国电视剧制作中心有限责任公司制作的，以海洋可再生能源为背景的电视剧《奋进的旋律》，讲述了2010—2019年年轻一代科技人才不畏艰难、实现企业转型升级和创新发展、创造举世瞩目海洋产业奇迹的故事，展现了新时代中国经济社会的发展面貌。

第二类，海洋英雄与历史人物电视剧。例如，2006年首映的，由中央电视台、福建省广播影视集团、中共泉州市委、泉州市人民政府、中共晋江市委、晋江市人民政府联合制作的历史剧《施琅大将军》，以清朝康熙皇帝平定台湾的史实为背景，讲述了著名爱国将领施琅为实现国家统一贡献毕生精力的英雄壮举；2009年首映的，由福建省委宣传部、中央电视台文艺中心影视部及长乐市委、市政府联合出品的《郑和下西洋》，讲述了明成祖朱棣登基，为"示天国德威"，派遣郑和七下西洋，促进与邦国的商贸与文化交流的故事。

第三类，海洋神话电视剧。例如，1985年由中国香港亚洲电视与山东电视台联合摄制的《八仙过海》是较早反映海洋神话传说内容的电视剧，讲述了铁拐李、钟汉离等8人得道成仙，开始斩妖驱邪、惩恶扬善的救世故事；2005年首映的，由河南汕歙影视传媒有限公司制作的古装神话剧《精卫填海》，以《山海经》中"精卫填海"的故事为基础，讲述了人间真情和天界正义、人神友情和人神魔三界爱情的悲壮故事；2012年首映的，由中央电视台、北京网连八方文化传媒有限公司联合出品的《妈祖》则以广泛流传的30多个妈祖民间传说为素材，还原了一个可敬、可亲、可爱的圣贤妈祖形象，反映了妈祖文化的悠久历史和立德、行善、大爱的丰富内涵，展示了博大精深的东方海洋文化。

第四类，海洋纪录片。于2006年11月13日在中央电视台财经频道首播的纪录片《大国崛起》，故事从欧洲伊比利亚半岛上的两个国家——葡萄牙和西班牙的海上冒险之旅开始：哥伦布于1492年抵达美洲，麦哲伦完成了人类历史上第一次环球之旅；从此，原先"各自为营"的几大洲，终于在地理大发现中拼成了一张完整的世界地图……17世纪，荷兰又成为海上殖民强国，随着海上航路的开辟，海上贸易之争引发各国逐一上场。《大国崛起》解读了15世纪以来9个世界大国崛起的历史，探究其兴盛背后的原因，分别诠释了各大国500年的兴起史，为中国的现代化发展进一步寻找镜鉴，意在"让历史照亮行程"。

第五类，海洋动画片。例如，2023年首映的，由北京空速动漫文化有限公司制作的海洋动画片《毛毛镇之海洋大发现》，讲述了毛毛镇小动物们的航海故事——在空前炎热的夏日，伙伴们驾驶着"雪糕"号大船，借助古老的航海图，开始了海洋探索之旅；然而海洋污染、气候变暖所造成的影响几乎蔓延了大洋的各个角落；旅程中，"雪糕"号造访了一个个不同的岛屿，经历了不一样的风景与气候，结识了生活在海洋周边的动物伙伴，解决了他们因环境变化所遇到的问题。图5-3-26为动画片《毛毛镇之海洋大发现》剧照。

图5-3-26　动画片《毛毛镇之海洋大发现》剧照

**合作研讨**

小组合作，查阅资料，了解还有哪些具有海洋特色的影视作品，交流分享这些作品的故事主线与立意特点。

海洋艺术经历了漫长的发展历程，是时代历史和社会生活的真实反映。各种海洋艺术形式源远流长、内涵丰富、异彩纷呈，体现了海洋艺术家们独特的审美价值和生活情趣，呈现了海上族群的饮食、服饰与建筑风貌。随着社会生活的不断变迁，海洋艺术也在不断演进、整合、创新。

**拓展·深化**

1. 网上观看纪录片《大国崛起》，就海洋在世界大国崛起中的重要作用撰写一篇观后感。

2. 长岛渔号、沙田民歌等海洋艺术形式都是国家或省级的非物质文化遗产，得到了较好的保护与传承。查阅资料，了解还有哪些与海洋相关的艺术形式成为国家非物质文化遗产，探究它们的起源与特色。

3. 查阅资料，撰写关于海洋艺术重要价值的小论文。

# 主题六

## 海洋民俗文化，映照中华儿女的海洋期冀

自古以来，相比于陆地上的平稳与安全，在海上谋生可谓险象丛生，人们对于大海爱恨交织：一方面，要依靠大海的馈赠来维持生命与家族传承；另一方面，波涛汹涌的大海又无情吞噬了许多人的性命。在科技不发达的年代，人们只能将希望寄托于海神，由此形成了各种海神信仰。其中，最富影响力的要数妈祖信仰。妈祖"头戴冕旒、身着霞帔、手执如意，其神威显赫、雍容端庄"，拥有"慈悲、大爱"之心，成为人们心中的女神，妈祖文化也随着人们的传播誉满天下。

如今，人们举办海洋节庆，追求的是和谐的人海关系，向往的是人与海洋的可持续发展。

海洋以"生生不息"的气概、"海纳百川"的胸怀拥抱着人类，人类应当感恩海洋、敬重海洋，在获取海洋无私馈赠的同时做海洋忠实的守护者。

# 历史悠久的古代海神信仰

（一）任务

1. 学习本专题中"古代海神信仰的缘起与发展"，分析总结唐诗中呈现的海神形象。

2. 学习本专题中"龙王信仰与妈祖信仰"，网上观看电影《妈祖回家》并撰写观后感，合作研讨古代海上丝绸之路与海神信仰的关系以及当今社会背景下对海神信仰应当持有的态度。

3. 学习本专题中"从海神信仰到海洋民俗文化"，合作研讨海神信仰文化遗产的重要价值，撰文论述"海洋民俗文化的保护与传承"。

（二）目标

1. 了解古代海神信仰的形成与发展脉络，能从对海洋灾害的恐惧——敬畏、对海上平安的希冀——求利、对海洋神迹的崇拜——向往等方面说明海神信仰形成与发展的原因，提高利用历史唯物主义和辩证唯物主义观点分析、解决问题的能力。

2. 了解龙王信仰与妈祖信仰，能通过对龙王信仰与妈祖信仰的剖析进一步认识古代海神信仰的作用，增强敬畏海洋、尊重海洋发展规律、保护海洋生态环境的意识。

3. 了解海洋民俗文化的含义与主要内容，能举例说明海洋民俗文化活动，说明传承与弘扬海洋民俗文化的意义，树立科学的海洋文化观。

情境·问题

## 胶东地区的海神信仰

胶东地区，指胶莱谷地及其以东具有相似语言、文化、风俗的山东半岛地区，包括烟台、威海等丘陵地区和青岛、潍坊等胶莱河两岸平原地区。自古以来，胶东地区民间就盛行海神信仰，信仰的海神主要有龙王、妈祖（天后）、民间仙姑等。

胶东地区沿海一带从唐朝开始就建起了龙王庙，供渔民们向龙王祈求平安出海、满舱而归。蓬莱区北丹崖山上有一处建于唐朝初期的龙王庙，庙中所祭祀的海神广德王就是民间所说的"龙王"。宋仁宗嘉祐六年（1061），登州郡守朱处约为了修建蓬莱阁，将丹崖山上的龙王庙西移。蓬莱阁的龙王宫始建于唐太宗贞观年间。威海刘公岛上建于明代的龙王庙（图6-1-1），庙内有前后殿和东西厢房，庙前有用来举行庆典和祭祀仪式的戏楼；正殿有龙王塑像（图6-1-2），左右站列龟丞相和巡海夜叉。2009年重建的荣成院夼龙王庙成为我国大陆沿海地区迄今为止规模最大的龙王庙，已被列为国家非物质文化遗产重点保护单位。

胶东地区沿海居民普遍信仰妈祖，即天后娘娘。胶东地区沿海的重要渔港、主要码头以及较大的渔村都建有天后宫（也称"海神娘娘庙"）。烟台蓬莱区沙门岛（后改称"庙岛"）上的天后宫建于宋徽宗宣和四年（1122），宣和七年（1125）福建船民移送一尊妈祖铜像供奉庙中，这也是目前唯一存世的一尊宋代铜身妈祖像。明清时期，胶东地区妈祖信仰和妈祖文化得到大发展。明崇祯元年（1628），皇帝下旨扩建沙门岛妈祖庙，确立为官庙，并赐庙额匾"显应宫"，沙门岛因此更名为庙岛；另外，清咸丰皇帝也曾御赐沙门岛妈祖庙"神功济运"金匾。显应宫是我国北方修建最早、影响最大的妈祖官庙，也是世界上重要的妈祖庙之一，享有"天妃北庭""北海神乡"的美誉。

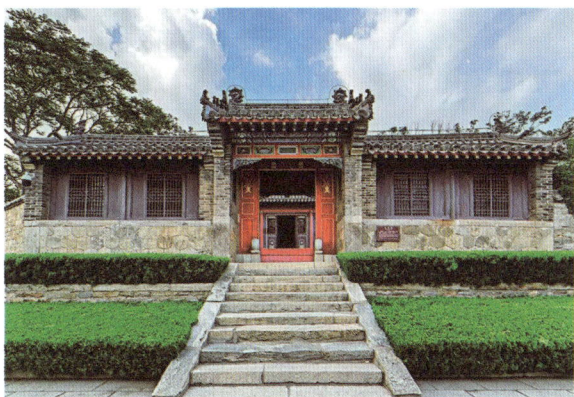

图6-1-1　威海刘公岛上建于明代的龙王庙

图6-1-2　龙王塑像

　　我国东部沿海民间仙人信仰的历史也很悠久。春秋战国时期，受苍茫浩瀚的大海和变幻莫测的海市蜃楼的影响，燕、齐、吴等地关于海岛中有仙人居住以及仙人们都快乐逍遥且长生不死的传说令人心驰神往并流传甚广。汉代《海内十洲记》记载："祖洲，近在东海之中，地方五百里，去西岸七万里……玄洲，在北海之中，戍亥之地，方七千二百里，去南岸三十六万里。……"东晋时期的神话志怪小说集《拾遗记》记载："三壶，则海中三山也。一曰方壶，则方丈也；二曰蓬壶，则蓬莱也；三曰瀛壶，则瀛洲也。"随着海上三神山传说的流行和人们求仙欲望的增加再加上一些对方仙道士的宣扬，使得沿海地区出现了海上求仙、寻觅三神山的热潮，君主帝王对海上求仙以长生不老更是万分美慕。

　　除了带有普遍性特征的海神，一些带有浓郁地方色彩的仙人、仙姑等也成为沿海居民崇拜的对象。胶东地区沿海传说中的民间仙人很多，如威海刘公岛的刘公、刘母（图6-1-3）等。他们是传说人物，即便有的确有其人其事，但也充满了传奇色彩。这些地域性海神在沿海居民心目中的地位和龙王、天后娘娘等一样，能够扶贫救危、保佑平安，反映了人们祈求出海平安、生活富足的美好愿望。

　　胶东地区的海神信仰是我国沿海地区海神信仰的一个缩影。海神信仰是一种精神寄托，也是一种民俗文化，它植根于民间，具有强大的生命力。

图6-1-3　刘公、刘母塑像

**探究·发现**

　　海神信仰是人们在涉海生活中生成并不断丰富和深化的。中国海神信仰的兴起，大致经历了一个从人面鸟身的早期海神到四海海神、海龙王、妈祖、地方海神和专业海神的历史发展脉络，后世海神的出现往往体现了涉海生活的需要。

## 一、古代海神信仰的缘起与发展

### （一）古代海神信仰的缘起

　　在科学不发达的古代，辽阔深邃的海洋使人们心中充满了神往和迷茫。例如，西晋文学家左思在《吴都赋》中将大海描写为"百川派别，归海而会。控清引浊，混涛并濑。渍薄沸腾，寂寥长迈；濞焉汹汹，隐焉磕磕。出乎大荒之中，行乎东极之外。经扶桑之中林，包汤谷之滂沛。潮波汩起，回复万里。欱雾漾浮，云蒸昏昧。泓澄渟潆，颓溶沉漾。莫测其深，莫究其广。澶湉漠而无涯，惣有流而为长。揭异之所丛育，鳞甲之所集往。于是乎长鲸吞航，修鲵吐浪，跃龙腾蛇，鲛鲻琵琶，王鲔鲦鲐，鲗龟鳝鱛，乌贼拥剑，鮤鳢鲭鳄，涵泳乎其中。茸鳞镂甲，诡类舛错。溯洄顺流，唈喝沉浮"，意思是"百川分流，同归大海。清水浊波，混杂而下；大浪急流，一起奔来。水流来势汹涌激荡，入海远行悄然无声。大水暴涨，惊涛骇浪；水流远去，声音渐逝。来自海外天边，流到东方尽头，经过扶桑林中，包容汤谷洪流。潮波宽广，往返万里。水蒸雾气浓重不清，云雾蒸腾昏暗不明。清水回旋，水势深广，不能测其深，不能究其广。江水奔流，宽广无涯；汇集百川，源远流长。这里是珍奇之物聚居繁衍之所，又是水生动物集会来往之处。于是，长鲸吞航船，大鲵吐波浪。海龙水蛇翻腾跳跃，鲛、鲻、王鲔、鲦鲐、鲗、龟、乌贼、螃蟹、鲭鳄等种种海洋动物，潜入水中活动。叠积鳞片，雕饰甲壳；怪异水族，交错杂处；逆水顺流，群出张口，出没沉浮"。

#### 1.对海洋灾害的恐惧——敬畏

　　人们面对海洋的疯狂肆虐时，往往束手无策、无能为力，死亡是海上渔民常见的问题。《后汉书·郑弘传》卷三十三中记述"风波艰阻，沉溺相系"。唐代诗人王勃于唐高宗上元二年（675）省父途中"渡南海，坠水而卒"。面对如此多的海难事故，避难求生是当时渔民出海最直接、最迫切的愿望。面对灾难频发的海洋时，无能为力的人们只能将其归因于大海中喜怒无常的神灵之手，于是对海洋更加敬畏。

　　出于对海洋恶劣气象的恐惧，商船在平安返航后要举行还愿祭祀仪式，感谢海神保佑。南宋著名文学家洪迈所撰的《夷坚志》中，记载南宋泉州杨姓商客借海神保佑取得万贯家财却因不兑现承诺而人财两空的故事："泉州杨客为海贾十余年，致赀二万万。每遭风涛之厄，必叫呼神明，指天日立誓，许以饰塔庙，设水陆为谢。然才达岸，则遗忘不省，亦不复纪录。绍兴十年，泊海洋，梦诸神来责偿，杨曰：'今方往临安，俟还家时，当一一赛答，不敢负。'神曰：'汝那得有此福？皆我力。尔心愿不必酬，只以物见还。'杨甚恐。以七月某日至钱塘江下，幸无事，不胜喜，悉辇物货置抱剑街主人唐翁家，身居柴垛桥西客馆。唐开宴延伫，杨自述前梦，且曰：'度今有四十万缗，姑以十之一酬神愿，余携归泉南，置生业，不复出矣。'举所赍沉香、龙脑、珠琲珍异纳于土库中，他香布、苏木不减十余万缗，皆委之库外。是夕大醉。次日，闻外间火作，惊起，走登吴山，望火起处尚远，俄顷间已及唐翁屋，杨顾语其仆：'不过烧得麄重，亦无害。'良久，见土库黑烟直上，屋即摧塌，烈焰亘天。稍定还视，皆为煨烬矣，遂自经于库墙上。暴尸经夕，仆告官验实，乃得槁葬云。"

### 2. 对海上平安的希冀——求利

自秦汉以来，包含海洋渔业、养殖、盐业等在内的海洋经济活动规模持续扩大，人们越来越意识到海洋蕴产之丰富，海洋资源被进一步利用起来。无论是出海捕鱼的渔民，还是跨海经商的商人，都希望掌控海洋的神灵能够保佑风调雨顺，为自己带来利益，海神信仰在民间越来越广泛、深入。

东晋初年文学家、史学家干宝编撰的《搜神记》中的《欧明遇龙君海神》，讲述了商贾欧明在行商途中总是虔诚地向海中抛撒祭品供奉海神，因此屡屡得到海神相助，最终成为富商的故事："庐陵欧明，从贾客，道经彭泽湖。每以舟中所有，多少投湖中，云：'以为礼。'积数年。后复过，忽见湖中有大道，上多风尘。有数吏，乘车马来候明，云：'是青洪君使要。'须臾达，见有府舍，门下吏卒，明甚怖。吏曰：'无可怖。青洪君感君前后有礼，故要君，必有重遗君者。君勿取，独求如愿耳。'明既见青洪君，乃求如愿。使逐明去。如愿者，青洪君婢也。明将归，所愿辄得，数年，大富。"

贯穿于航海始终的海神信仰，不仅反映了当时人们对海上巨大风险的畏惧心理，也体现了航海者借助海神信仰战胜各种艰难险阻的必胜信念。

### 3. 对海洋神迹的崇拜——向往

海神信仰产生的原因也与古人无法解释的一些神奇现象即所谓的海洋神迹有关。最为常见的海洋神迹是"海市"。北宋的沈括在《梦溪笔谈》中写道："登州海中，时有云气，如宫室、台观、城堞、人物、车马、冠盖，历历可见，谓之海市。"亭台楼阁、城郭、古堡或其他物体的幻影，显现于海空之间，虚无缥缈，变幻莫测，令人浮想联翩；古人则将这种宛如仙境的状况归结为海中神物"显灵"，并由此形成海洋信仰。例如，战国时期的齐国，百姓受海市蜃楼（图6-1-4）"超自然"现象的吸引，出海寻找蓬莱仙境，归来的人们还会夸夸其谈，描述海上见

图6-1-4　海市蜃楼

闻，给人留下无限的遐想空间，久而久之便形成海外仙山崇拜。

## （二）古代海神信仰的发展

### 1. 秦汉时期海神信仰初具规模

海神信仰由来已久，先秦典籍中就有许多关于海神的记载。《竹书纪年》记载，商代帝芒"东狩于海，获大鱼"。

《山海经》中最早出现海神的名称。《山海经·大荒东经》载有"东海之渚中，有神，人面鸟身，珥两黄蛇，践两黄蛇，名曰禺䝞（图6-1-5）。黄帝生禺䝞，禺䝞生禺京。禺京处北海，禺䝞处东海，是惟海神"；《山海经·大荒西经》载有"西海陼中，有神，人面鸟身，珥两青蛇，践两赤蛇，名

曰弇兹"；《山海经·大荒南经》载有"南海渚中，有神，人面，珥两青蛇，践两赤蛇，曰不廷胡余"；《山海经·大荒北经》载有"北海之渚中，有神，人面鸟身，珥两青蛇，践两赤蛇，名曰禺强（图6-1-6）"。《山海经》中记载的四海海神形象几乎都是人面鸟身，耳朵上挂两条蛇，脚上踏着两条蛇。这一记载也说明早在《山海经》问世前，我国先民就有了四面都有海水的观念，并产生了早期的崇拜。

图6-1-5　东海海神禺虢
（源自《山海经》清·汪绂绘）

图6-1-6　北海海神禺强
（源自《山海经》明·蒋应镐绘）

史书中有很多秦代时期关于海神的记载。《史记·秦始皇本纪》曰："齐人徐市等上书言，海中有三神山，名曰蓬莱、方丈、瀛洲，仙人居之。请得斋戒，与童男女求之。于是遣徐市发童男女数千人，入海求仙人。"这里的"海"应为东海，海中的山上住着神仙，是为海神。《山海经·大荒东经》记载："东海中有流波山，入海七千里。其上有兽，状如牛……"《古今图书集成·禽虫》卷一百六十二引《广异记》也记载了海中山神。这些神仙大多指的海岛中的山神，从宏观上讲就是具体化的某种海神。史书记载，秦始皇为求取长生药，曾派人入海求见海神。《史记·淮南衡山列传》曰："秦始皇又使徐福入海求神异物，还为伪辞曰：臣见海中大神，言曰：汝西皇之使邪？"……《史记·秦始皇本纪》还有秦始皇夜梦海神的记载："始皇梦与海神战，如人状。问占梦，博士曰：'水神不可见，以大鱼蛟龙为候。今上祷祠备谨，而有此恶神，当除去，而善神可致。'"海神作为一种神灵受到秦始皇的封赐并以候的待遇加以拜祭，足见海神在秦始皇心目中的地位。

汉代，海神信仰因其普遍存在、内容丰富、形式多样，被纳入国家祭祀体系。汉武帝建元元年（前140）五月诏曰："河海润千里，其令祠官修山川之祠，为岁事，曲加礼。"元封五年（前106）冬，汉武帝"北至琅邪，并海，所过礼祠其名山大川"，夏四月，"会大海气，以合泰山"。郑氏曰："会合海神之气，并祭之。"汉武帝非常重视海神，像祭祀山川河流一样祭祀海神。武帝还为了求仙派人寻找海神，《汉书·郊祀志上》曰："上遂东巡海上，行礼祠八神。齐人之上疏言神怪奇、方者以万数，乃益发船，令言海中神山者数千人求蓬莱神人。"汉宣帝曾下诏祭祀海神："夫江海，百川之大者也，今阙焉无祠。其令祠官以礼为岁事，以四时祠江海雒水，祈为天下丰年焉。"汉代，以诏书的形式将海神的信仰祭祀固定下来，并出现其官方化的倾向。同时，海神信仰还出现下移现象，民间赋予一些海神新的名字，并为其配以夫人，人性化色彩浓厚。

当时人们对海神的祭祀方式较为简单，大多采取"望祭"，即遥望大海的方式。秦皇汉武时期，出海寻求仙山灵药为帝王们所痴迷，实际上这也是一种"望祭"。

### 2. 唐宋时期海神信仰迅速发展

唐朝时期，随着海上丝绸之路的兴盛，人们对海洋抱有更大的期望，海神信仰得到进一步强化，海神形象亦逐渐具体化。

唐初基本上承袭此前对四海之神的信仰。唐玄宗时，册封四海海神（图6-1-7）为王。据记载，"天宝十载正月，以东海为广德王，南海为广利王，西海为广润王，北海为广泽王"。同时，因海洋交通与贸易的发展，在沿海地区出现了具有"人格神"特征的地方性海神，如浙江象山县的"天门都督"。《宝庆四明志》卷二十一《象山县志全·叙祠》载，唐贞观年间，有会稽贩客金林"数经从荐，牲醴惟谨，舟行每得所欲。一日祭毕，误持胙肉去，解缆行十余里，欻然逆风，复漂至庙下，不

图6-1-7　毗卢寺壁画中的四海龙王等

得前。舟人恐甚，乃悟所误，亟还置，加祈谢，即反风安流而济"。再如，唐代《初学记》卷八引束晳《发蒙记》道："侯官谢端，曾于海中得一大螺，中有美女，云：'我天汉中白水素女，天矜卿贫，令我为卿妻。'"其实，来自海洋的螺女也可归为海神。另外，据考证，唐代也出现了龙王信仰，虽然这时的四海龙王仍以神化的动物形象为主体，带有古代图腾主义的余绪，但已有人间帝王的威严，展现出唐人心目中海神形象的流变。

对于古代海神祭祀，学者们指出汉宣帝本始元年（前73）诏"以四时祠江海洛水，祈为天下丰年焉"，我国开始了关于海神祭祀的记载。唐朝时期，对海洋的国家祭祀愈加成熟，以自唐代起的"岳镇海渎"为主，走向正统并且最终成为定制。"岳镇海渎"指五岳：东岳泰山、西岳华山、南岳衡山、北岳恒山、中岳嵩山；五镇：东镇沂山、南镇会稽山、中镇霍山、西镇吴山、北镇医巫闾山；四海：东海、南海、西海、北海；四渎：江渎、河渎、淮渎、济渎。此时海祭位列河祭之前。祭祀按等级分为大祀、中祀、小祀。《周礼·春官宗伯》曰："立大祀，用玉帛、牲牷；立次祀，用牲币；立小祀，用牲。"因配祭地祇，唐朝将"岳镇海渎"列入中祀。自此之后，历朝历代都仿照唐制。直至清朝，一以贯之。

宋朝时期，海上航行空前繁荣，航行于海上的各种群体数量剧增。宋朝平定四方以后，逐步建立起岳镇海渎的常祀。海之祀，立春日祀东海于莱州，立夏日祀南海于广州，立秋日祀西海于河中府（今山西永济），立冬日祀北海于孟州。"各祭于所隶之州，长吏以次为献官"，"各以本县令兼庙令，尉兼庙丞，专掌祀事"，这是国家水上神灵祭祀的最高等级。

四海之中，东海和南海是有实指的海域，其中东海包括渤海、黄海和现在的东海。作为海神来说，东海神和南海神都有明确的管辖区域；北宋时，东海神本庙设于渤海湾畔的莱州。

南宋初，东海神本庙仍为莱州东海庙。宋高宗绍兴十三年（1143）祭"岳镇海渎"时，因当时莱州已入金朝境，莱州东海助顺渊圣广德王仍作为"道路未通去处"，在南宋控制疆域之外实行望祭。而"路通去处"的海神只有广州南海洪圣广利昭顺威显王，由朝廷差使臣前去与所在州县排办祭告。宋孝宗乾道五年（1169），太常少卿林栗的建议被宋孝宗采纳，参照广州祭南海礼例，在明州设东海神庙祭祀。

### 3. 明清时期海神信仰进一步升华

明清时期，随着民间贸易的发展，海商们不仅信奉妈祖，也信奉关帝、三官大帝、土地公等。海洋移民潮的涌现和海洋渔业的发展，使得许多陆域护境神信仰以及海岛渔村护境神信仰"海洋化"；特别是我国沿海民众向近海海域的岛屿移民，导致岛神、礁神等的出现，地方性海神越来越多。

明朝时期，由于郑和下西洋、施琅进军台湾等官方的海洋活动被认为是得到了海神妈祖的庇护，朝廷屡屡册封妈祖，使之由"天妃"升格为"天后"乃至"天上圣母"。如此一来，妈祖信仰在全国范围内进一步传播，妈祖成为全国普遍信奉的海神。

---

**自主探究**

中华书局1999年出版的增订简体横排本《全唐诗》中涉及海洋意象的作品有900余首，其中有79首直接以海洋为描摹对象。请查阅资料解析两首表现海神形象的唐诗。

例如：

| 雪 | 兴庆池侍宴应制 |
|---|---|
| 唐·李峤 | 唐·刘宪 |
| 瑞雪惊千里，同云暗九霄。 | 苍龙阙下天泉池，轩驾来游箫管吹。 |
| 地疑明月夜，山似白云朝。 | 缘堤夏筱萦不散，冒水新荷卷复披。 |
| 逐舞花光动，临歌扇影飘。 | 帐殿疑从画里出，楼船直在镜中移。 |
| 大周天阙路，今日海神朝。 | 自然东海神仙处，何用西昆辙迹疲。 |

---

## 二、龙王信仰与妈祖信仰

我国古代，人们崇拜的对象涉及自然界的许多物种以及神与凡人，如四海海神、龙王、观音等神，鲸、海龟、大鱼等海洋动物，妈祖、伍子胥、羊山大帝、陈靖姑、大禹等"人神"，并形成各种信仰；其中，影响最为广泛的是龙王信仰和妈祖信仰。

### （一）龙王信仰

#### 1. 龙王信仰的形成

我国历史上的龙在民间信仰中主要以雨神身份出现，正如古籍上所写 "水以龙"，龙和水是密不可分的。《史记·夏本纪》指出，我国历史上第一个朝代的建立者是禹，鲧是他的父亲。根据《尚书·禹贡》《山海经·海内经》《左传·昭公十七年》等古籍记载，鲧盗天帝之"息壤"治水，快要成功时被天帝发现。天帝收回"息壤"，于是鲧治水失败并被尧用雷电击死。鲧满腹怨恨、死不瞑目，过了三年尸身都不腐坏。于是，尧派出勇士用锋利的吴刀将鲧的尸身剖开，结果从鲧的腹中飞出一条黄龙，这条黄龙就是鲧的儿子禹。禹继续治水并制服了许多兴风作浪的孽龙，使孽龙们转而助他治水。从此以后，龙便成了主水之神。

人们将龙称为"龙神""龙君"，这种龙的人格化是龙王信仰形成的关键。在龙由兽形向人形转变的同时，伴随着巫术祈雨向祭祀祈雨的转变。这一转变过程大约始于晋代而完成于唐代。当时，还出现了专为龙修建祭祀场所的记载，如"武昌虬山有龙穴，居人每见虬飞翔出入。岁旱祷之，即雨。后人筑塘其下，曰虬塘。""河水又东径，五龙坞北，坞临长河。有五龙祠"。

### 2. 龙王信仰的普及

宋代皇帝封赐龙神之举，使"龙王"称呼取代了宋代以前最常见的称呼"龙神""龙君"。宋代石刻《龙王灵感记》还对"龙王"之称做了解释："得非所谓龙王者，云藏于缶，雨贮于襟，呼吸之间，感召不爽，命之曰龙王，信不诬矣。"

宋代封王之举极大提高了原本民间龙神的地位，推动了龙王信仰的发展，使龙神以龙王的身份得到更多的重视和更加普遍的崇信。作为自然神，原本就在各地拥有一定信众的龙王，经过朝廷的封赐获得了更加显耀的地位，推动了各地龙王庙的兴建和龙王信仰在全国范围的普及。图6-1-8为四川安岳石窟明代龙王像。

图6-1-8　四川安岳石窟的明代龙王像

### 3. 海龙王信仰

海龙王信仰是龙王信仰的重要组成部分。

（1）海龙王信仰的崛起。

我国原有的龙居于陆地水域，主管降水。魏晋时期汉译佛经《海龙王经》首先引入"海龙王"说法，此后道教经典《太上洞渊神咒经》出现了"四海龙王"的提法，但并未提及其与海洋的关系，而是用以防火安宅。唐代，海龙王在佛、道教经典以外的文献材料开始出现。例如，志怪故事《震泽洞》中提到"盖东海龙王第七女掌龙王珠藏"，卢仝《冬行三首》写道"不敢唾污水，汙水入东海。污泥龙王宫，恐获不敬罪"，《太平寰宇记》引唐代《郡国志》提道"陂见有海龙王神祠在焉"。至少从唐代起，民间就已经出现信仰海龙王并为其建庙祭祀的现象。海龙王庙进入记载预示着海龙王信仰的崛起，也意味着其取代四海海神之路的开始。

（2）四海龙王与四海海神的合体。

唐代是海龙王信仰和海神信仰发展的关键时期。海神信仰一方面延续着前代的信仰传统，另一方面通过唐代统治者的册封使海神获得更加尊崇的地位，进一步促进了海神信仰的发展。

我国很早就有"万川归海"的观念，如《庄子》云"天下之水，莫大于海，万川归之"。"万川归海"的观念将龙王和四海海神的统治区域联系在一起。汉代古籍中出现了向东海海神祈雨并得到回应的记载。例如，谢承《后汉书》载："奚延转议郎，徐州遭旱，延使持节到东海请雨，丰泽应澍雨，与京师同日俱霈，还拜五官中郎将。"这些记载为东海海神赋加了与龙相同的降雨功能，进一步加强了龙王和海神之间的联系。于是，海龙王与四海海神的合体在唐代应运而生。

宋朝时期，四海海神形象已被龙王形象置换，其中东海、南海因在疆域之内，获得册封最多。宋代时，数次册封过南海海神，高宗绍兴七年（1137）南海神之庙被封为"南海龙王祠"，绍兴三十一年（1161）石臼岛龙祠被封为东海神之庙"威济庙"。

在宋代，海龙王与四海海神的合体与当时民间和官方频繁的信仰活动密切相关。唐朝时期已有沿海民众建庙奉祀海龙王的现象。人们相信，龙王监管四海，可以上天入地、行云布雨，职司一方土地的风调雨顺，这恰好能够满足彼时靠天吃饭的民众的需求。到宋朝时期，海龙王已与四海海神在官方祀典中平起平坐。朝廷的推崇成为海龙王崇拜的助力，使得龙王在海神中的地位越来越重要。

海龙王与四海神的合体实际上是海龙王对四海神的取代。随后，"海龙王"成为人性化、社会化属性更为具体的海神——"四海龙王"。民间海神信仰中，龙王有自己的宫殿住所——龙宫；海龙王的家族与人类社会家庭成员组成相类似，有太子、龙女、虾兵蟹将等，它们有喜怒哀乐、七情六欲。

古代帝王对龙王的推崇和祭祀始于唐代，北宋末年朝廷正式册封龙王。朝廷的册封，大大提高了民间龙王的地位，龙王信仰进一步升温，龙王庙宇在民间迅速发展。这样，"四海龙王"也有了各自具体的"姓名"："东海龙王敖广""南海龙王敖钦""北海龙王敖顺""西海龙王敖闰"。

从此以后，在中国民间的信仰中，东海、西海、南海、北海四海便全部由四海龙王接管。四海龙王中，职位最高、最为人们信仰的是东海龙王。

### （二）妈祖信仰

妈祖信仰指的是妈祖信仰民俗。广大民众在千百年来尊崇、信仰妈祖过程中遗留和传承下来的物质财富与精神财富所形成的光辉灿烂的妈祖文化，成为中华民族的重要文化瑰宝之一。

#### 1. 海神娘娘——妈祖

妈祖在历史上确有其人。相传宋太祖建隆元年（960）农历三月二十三日，福建莆田湄洲林家生一女，因她"生至弥月，不闻啼声"，父母为其取名为"默"。林默自幼聪颖过人、勤奋好学而且乐善好施，深受邻里乡亲的喜爱。长大后，她精研医理，为人治病，教人防疫消灾。她矢志不嫁，以便终生专心致志地行善济难。她生长在海滨，通晓天文气象，熟习水性，传说她能"乘席渡海"拯溺救难。她的仗义行为轰动远近。在一次抢救一只被狂风巨浪打翻的商船时，遇难者得救了，但林默自己却因筋疲力尽被风浪吞噬了，时年24岁。后人缘以"人行善事，死后为神"，视林默升天为神专门到海上抢险助人去了。此后，乡亲传言常见她于山岩水洞之旁，或盘坐彩云雾霭之间，或朱衣飞翔海上，并示梦显圣、救人急难。于是，乡里之人便在湄峰建起祠庙虔诚敬奉，前来朝觐祭祀者络绎不绝。从此，关于林默生前拯溺救难和"升天"后显灵护国庇民的神话故事广为流传，由南宋廖鹏飞于绍兴二十年（1150）撰写的《圣墩祖庙重建顺济庙记》则是妈祖信仰起源于湄洲屿并在宁海"显灵"的历史的最早记载。

妈祖一生奔波海上，济险拯溺，救急扶危，福佑群生，护国庇民，航海人敬之若神。死后，人们将妈祖奉为"海上女神"（图6-1-9）。

图6-1-9 妈祖雕像

#### 2. 妈祖信仰兴起的原因

在海上或海边生活的人们面对的是反复无常、威力无比的自然力量，古代渔民或航海人在不能掌握自身命运的情况下常寻求神灵保佑，因而他们特别希望冥冥之中有力量强大的神灵在危险之际来保佑自己、拯救自己。险恶的自然环境及这种环境背景下人们的心理状态为妈祖信仰的形成提供了土壤。

大约自南宋起，妈祖在中国航海界已得到普遍的祭祀，历代皇帝先后多次给妈祖叠奖褒封，并列入国家祀典；至元明清三朝，几乎每一个水手都将妈祖看成离不开的保护神。

#### 3. 妈祖信仰的核心精神

有妈祖信仰，就有妈祖精神。妈祖精神既是妈祖信仰的基点，又是妈祖信仰的归宿。

妈祖高尚的品质和行为表现为伸张正义、广施仁爱，不畏艰险、舍身救难，心系民众、造福他人，启迪良知、引人向善，珍惜生态、回归自然等，妈祖信仰的核心精神是"立德、行善、大爱、和平"。

在如今的时代背景下，妈祖是中国和平崛起的文化精神。妈祖文化已成为整个人类文化的组成部分，受到越来越多世人的关爱与敬仰。

### 4. 妈祖文化的广泛传播

妈祖信仰形成的妈祖文化千百年来得以传播，源自妈祖高尚的品质和行为，得益于民众对妈祖品质、行为的认可和推崇，历代文人学者对妈祖品质、行为的肯定和传播，以及官方对妈祖品质、行为的认可和褒扬。

（1）海洋活动——妈祖文化传播的重要途径。

10世纪时，我国的造船技术和航海技术相当发达，我国的航海者们在世界上首先发明了隔舱航舟并率先使用指南针为海上航行定向，以保证航行安全。但是，由于没有气象预测，海上狂风暴作时人们只能祈求于神灵护佑。郑和七下西洋，亦祷于祖庙；明清大量汉人向南洋群岛进军，均舟载妈祖神像，这说明妈祖是中国古代海上活动的保护神。借助于海上活动，妈祖文化也传播开来。郑和七下西洋，共访问亚非30多个国家和地区，供奉妈祖神像，修缮、兴建沿途港口的妈祖庙，寻求朝廷的支持和册封，对于妈祖信仰在民间主流信仰地位的确立及其在世界各地的传播起到了很好的推动作用。

（2）朝廷册封——妈祖文化传播的推动力量。

出于政治需要，北宋末年朝廷褒封妈祖，南宋、元、明、清历代皇帝也都对妈祖尊崇备至。朝廷的累累封敕，最终使妈祖获得了至高的地位。据史料记载，民间出海者的受益以及国家许多外交、军事等重大行动的成功均认为是得到了妈祖的庇佑，这更加促进了妈祖信仰的发展。

（3）贸易航运——妈祖文化传播的重要支撑。

妈祖文化的传播与我国古代港口的开设和海外贸易的发展密切相关。我国古代著名港口如天津、上海、杭州、泉州和广州，都兴建有妈祖庙。

妈祖文化沿福建、广东至京津及东北的海上漕运航线传到渤海湾沿岸，并与地方文化相融合，逐渐成为当地的民众信仰，以致"天后遂成为掌司各事之神"。元朝泰定三年（1326）天津的海河三叉河口建起海神庙——天后宫，也是妈祖文化从南方传入北方的历史见证。妈祖文化的对外传播，应是在南北宋之交开始的。迄至元代，闽江中游的南平和运河沿岸的个别地方都有了妈祖庙。迨至明清时期，妈祖文化的传播就相当广泛了，西至四川、陕西，北至东北，到处都有妈祖庙。妈祖文化向海外的传播主要也在这一时期，日本、越南、泰国，凡是有华人涉足的港口，几乎都有天妃宫。到近现代，随着华人足迹遍布天下，妈祖的香火也传到世界各大城市。美国的纽约、法国的巴黎等地都有了妈祖的庙宇，出现了"有海水处就有华人，有华人处就有妈祖"的文化景观。

**合作研讨**

小组合作，网上阅读福建师范大学社会历史学院教授、博士生导师林国平《海神信仰与古代海上丝绸之路——以妈祖信仰为中心》（《福州大学学报（哲学社会科学版）》2017年第2期）一文，交流探讨古代海上丝绸之路与海神信仰的关系。

（4）文化融合——妈祖文化传播的重要基础。

妈祖文化发源于海洋文化，在传播过程中，既能与农耕文化协调融合，也能与海外文化和谐共存。正是妈祖信仰本身的开放性，使其在中国各地乃至世界赢得了人数众多的受众，通过对神明的改造完成了与当地民众的融合。

　　妈祖文化以莆田湄洲妈祖信仰为中心，吸收、接纳来自不同地区的习俗文化和多元文明中的积极因素，将其予以融会贯通再传递到东亚、东南亚、南亚一带。在这一过程中，妈祖文化既完成了本土化进程，又将适应本土的民俗文化传入周边国家，从而形成了一个基于地理空间的妈祖文化共同体和中华文明、印度文明、伊斯兰文明在海上丝绸之路沿线国家共生共融的多元复合文化的命运共同体，将"立德、行善、大爱、和平"的核心信仰元素融入广大民众心中。

　　学者们通过研究发现，妈祖文化传播的沿革轨迹是"先人后庙，以庙聚人"，接着"以庙兴城，以庙兴市"，形成庙旺城兴的良性互动态势。目前，全世界有3亿多人信仰妈祖，上万座从湄洲妈祖祖庙分灵的妈祖庙坐落于世界45个国家和地区。图6-1-10为湄洲妈祖祖庙。

图6-1-10　湄洲妈祖祖庙

　　与中原农耕文化、草原游牧文化等一样，妈祖文化也是中华文明的重要组成部分。福建湄洲妈祖祖庙的"妈祖祭祀"、山东曲阜的"孔子祭祀"和陕西黄陵的"黄帝祭祀"并称为中国三大传统祭典，"妈祖祭祀大典"被列入中国首批非物质文化遗产。20世纪80年代，妈祖被联合国有关机构授予"和平女神"的称号。2009年"妈祖信俗"被联合国教科文组织列入《人类非物质文化遗产代表作名录》，成为中国首个信俗类世界遗产，这也进一步使妈祖文化成为全人类尤其是21世纪海上丝绸之路沿线国家共属的精神财富。

### 三、从海神信仰到海洋民俗文化

海神信仰是一种文化现象，隶属海洋民俗文化。

**（一）海洋民俗文化的含义**

　　民俗指一个民族或一个社会群体在长期的生产实践和社会生活中逐渐形成并世代相传、较为稳定的文化事项，即民间流行的风尚、习俗，是一种来自人民群众、传承于人民群众、规范人民群众又深藏在人民群众的行为、语言和心理中的集体习惯。

　　民俗文化是指民间民众的风俗生活文化的统称，泛指民众所创造、共享、传承的风俗生活习惯，是人民群众在生产、生活过程中所形成的一系列物质的、精神的文化现象。

　　海洋民俗文化是在沿海地区和海岛等特定区域范围内的文化习俗，它的产生、形态特征都与海洋有密切的关系，反映了沿海居民对海洋的认识经历，折射出沿海居民的生活方式、生产方式、原始信仰崇拜和娱乐习惯等，体现了沿海居民创造海洋文化的历史。由此可以看出，海洋民俗文化属于民俗文化，是民俗文化的一个分支。从区域上看，只有在沿海和海岛范围内的民俗文化才能纳入海洋民俗文化的范畴；从性质上看，只有与海洋有关的习俗风尚才能成为海洋民俗文化研究的对象。

**（二）海洋民俗文化的主要内容**

海洋民俗文化主要包括海洋生产习俗、渔民生活习俗、海神信仰以及渔家禁忌。其中，海洋生产习俗主要包括生产习俗（排渔船、新船点睛、海上作业制度、生产号子等）与海洋生产用语（船上人员习称、渔具俗称、渔场用语等），渔民生活习俗主要包括饮食风俗、饮酒习俗、服饰习俗、交通习俗、居住习俗等，渔家禁忌主要包括船面忌讳、饮食禁忌、语言禁忌、其他渔家禁忌等。

海洋民俗文化丰富多彩，区域不同，民族不同，海洋习俗文化往往也就不同且各具特色。

### 1. 山东威海海洋民俗文化掠影

新船点睛：海边渔民把渔船看成自己的伙伴，对它爱护备至并赋予它灵性。新船造好后只画眼、不画睛，即边上画个大大的黑眼圈，中间是一个白色的大圆。下水前，船主请人选择黄道吉日，敲锣打鼓放鞭炮，亲自为新船点睛，众人喊着大吉大利的号子把披红挂绿的新船从岸上移下海去。图6-1-11为山东威海荆旺角新船启用仪式现场。

荣成渔民号子：特点一是协调生产、鼓舞情绪的实用性，二是形式内容的丰富性，三是酣畅交替、即兴发挥的灵活性，四是用于劳动生产的广泛性。荣成渔民号子中的抒情号子（也称"欢乐号子"）多用于渔船收港时，其旋律优美，流畅欢快，带有明显的歌唱风格和浪漫色彩。图6-1-12为喊着荣成渔民号子的渔民们。

图6-1-11　山东威海荆旺角新船启用仪式现场

图6-1-12　喊着号子的渔民们

成山头吃会（图6-1-13）：荣成成山头周边的乡村一直具备农、渔两种形态。出海渔民的土地由专事农业的村邻帮助侍弄，而渔民除了以海鲜回馈外，还将小鱼、小虾等送给农民做肥料。这种互助互利加深了渔、农之间的感情。为了表达彼此的情感，人们便在农耕、出海之前组织乡邻"把酒话乡情""成山头吃会"应运而生。

图6-1-13　成山头吃会

海草房（图6-1-14）：荣成等地5～10米浅海里生长着大叶藻等大叶海草。这些海草生鲜时颜色翠绿，晒干后变为紫褐色，质地柔韧、结实。当地居民将海草打捞上来晒干整理后，用于苫铺屋顶，盖成的房屋俗称海草房。海草房房顶结实，冬暖夏凉。

图6-1-14 海草房

### 2. 浙江舟山海洋民俗文化掠影

嵊泗渔民画（图6-1-15）：嵊泗渔民画曾成功地在北京中国美术馆、上海美术馆以及日本、法国、德国等地展览。嵊泗渔民画起源于20世纪80年代中期，作品色彩艳丽、情感豪放，描绘出普通渔民的生活，也描绘出神秘而独特的海洋。

海洋鱼类传统加工产品（图6-1-16）：岱山地处舟山渔场中心，渔业历史悠久，捕捞品种众多，鱼类140多种，蟹虾类40余种。在长期实践中渔家创造了盐渍、冰鲜、风干、晒干等多种传统加工工艺方法，成品分为干品、腌品、糟品、醉品，盛销国内以及东南亚地区。

渔民传统服饰（图6-1-17）：岱山渔民上身习惯穿大襟布衫，外罩背单；冬罩棉背单，春秋罩夹背单，夏穿"邻郎"（形似单背单）。渔妇服饰三大件有头巾、布襕、横襟衫。老年妇女喜戴黑、白头巾，年轻妇女喜戴花头巾。渔、盐民夏天习惯赤脚，冬天穿"龙花蒲鞋"。

渔民传统竞技（图6-1-18）：浙江省非物质文化遗产项目"渔民传统竞技"是产生于渔民劳动的

图6-1-15 嵊泗渔民画

图6-1-16 海洋鱼类传统加工产品

图6-1-17 渔民服饰

图6-1-18 渔民传统竞技

一种游戏，并形成大量富有海岛情趣和海洋特色的传统竞技活动，如爬桅杆、拔篷、摇橹、抛缆、攀缆、车锚、搬酒埕、游泳、潜水、跳水、滑泥马、海滩拔河、海滩摔跤、织网等。

### （三）海神信仰是重要的非物质文化遗产

世界文化遗产是代表人类创造的一种杰出作品，体现人类共同认同的价值。参照世界文化遗产的划分标准，海洋文化遗产分为物质性和非物质性两种形态。海神信仰属于非物质海洋文化遗产。与传统的手工艺技能等非物质海洋文化遗产一样，海神信仰具有民族历史积淀特点和广泛、突出的民族代表性。海神信仰植根于濒海地域与海上社会，其草根性和民间本色赋予它顽强的生命力与传承海洋文明的特有功能，成为促进社会发展不可多得的宝贵人文资源。

随着改革开放事业的推进，我国沿海地区重视海洋文化建设，积极引导，移风易俗，举办了各种各样的民间海神信仰活动，促进了沿海地区精神文明与物质文明健康发展，使社会效益、经济效益乃至学术研究价值互相促进、相得益彰。

---

**合作研讨**

小组合作，查阅资料，交流研讨海神信仰文化遗产具有哪些重要价值。

---

**拓展·深化**

1. 观看电影《妈祖回家》，感受海峡两岸人民难以割舍的血脉情缘和妈祖文化的巨大魅力，撰写一篇观后感。

2. 在当今社会，我们应该以一种怎样的眼光来看待海神信仰？与同学们一起就此组织一次研讨会。

3. 对于一些即将消逝的海洋民俗文化，我们应该如何去保护？就此撰写一篇小论文。

## 祭海活动与现代海洋节庆活动

### 任务·目标

**（一）任务**

1. 学习本专题中"传统祭海活动"，选择我国一处沿海地区分析总结其祭海活动的起源以及祭海的形式（仪式）和内容（过程）。

2. 学习本专题中"新型祭海活动"，合作研讨我国沿海地区各种新型祭海活动及其特色，实地体验新型祭海活动并撰写感后感，撰文论述"从古至今探祭海"，以"举办祭海活动，传承传统文化"为主题举办报告会。

3. 学习本专题中"现代海洋节庆活动"，自主探究我国沿海地区现代海洋节庆活动的特点和意义，网上观看海洋日主题宣传片《保护海洋生态系统　人与自然和谐共生》并撰写观后感。

**（二）目标**

1. 认识我国的祭海文化，了解我国沿海地区民众祭海的精神寄托和情感追求，强化对人类、自然、海洋和谐相处与可持续发展重要意义的理解。

2. 了解新型祭海活动与传统祭海活动的区别，能说明传承与开拓祭海文化的意义，提高学习、弘扬中华优秀传统文化的自觉性和积极性。

3. 了解我国现代海洋节庆活动，能举例说明现代海洋节庆活动的特点及其意义，丰富关爱海洋、保护海洋的情感。

### 情境·问题

#### 走进田横祭海节——体验民间祈福海洋的狂欢

每年，青岛即墨田横岛（现为田横岛省级旅游度假区）都要举行声势浩大的田横祭海节，这一节庆活动源于田横镇周戈庄村已有500多年历史的地方传统民俗。

田横岛因秦末汉初田横及五百义士的壮举而命名，是青岛东部沿海沉淀着2 000多年历史文化的海洋民俗文化旅游胜地。生活在这一古镇的渔民先祖以渔为生。由于当时对海洋的认识和生产作业能力有限，海难事件时有发生，渔民先祖便将对平安和丰收的希望寄托于对海神的虔诚祈拜。起初，祭海活动形式简且没有固定日期，多是各家各户在修船、添置渔具等生产准备工作就绪后，选定传说中东海龙王或妈祖娘娘的生日或某个黄道吉日将渔网抬上船，便开始祭海，俗称"上网"。祭海当天，渔民们要摆放大肥猪、香饽饽、红公鸡、大鲈鱼等各种祭品，焚烧"太平文疏"，虔诚磕头朝拜，在一路鞭炮锣鼓声中把自家修葺一新、插满彩旗的船只送入海中停泊；为求得龙王保佑，在送船的同时还向海中抛洒食物。祭海的第二天便正式出海。在100多年前，田横祭海活动初成规模，形成以家族或船组为单位的集体送船祭海活动。

新中国成立后，田横镇的经济开始恢复，祭海节也随之发展起来。1984年，祭海活动叫作"周戈庄上网节"，并随着我国农村社会经济体制改革的推行规模随之增大。2004年，为了打造文化产业品牌、促进区域经济增长，田横镇政府对祭海习俗活动进行了挖掘、整理和分类并成立了节庆筹备委员会，"周戈庄上网节"更名为"周戈庄祭海民俗文化节"，并增加了扭秧歌、威风锣鼓、巨书表演等民俗活动。2005年，"周戈庄祭海民俗文化节"更名为"田横祭海民俗文化节"，每年公历3月18日前后三天举行，并增添喝壮行酒等民俗表演及民俗研讨、香馍馍面塑大赛、民俗摄影大赛等活动内容。2006年，祭海活动正式定名为"田横祭海节"，以"人海相谐、兴我家邦"为节庆主题，并形成"一年一祭、三年一节，官办示范、民办主体，高点定位、持续发展"的办节思路。2008年，"田横祭海节"被列入第二批国家级非物质文化遗产名录，并荣膺首届节庆中华奖"最佳公众参与奖"。2009年以来，"田横祭海节"由即墨市（现为青岛市即墨区）政府主办、田横镇政府承办，突出"人海相谐、兴我家邦"的节庆主题，着力打造我国北方最大的祭海活动。

田横祭海节现已发展成为山东乃至全国知名的民俗节庆品牌，是我国北方渔文化中特色最浓郁、原始祭海仪式保存最完整、规模最大的国家级非物质文化遗产；其间，"文旅融合""经旅融合""时尚娱乐"三大板块协同发力，除了原汁原味的原始祭海民俗外，还有20多项精彩活动。

祭海节前四五天，渔家媳妇们便忙碌着走家串户商议并制作各种面塑（图6-2-1）。她们所做的面塑大小不一、造型各异，"龙凤呈祥""八仙过海""百花齐放""海底世界"等栩栩如生，尤其是俗称神虫、升虫（取"神升"之意）的盘龙面塑，头、眼、身、尾分明，神采奕奕。男人们便忙着选猪、鸡、鱼"三牲"，选的猪以黑毛大公猪（图6-2-2）为佳，宰杀后刮毛，只在猪脖子上留下一撮黑毛，然后用红绸布打成红花绸结装饰在猪头和猪脖子上；选的鸡是红毛大公鸡；选的鱼则是大个儿的鲈鱼。渔船主要点上一炉香，请村里德高望重的老人用黄表纸书写"太平文疏"，向龙王、海神娘娘、财神、仙姑、观音菩萨5位神灵祈求平安丰收。

图6-2-1 祭祀仪式上的各式面塑

图6-2-2 祭祀仪式上的烤猪

祭海节前几天，各船长推举专门人员将龙王庙四周清洁整饰一新，挂上大红灯笼；老艺人们在龙王庙前的海滩上扎起松柏门，挂满彩灯，悬挂匾额，在两边画有二龙戏珠和鱼跃龙门等图案的竖阁上贴上大红对联，显得壮观气派；海滩边搭起临时戏台，各家各户则在影壁上贴满红彤彤的对联。祭海前一天，各船船主将渔船开到村前海湾，船上整齐摆放着彩旗、渔具和网具，船头面向大海一字排开下锚定位，为第二天举行的祭海仪式做好准备。

祭海仪式举行那天清晨日出之前，人们将供桌摆放在龙王庙前的海滩上。供桌上摆有面馍、三牲、水果、糖果、蛋糕、花生、酒等，并将用竹竿绑扎成的数支有四五米高的"站缨"（海中下网的一种标志）架立在供桌前。人们将准备焚烧的黄表纸、香炉摆好，在竹竿上绕上几支万响的大鞭炮，把写好的对子贴到龙王庙门口和庙前的照壁上。图6-2-3为供桌上摆放着的供品。祭海仪式开始时，鞭炮齐鸣，锣鼓喧天，载歌载舞，齐拜海神，一派热闹景象。图6-2-4为田横祭海仪式现场。

图6-2-3　供桌上摆放着的供品

图6-2-4　田横祭海仪式现场

田横祭海节期间，不计其数的当地群众、中外游客以及我国民俗研究、经济研究等方面的专家慕名前来参加这一现代人心驰神往的狂欢大典。田横岛省级旅游度假区党委、政府借此全力打造独具地方特色的休闲渔业产业群，推出了一系列文化产品和渔家旅馆、"喜行渔舍"特色渔家宴等，形成了独具当地特色的民俗旅游经济发展模式；与此同时，招商引资工作不断实现新突破，加快了当地经济由传统渔业向休闲渔业转型并不断实现发展模式的突破。

受田横祭海节的影响，以"喜行渔舍"为代表的田横干鲜海产品、田横海参、田横豆腐、田横香馇馇、田横茶叶等一系列地方农特产品纷纷成了抢手货，使当地百姓从中品尝到了甜头，开始改变一直以来的"靠山吃山，靠海吃海"的生活模式，生活质量不断提高。

祭海已经成为田横人精神生活中不可分割的组成部分。生活在悠久大地上的田横人血脉中流淌着、延续着坚韧品格和聪明才智，继承着拥有悠久历史的文化传统。田横祭海节向世人传达了一种鲜明讯号，那就是中国不仅拥有黄色的陆地文明，而且拥有蓝色的海洋文明。

**问题导引**

1. 祭海是一种什么样的活动？
2. 当今新型祭海活动与传统祭海活动有什么不同？
3. 如何正确理解我国的祭海文化？
4. 我国目前主要有哪些现代海洋节庆活动？这些活动具有什么重要意义？

探究·发现

### 一、传统祭海活动

我国古代祭海是一种由自然崇拜而形成的传统海洋活动，是沿海地区的人们在长期的海洋活动中创造的一种具有浓郁地域特色的渔家文化和民俗文化活动，其主要特点是利用焚香、点烛、设供、叩拜、祈祷、表演等宗教行为方式向海洋表示崇拜、感恩、祈福等，以求海神的恩赐与佑助。

我国早在夏商周时期就产生了祭海活动，当时这种祭海的仪式必须由帝王亲自主持，而且这一规定持续了相当长的时间。随着历史的发展，官方祭海之风逐渐传入地方民间，并形成了各种具有浓郁地方色彩的民祭形态。这些形式丰富的民祭在一些地方史志里仍然可以找到有关的踪迹。

#### （一）官方祭海

##### 1. 帝王"四海"之祭

早在夏商周时期，帝王就开始了对大海的祭祀。《礼记·学记》云："（夏、商、周）三王之祭川也，皆先河而后海。"夏商周时期，帝王祭海多是象征性地对东、南、西、北四海遥祭。遥祭也称为"望祭"，即设祭坛面向该神的方位望而祭之，行"四望"或"三望"礼。望祭也在国都四郊举行，各建一坛，以望祀一方的名山大川，祭品用牲要与各方之色相合。史书记载，"天子四望达于四方""四望，日、月、星、海"，而诸侯之国，如鲁国则"鲁三望：泰山、河、海"。

到了秦汉时，祭祀四海更是成为定制。《史记·封禅书》载："秦并六国，于雍地即有四海，风伯雨师，填星之属，百有余庙。"当时的一些帝王与诸侯在举行许多与海洋有关的重要活动时，都要行祭海之礼。例如，秦始皇曾三次派方士徐福出海寻三神山，觅求长生不老药，出海时都要先对海神进行祭祀，"请得斋戒，与童男女求之"。

隋文帝开皇十四年（594），为祭祀南海神而建的广州南海神庙，是当时四海神庙中规模最大、保留较为完整的海神庙。此后，历代帝王都十分重视祭海。唐朝于武德贞观年间，制定了每年祭祀五岳、四渎、四海的制度，并规定广州都督制史为祠官，祭祀南海神。唐玄宗封四海海神为王，并曾五次派官臣祭祀南海神，这对以后的封建帝王祭海和提高南海神庙的地位产生了深远影响。南海神庙处珠江出海口，庙前波涛浩渺。南海神庙所在地是古代海上丝绸之路航船出发的码头，出海航船或来自远方的航船都须经过这个古码头，并到南海神庙祭祀，以祈求航路平安、生意顺利。每年农历二月十三日为南海神的生日，此日会举行盛大庙会活动。直至清代，对南海神的祭祀一如既往，其中尤以康熙、乾隆时期最盛。康熙四十二年（1703），康熙御笔亲书"万里波澄"并制匾，派户部右侍郎范承烈将匾专程护送到南海神庙并专门立碑纪事。

至唐宋时，当时的统治者更是设立了专门的岁祭四海制度，并把祭海的仪式列入了"四立"的不同季节之中。《宋史·礼志》载："立春日祭东海于莱州，立夏日祭南海于广州，立秋日西海就河中府河渎庙望祭，立冬日北海就孟州济渎庙望祭。"以上记载说明，至唐宋时祭海活动已经有了季节与地区上的区分，并且主要是一种由统治者主持的"官祭"。

##### 2. 官方航海之祭

（1）宋代的祈风祭海。

虽然宋代的航海和造船技术处于当时的世界领先水平，但各种各样无法预料的海上灾难仍然随时威胁着海上航行者的生命和财产安全。为了祈求航海平安，当时产生了祈风祭海活动。最初多是海商祈风祭海，海商们将祈风祭海看作关系到财运兴衰以至生死攸关的大事。海商们祭祀的海神有多个，如泉州一带主要祭祀海神通远王、广东一带祭祀南海广利王，祭祀最多的还是天后妈祖。

宋代，盛行已久的民间祈风祭海变为国家的一项制度，朝廷直接委派市舶官员和地方官员主理其事，目的是把海外贸易控制在政府手中，以最大限度地获取贸易利益。到了元代，祈风祭海逐步被妈祖祭典所取代。

（2）明朝郑和祭海。

郑和七下西洋，多次驻福建长乐"伺风开洋"，每次候风都会举行隆重的祭海祀典，祈祷海神妈祖保佑航行安全。郑和祭海强化了后代航海者对妈祖的信仰。

（3）明清两代的"过沟祭海"。

自明代开始，"过沟祭海"成为一种国家制度，册使必须遵行、不得有违。清代时这一制度依然延续。中国明清两代各届册封琉球国王专使在往返福州、琉球途中，航至"黑水洋（沟）"，均"过沟祭海"：去程为出境祭，归程为入境祭。

### （二）民间祭海

我国海岸线漫长，沿海地区风土人情不尽相同，祭海方式也有所不同。其中，谷雨祭海可看作北方沿海地区祭海的代表，开洋祭、谢洋祭则是东南沿海地区的主要祭海形式。

#### 1.北方沿海一带的谷雨祭海

"谷雨时节，百鱼上岸。"渔民们历来认为谷雨是出海捕捞的吉日，我国北方沿海一带渔民们过谷雨节的习俗已有2 000多年的历史。清朝道光元年（1821），谷雨节易名为渔民节。为了祈求神灵庇佑海上生产一帆风顺、鱼虾满舱，渔民们遂于每年谷雨节即出海的前一天，向众神（如龙王、妈祖）献祭，逐渐形成了谷雨节祭海仪式。

山东省荣成市人和镇院夼村渔民谷雨节祭祀仪式拥有悠久的历史，现已是国家级非物质文化遗产保护项目。图6-2-5为谷雨节前夕，荣成市人和镇院夼村村民前往龙王庙祭拜龙王的场面。早年间，捕鱼工具控制在渔行手中，渔民受雇于渔行，所以谷雨这天的祭海活动由渔行组织。渔行组织祭海活动一来是为祈祷平安丰收，二来是为团结渔民。20世纪60年代，院夼渔民祭海习俗曾一度消失；80年代，祭海活动作为民俗展示又传承起来，一直延续到今天。每年谷雨节前后，渔民们以每条船或每对船为单位自发到院夼村的龙王庙祭拜。祭拜的主要供品是整猪或精心"打扮"的猪头、胶东大枣饽饽（图6-2-6）、鞭炮、酒、大香等。人们举着彩旗，敲着锣鼓，扭着秧歌，自发地从自家的院落来到院夼村的龙王庙，一路鞭炮，一路欢歌，祈求新的一年鱼虾满舱、平安发财。

图6-2-5 谷雨节前夕，荣成市人和镇院夼村村民前往龙王庙祭拜龙王

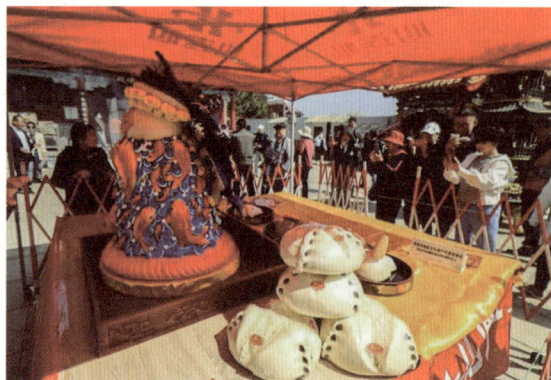

图6-2-6 荣成市人和镇院夼村谷雨祭海供品中的大枣饽饽

如今，荣成市人和镇院夼村渔民们的捕捞工具早已从木船、小型机动船变为大马力巨轮，生产足迹遍布四大洋，谷雨祭海活动也已演化为一种民俗传统文化符号，承载着人们对更美好生活的向往和追求。

## 2. 东南沿海地区的开洋祭、谢洋祭

据古籍记载，春秋时期吴越地区的君主每至春秋二季便要举行"春祭三江，秋祭五湖"的祭祀仪式，以谢江海之神。唐宋以后，东南沿海地区民间海洋祭祀活动逐渐盛行，至明清民间祭海活动达到鼎盛时期。明清时期，当地渔民在出海捕鱼、新船下海、谢洋休渔以及重大节庆活动时，都要进行盛大的祭海仪式，以示对大海的崇拜与感谢。浙江《象山东门岛志》记载，象山一带的民间祭海活动距今已有1 000多年历史，其主要形式有"拜船龙""出洋节""谢洋节""祭小海""太平节"等。明朝时期，温州民间俗称"做鱼福"的祭海活动十分盛行。每年开春出海捕鱼时，当地渔民敲锣打鼓放鞭炮，将所奉仰的海神（如龙王爷、妈祖、陈十四娘娘等）从庙宇中抬至沙滩上，然后设祭坛、烧香点烛祭拜，场面十分壮观。《东瓯采风乐府》描写了当时温州渔港中热闹欢快的祭祀场面："冥锤累累燃爆竹，海滨鱼神做鱼福，举网为祝多得鱼，鱼福得力果如何！"

东南沿海地区传统祭海仪式的主要类型如下。

（1）开洋祭。

开洋祭，亦称"开捕祭""开洋节""出洋节""做鱼福"等，是东南沿海地区传统祭海仪式中最为重要的一种形式，其主要目的是渔船出海前向大海祈求渔业丰收与人身平安，一般是在每年的第一次渔汛季节中举行。当地渔民一般都非常重视出海日子的选择，特别是每年第一个渔汛期的首航日，届时必须举行盛大的"开洋""开渔"祭祀活动。以前浙江象山港的开洋节大约在每年的农历三月下旬举行，因这个季节正是捕大黄鱼的季节，具体时间必须选择在涨潮时分进行。

（2）谢洋祭。

谢洋祭是东南沿海地区传统祭海仪式中一种十分重要的祭祀形式，其主要目的是捕鱼结束后向大海表示答谢、感激以及庆祝丰收，一般是在每年的渔汛结束后举行。例如，浙江象山的谢洋节一般都是在每年六月下旬捕大黄鱼季节结束后进行，其目的是向海洋与海神表示获得丰收的谢意，同时希望下次也能有好的收成。

（3）新船祭。

新船祭是东南沿海地区渔民在新船造成后所举行的祭海活动，其主要目的是向海神祈求新船下海后能够平安顺利、满载而归。过去当地渔民把渔船称为"木龙"，每有新的渔船造好，就要举行一个"拜船龙"仪式活动。这一活动一年四季都可以进行，举办时间一般是在上午涨潮时，其意是希望行船平安顺利，并让财源随潮滚滚而来。届时渔民们在船头的甲板上摆放供品，船主或船长点上三炷香，面向船头，边拜边念，希望船龙爷保佑一帆风顺、满载而归。酒过三巡后，烧上经，然后把酒洒在船头周边的海里。

（4）节日祭。

节日祭就是在某些节日中对海洋或者海神进行祭祀的活动形式。例如，每年冬至，嵊泗县枸杞岛上的渔民就要用三牲福礼和香烛锡箔到海礁上供祭海神爷，还要请游方道士到礁上打醮，规模很大。

各种类型的祭海仪式虽然其功能特点有所不同，但是在具体的仪式程序上颇为相似，主要包括以下一些程序。

① 请神。

请神是东南沿海地区祭海仪式中最为普遍的一个程序。例如，过去舟山群岛的渔民在渔船出海

前举行开洋祭时，要先敲锣打鼓把龙王神像请到船上来。有时还要举行"送船旗"活动，就是把供奉在龙王庙内领头船的令旗请回到船上，表示接神上船。请到神灵后，船老大或船主主持燃烛、敬酒、跪拜、祈祷等各种具体祭祀仪式，其他渔民们则跟着船老大祈祷叩拜，以求龙王保佑渔船出海丰收，人船平安。有些地方在进行祭海请神仪式时，还要写上通牒文书向神灵宣读祭告，然后烧化疏牒，此举称为"行文书"。在谢洋祭程序中，也有向龙王、妈祖等海神献供品福礼、行叩拜祈祷礼等请神仪式，只是规模不如开洋祭那样宏大而已。

② 摆供品。

祭海请神时的一个独特步骤是摆供品，这是向神灵表示心意是否虔诚的重要形式。例如，以前温州渔民祭海请神摆供时，必须备上猪、鸡、鱼三牲。其中，猪要选用整头的大黑猪，猪脖子上留一圈黑毛，以示带毛的全猪；大公鸡也要拣最大、最肥的；鱼要10斤多重，意在能捕到大鱼、好鱼。当地的渔姑村妇们还要用米粉、面粉、山粉（番薯粉）赶制各色各样表示吉祥的面食糕点作为请神供品，且赋予它们一些好听的名字，如丹凤朝阳、并蒂莲花、彩蝶双飞、鱼虾戏水、金龙抢珠，还有栩栩如生的鱼、虾、蟹、贝等海洋生物形象。此时长长的供桌几乎成为渔家妇女们展示心灵手巧的舞台。

③ 撒米洒酒。

撒米洒酒寓意是表示向神灵进行奉献，这一方式在大多数祭海仪式中都有所运用。例如，旧时舟山渔民在祭海时进行请神仪式后，船老大便要在供品中抓起一些米撒向大海，也有的地方除了撒米以外，还要撒鱼、肉、糖等各种供品，表示对海神的奉献。洒酒的行为一般是放在祭海仪式的末尾进行。整个祭海仪式行将结束时，主持者便要向海中洒酒，其意同样是表示对神灵的奉献。过去舟山群岛的渔民祭海时，渔民们要在祭台上摆上一排大碗黄酒（一般为六碗，寓意出海顺利）。等到请神仪式完毕，船老大便要捧上一杯黄酒洒入海中，并向海中抛撒少许肉块，此举叫作"酬游魂"。温州的祭海仪式中也有洒酒的程序，祭海结束后，主持者便盛上酒、肉等供品，连同疏牒一齐抛入海中，此时，铜锣巨响，鞭炮大鸣，随后大批渔船乘风破浪驶向浩瀚大海。

④ 放海生。

所谓"放海生"，就是把鱼、虾之类的水生动物放入海中，让它们回归大自然。诸如舟山、象山、温州等地的祭海仪式中，都有这种放海生行为。这样，一方面有着向海洋神灵祈祷丰收的宗教意义，另一方面也有着保护海洋自然环境、维持海洋生态环境可持续发展的科学意义。

⑤ 饮酒吃糕。

船老大、渔民和各级政府官员要在祭海仪式结束后共同饮酒，以示庆祝。有的地方渔民们在出海前还要吃用鱼类和糯米粉做成的鱼糕、米鱼糕之类的食品，以求达到滋补身体、强壮身体的功效。

⑥ 放水灯。

有些地区，祭海仪式中还有放水灯这种独特的习俗活动，其目的是表达对在海上遇难亲人的怀念。例如，过去象山石浦一带每年农历七月十五前后，很多渔村就要举行太平节活动，在海岸边举行放水灯仪式。一次放水灯的数量少则几百盏，多则上千盏。水灯载着渔家的希望与祝愿，顺着潮流，漂向远方。这一活动如今在石浦镇东门岛和延昌两地还有所保留。

⑦ 文艺表演。

按照东南沿海地区渔村习俗，在祭海仪式结束以后一般都要举行文艺表演活动，这既是一种娱神的宗教行为，又是一种娱人的文化行为。用于祭海活动的文艺表演形式非常丰富，如舞龙、舞狮、踩高跷、赶旱船等各种民间歌舞，以及折子戏、全本戏等各种民间戏曲表演，其中又以戏曲演出最受当代民众欢迎。例如，以前舟山地区一些较为富裕的渔村在举行祭海活动时，要专门从外地请来戏班子演出传统戏剧，届时大戏开台，连唱三天三夜。舞台上晃动着穿红着绿的女伶、威风凛凛的将军，文唱武打，当地民众看得如痴如醉。在祭海活动的各种文艺表演中，也有许多具有浓厚地方特色的节目，如舟山地区的舟山锣鼓、跳蚤舞等等。早在明清时期，舟山锣鼓就在定海广为流传。相传舟山锣鼓最早起源于航海，船靠码头招徕客人，航行时助兴解寂，遇雾时传递信息。后来，舟山锣鼓被广泛运用于民间乡里的庙会庆典及渔民祭海等活动中，其演奏风格粗犷豪爽，音乐形象丰富鲜明，颇受当地民众欢迎。

**自主探究**

　　查阅资料，选择我国一处沿海地区，了解其祭海活动的起源以及祭海的形式（仪式）和内容（过程）。

### 二、新型祭海活动

　　改革开放以来文化事业再次迎来繁荣兴盛，古老的祭海活动又开始在沿海地区兴盛起来。山东青岛，江苏吕泗，浙江舟山、象山以及苍南，福建崇武，广州南海等地传承与发展祭海文化，相继举办了声势浩大的新型祭海活动，展示了祭海文化的生机活力。

**（一）新型祭海活动与传统祭海活动的区别**

　　新时期盛行的各种新型祭海活动，虽然在一定程度上依然保留着传统祭海活动的某些要素，但是从本质特征、主题表达、呈现形式等角度来看，已经与传统祭海活动有了很大不同。

1. 本质特征的区别

　　传统祭海活动的主要目的是向海中神灵祈求平安和丰收，以获得精神上的安慰与寄托。新型祭海活动，不再是祈求平安和丰收的宗教行为，而是通过祭海这样一种场面盛大、群情振奋的大型活动，来激励斗志、提振精神、鼓励进取、迎接胜利，已经变成了一种表现人的积极向上等文化精神的节庆活动以及满足人类自身文化娱乐需求的文化活动。

2. 主题表达的区别

　　传统祭海活动主题较为单一，主要是祭祀神灵、祈求保佑。新型祭海活动的主题呈现多元的取向。

　　（1）感恩海洋，敬畏自然。

　　现在，人们越来越清楚地认识到，海洋是生命的摇篮，是连接地球上大陆的通道，是地球环境的重要调节器，是人类赖以生存与发展的重要物质基础。海洋为人类带来了幸福，人类应该感恩海洋、敬畏自然。

　　（2）保护海洋，和谐发展。

　　随着现代化进程的加快以及科学技术的发展，人类对于海洋的利用率越来越高，但是也造成了海洋资源日益枯竭以及海洋污染日益严重等海洋问题。面临众多的海洋问题，人们越来越清醒地意识到，要想使海洋更好地为人类服务，要想使人类社会得以可持续发展，就必须正确地认识人海关系，加强对于海洋的保护，实现人类与海洋的和谐发展。

　　（3）利用海洋，开拓创新。

　　利用海洋来发展当地产业经济，推动当地旅游事业，以及为当地人民构建现代休闲娱乐的海洋生态环境等是新型祭海活动的一个鲜明主题。例如，近年来象山石浦在举办祭海活动时，同时举办了中国-石浦渔业博览会，利用东海渔场丰富的海洋资源吸引来自海内外的众多客商，使得象山的开渔节变成了一棵招商引资的"梧桐树"。

### 3. 呈现形式上的区别

传统祭海活动大多由当地渔民自发组织，活动规模一般较小，艺术门类较为单一（以民间小型歌舞、戏曲等为主），艺术表现手法较为简单。而新型祭海活动大都具有庞大的规模，参加表演的人数常常有上千人。整个祭海活动有十分周密的设计与安排，有专门的编导负责总体策划，节目门类与形式大为拓展，许多具有现代特点的艺术形式如诗朗诵、美声独唱、文艺小品等被纷纷搬上祭海活动舞台，借以表现对大海的赞美和感恩；各种具有现代特点的艺术表现手段如音响、舞美、灯光等有效的运用，更好地展示了大海宏伟、壮阔的形象，使新型祭海活动产生更加震撼人心的效果。

### （二）新型祭海活动彰显地方特色

我国沿海地区有各种各样的现代祭海活动，田横祭海节、象山开渔节、北海开网节等可以说是现代祭海活动的代表。

### 1. 第二十六届中国（象山）开渔节

2023年9月16日上午，2023中国农民丰收节系列活动——第二十六届中国（象山）开渔节开船仪式在石浦港隆重举行（图6-2-7和图6-2-8）。

开船仪式一直是开渔节最具特色的传统活动之一，不仅再现了象山渔家古老而又隆重的典礼，同时也寄托着人们祈求平安丰收的美好愿望，以及保护海洋、人海共荣的时代内涵。图6-2-9为驶出石浦渔港的渔船。

"向大海，敬祭酒！"在开船仪式现场，伴随着恢宏的音乐，精壮的渔家汉子踏着整齐的步子，每人托起一只倒满黄酒的海碗，单膝下跪向大海敬酒，齐声高呼："一敬酒，祝福海洋；再敬酒，波平浪静；加满酒，鱼虾满舱。"

图6-2-7　第二十六届中国（象山）开渔节开船仪式现场

"扬帆则风顺，下网则鱼丰；朝往暮归，常伴平安之信……"主祭人恭读的祭海文，寄托了对渔民兄弟的殷殷祝福，渔姑渔嫂三跪拜，祈愿渔民兄弟一帆风顺、满载而归。

随着现场三声开渔锣敲响，石浦港内热闹沸腾，千舟竞发，汽笛齐鸣，礼炮齐放。在"中国渔政33208"船的领航下，2 000余艘渔船首尾相接，劈波斩浪，驶向大海，场面蔚为壮观。

图6-2-8 开船仪式现场礼花齐鸣

图6-2-9 驶出石浦渔港的渔船

### 2. 第七届潍坊北海民俗祭海节

2023年2月6日，农历正月十六，第七届潍坊北海民俗祭海节在潍坊滨海旅游度假区举行。当地渔民、盐民群众以及来自北京、济南等地的游客汇聚于此，共同祈愿四海平安、风调雨顺、渔盐丰产。当日现场2 000余人、线上22万人参加活动。

潍坊北海民俗祭海节是一项民间自发的海洋民俗活动，主祭海神妈祖、龙王、盐宗夙沙氏、盐神管仲。本届祭海活动以"魅力滨海·璀璨非遗"为主题，整个过程倡导爱护自然、生态祭海。

本次活动旨在进一步提高广大市民海洋意识，加强非物质文化遗产传承保护，提升齐鲁文化（潍坊）生态保护区海洋渔盐文化生态片区内涵，弘扬地方民俗文化，推动非遗旅游发展。2019年11月5日，潍坊北海民俗祭海节入选潍坊滨海经济技术开发区管委会公布的第一批区级非物质文化遗产代表性项目名录。2020年6月12日，潍坊北海民俗祭海节被潍坊市人民政府公布为第六批市级非物质文化遗产代表性项目。图6-2-10为舞龙敬海表演现场。

图6-2-10 舞龙敬海表演现场

**合作研讨**

小组合作，查阅资料，交流研讨我国沿海地区其他的新型祭海文化活动并说明其鲜明特色。

### 三、现代海洋节庆活动

党的二十大报告指出，中华优秀传统文化要进行创造性转化、创新性发展。改革开放以来，为了唱好"海洋大戏"，促进经济社会发展，弘扬海洋文化，除了新型祭海活动，国家以及我国沿海许多地方组织开展了丰富多彩、特色鲜明的海洋节庆活动。

### （一）"世界海洋日暨全国海洋宣传日"活动

1994年12月，联合国第49届大会上通过了由102个成员国发起的决议，宣布1998年为"国际海洋年"，要求世界各国做出特别努力，通过各种形式的庆祝和宣传活动向政府和公众宣传海洋，提高人们的海洋意识，强调海洋在造就和维持地球生命中所起的重要作用，强调保护海洋资源与环境的重要性，保持海洋的可持续发展和海洋可再生资源的可持续利用，加强海洋国际合作。1997年7月，联合国教科文组织决定将7月18日定为"世界海洋日"。"国际海洋年"以及"世界海洋日"成为世界各国加快进军海洋步伐的一次全方位行动。2009年，联合国将首个"世界海洋日"的主题确定为"我们的海洋，我们的责任"并将其日期调整到6月8日，正式确立其为官方纪念日。2010年，我国决定将"世界海洋日"与"全国海洋宣传日"合并，于每年的6月8日举办"世界海洋日暨全国海洋宣传日"活动。

以2023年"世界海洋日暨全国海洋宣传日"活动为例。2023年6月8日是第15个"世界海洋日"暨第16个"全国海洋宣传日"，主题是"保护海洋生态系统 人与自然和谐共生"。当天上午，海洋日广西主场系列活动在南宁举办。此次活动旨在深入学习贯彻党的二十大精神，宣传贯彻习近平生态文明思想，提升全民海洋意识，推动社会公众保护海洋生态，助力建设海洋强国。主场活动上，《2022年广西海洋经济统计公报》和《2022年广西海洋生态蓝皮书》正式发布，全面展示了广西海洋经济发展的态势以及广西管辖海域生态和资源现状、变化趋势等。南宁市北部湾办、钦州市海洋局分别就发展向海经济和海洋生态修复成果进行了主题演讲和经验分享。

海洋日当天，还举办了向海经济讲坛、向海经济成果展、"壮美广西·多彩海洋"主题摄影优秀作品展、"海洋知识进校园"互动日等系列活动。广西海洋科普和意识教育基地单位围绕海洋日主题，组织开展了内容丰富、形式多样的宣传活动，有效提升了社会各界对海洋的认识，形成了全民关心海洋、认识海洋的良好社会氛围。

### （二）"中国航海日暨世界海事日"活动

1978年3月17日为《国际海事组织公约》生效20周年。1977年11月的国际海事组织第十届大会通过决议，决定今后每年3月17日为"世界海事日"，1978年3月17日也就成为第一个世界海事日。1979年11月，国际海事组织第十一届大会对此决议做出修改，决定具体日期由各国政府自行确立。2005年7月11日是举世闻名的伟大航海家郑和下西洋600周年，我国政府决定把每年的7月11日定为"航海日"，同时也作为世界海事日在中国的实施日期。

"中国航海日暨世界海事日"活动期间，相关部门统一张贴活动主题和宣传口号，举办多种形式的庆祝、纪念等文化宣传活动。节日当天，船舶都要挂满旗，除在限制鸣笛特殊水域或在港作业的船舶外，都要统一鸣笛1分钟。

以2023年"中国航海日暨世界海事日"活动为例。2023年7月11日是我国第19个航海日，也是世界海事日在我国的实施日。今年航海日的活动主题是"扬帆新丝路，奋楫新格局"。中国航海日活动组委会将向全社会发布2023年中国航海日公告，中国籍民用船舶、中国航运企业拥有或经营的非中国籍船舶将挂满旗，相关涉海机构将参照船舶挂满旗的方式悬挂旗帜。7月9日至15日，2023年中国航海日活动周系列活动在沧州举办，包括中国航海日主论坛及专题论坛、中国航海学术年会、航海科技博览会、全国航海科普周主场活动。此外，为充分发挥中国航海日活动周全国性、综合性载体和中国航海日论坛国际交流合作平台的作用，2023年航海日活动周期间还组织航海科普和群众性纪念、庆祝、文体和娱乐活动等系列活动，航海博物馆、展览馆和航海科普教育基地也将向公众开放。

### （三）中国青岛国际海洋节

中国青岛国际海洋节作为青岛市的重要节庆品牌，创始于1999年，举办时间定在每年的7月。海洋节依托风光秀丽的海洋风景带，发挥青岛"中国海洋科技城"的优势，荟萃现代节庆之精华，活动内容丰富，涵盖了开幕式、海洋科技、海洋体育、海洋文化、海洋旅游、海洋美食、闭幕式等几大板块数十项活动，成为7月青岛一道亮丽的风景线。

青岛国际海洋节创办伊始，就以"拥抱海洋世纪，共铸蓝色辉煌"为主题，以保护海洋、合理开发利用海洋资源和实现人类经济与社会可持续发展为目标，在倡导科技创新、发展海洋经济和国际间友好合作等方面做出了不懈的努力。

以2023年中国青岛国际海洋节活动为例（图6-2-11）。本届帆船周·海洋节由中国帆船帆板运动协会、北京奥运城市发展促进会、青岛市人民政府共同主办，以"传承奥运、扬帆青岛，活力海洋之都、精彩宜人之城"为主题，自8月11日至20日，推出帆船赛事、海洋休闲旅游、文化活动仪式、奥林匹克帆船文化交流、帆船与海洋产业、帆船普及等六大板块"九赛一营"30项赛事、交流、文体、商贸、会展、普及活动，以时尚帆船运动点燃夏日青岛激情。

图6-2-11 2023年第十五届青岛国际帆船周·青岛国际海洋节开幕式现场

**自主探究**

查阅资料，思考我国沿海地区还有哪些充满现代气息的海洋节庆活动？它们都具有哪些特点和意义？

## 拓展·深化

1. 观看海洋日主题宣传片《保护海洋生态系统　人与自然和谐共生》，写一篇观后感。

2. 参观祭海活动，实地感受新型祭海活动的仪式和内容，并写一写参加新型祭海活动的感受和体会。

3. 撰写"从古至今探祭海"的研究报告，并以"举办祭海节庆，传承传统文化"为主题与同学们一起举办一次报告会。

# 主题七
## 保障国家海洋安全，加快中国式现代化进程

21世纪，人类进入了开发利用海洋的时期。海洋在国家经济发展格局和对外开放中的作用更加重要，在维护国家主权、安全、发展利益中的地位更加突出，在国际政治、经济、军事、科技竞争中的战略地位也明显上升。纵观历史，大国发展莫不与海洋息息相关。

近代以来，封闭落后的中国屡次遭到列强的海上入侵，中国人民的生活以及国家统一、领土完整和海洋权益遭到了前所未有的损害。历史的教训告诉我们，向海图强，是实现中华民族伟大复兴的重要战略选择。

1949年10月1日，中华人民共和国宣告成立，中国人民从此站起来了，中国历史从此进入一个人民当家作主的新时代，中华民族饱受欺凌的日子一去不复返！

党的二十大报告提出，要"增强维护国家安全能力……加强海外安全保障能力建设，维护我国公民、法人在海外合法权益，维护海洋权益，坚定捍卫国家主权、安全、发展利益"，再次向世人庄严宣告：中国的海洋权益神圣不可侵犯！

诞生于1949年4月23日的人民海军，从小到大、从弱到强，成为崛起于世界东方的一支装备规模和质量都堪称中华民族史上之最的海上力量，依据国家安全和发展战略要求，坚决履行党和人民赋予的使命任务，为巩固中国共产党领导和社会主义制度提供战略支撑，为捍卫国家主权统一、领土完整提供战略支撑，为维护国家海外利益提供战略支撑，为促进世界和平与发展提供战略支撑。

# 专题 **1**

## 神圣不可侵犯的国家海洋权益

### 任务·目标

（一）任务

1. 学习本专题中"《联合国海洋法公约》与海洋权益"，合作研讨"海权"和"海洋权益"这两个概念的区别与联系以及分析一些国家没有加入《联合国海洋法公约》可能的原因，网上观看中国海洋大学公开课"海洋权益与中国（上、下）"并撰写观后感。

2. 学习本专题中海洋安全权益，自主探究"维护国家海洋安全和海洋权益"，了解我国维护海洋安全和海洋权益的立场、主张以及实践路径。

3. 撰文论述当代大学生应如何为维护国家的海洋权益做出自己的贡献。

（二）目标

1. 理解海洋权益的内涵和范畴，能结合实例说明维护国家海洋权益的重要意义，增强海洋权益意识。

2. 了解《联合国海洋法公约》的主要内容及其重要意义，能根据《联合国海洋法公约》说明我国拥有的海洋权益。

3. 了解我国维护国家海洋安全和海洋权益的立场、主张以及实践路径，提升政治素养与政策水平，增强新时代大学生的责任担当意识。

### 情境·问题

**《南海仲裁案裁决再批驳》报告发布：中国政府不会承认仲裁庭作出的非法裁决**

由华阳海洋研究中心、中国南海研究院和中国国际法学会联合撰写的《南海仲裁案裁决再批驳》报告于2024年7月11日在北京发布。

报告梳理了南海有关争议问题的本质，并对南海仲裁案裁决的管辖权问题，仲裁裁决在历史性权利、大陆国家远海群岛、岛屿地位等问题上的法律解释和适用与事实认定问题，以及仲裁庭的代表性问题进行分析批驳，进一步向国际社会揭示仲裁裁决的谬误和其对国际法治的危害。

报告指出，菲律宾单方面提起的所谓"南海仲裁案裁决"出台距今已有8年，非但不可能为南海领土主权与海洋划界争议提供解决方案，反而使本已错综复杂的南海问题更加难解，冲击《联合国海洋法公约》的整体性、平衡性、严肃性，动摇缔约国对《联合国海洋法公约》争端解决机制在实践中得到正确使用的信心。

近年来个别域内外国家仍将非法无效的南海仲裁案裁决奉为"圭臬"，反映了个别域内国家试图坐实裁决、强化单方面主张的战略误判，也反映了一些域外力量搅动南海局势、挑拨中国与东盟国家关系的险恶用心。

报告重申了中国对于仲裁案以及仲裁裁决的立场：对于菲律宾滥用《联合国海洋法公约》争端解决机制、无视中国坚持通过谈判和协商方式管控分歧解决争端的一贯立场而单方面提起仲裁，中国政府坚持"不参与、不接受"；中国政府不会承认仲裁庭作出的非法裁决，也不会接受任何基于该裁决的主张和行动。

报告旨在进一步向国际社会深刻揭示仲裁庭组成的政治背景和仲裁裁决的历史性错误，以及裁决对国际法治和海洋秩序所造成的不可逆的严重危害；推动有关当事国重回"以谈判磋商解决争议、以海上合作淡化分歧、以规则建设管控危机"的正确轨道上来。

---

**问题引导**

1. 什么是海洋权益？一个国家拥有的海洋权益包括哪些内容？

2. 如何维护国家海洋安全，维护国家海洋权益？

---

## 探究·发现

### 一、《联合国海洋法公约》与海洋权益

《联合国海洋法公约》是一部在国际上有着重要影响的海洋法典，对于所有国家的海洋权益做了明确的规定。海洋权益是国家领土向海洋延伸形成的一些权利和利益。

**（一）《联合国海洋法公约》及其重要作用**

由于国际上有关海洋的争端从未停止，甚至演变成冲突和战争，因而需要一部国际法来约束海洋国家的涉海行为以及预防和解决海洋争端。1982年12月10日，《联合国海洋法公约》在牙买加蒙特哥湾举行的第三次联合国海洋法会议上获得通过，并于1994年11月16日生效。目前，全球近200个国家中，有150多个国家签署并批准了《联合国海洋法公约》。我国是《联合国海洋法公约》的首批缔约国，并于1996年批准了该公约。

《联合国海洋法公约》分17部分，连同9个附件共有446条，主要内容包括领海、毗连区、专属经济区、大陆架、用于国际航行的海峡、群岛国、岛屿制度、闭海或半闭海、内陆国出入海洋的权益和过境自由、国际海底以及海洋科学研究、海洋环境保护与安全、海洋技术的发展和转让等。该公约对内水、领海、毗连区、专属经济区、大陆架、公海等重要概念做了界定。

《联合国海洋法公约》的诞生对维护世界安全与稳定起了重要作用，主要表现在：为人类的海洋活动提供了基本法律框架；为各国在多边国际制度框架内寻求对全球资源的合理分配和有效利用，以及协调各自利益又兼顾全球整体利益的涉海实践提供了重要依据；有助于国际海洋新秩序的建立，打破了少数国家统治和垄断海洋的局面，促进海洋的和平利用和海洋的国际合作；有助于以沿海国建立多部门合作、社会各界参与的综合管理制度为前提，构成地方社区、国家、区域组织、全球组织相结合的世界海洋管理新机制。但是，因为《联合国海洋法公约》要兼顾各个国家的利益和要求，有些规定尚不完善或不明确，在实施过程中必然会导致一些新矛盾、新问题的产生。例如，在封闭和半封闭的海域，周边沿海国主张的200海里专属经济区就有可能存在着重叠，还会产生一些岛屿主权争议和渔业资源分配等问题，这些都有可能成为相邻国家关系紧张甚至引发国际冲突的新因素。因此，相邻

国家间管辖海域划界和海洋权益维护，需要有关国家本着友好协商的精神予以公平合理的解决。

**（二）海洋权益**

根据《联合国海洋法公约》的规定，完整意义上的海洋权益包括两部分：一是国家管辖范围内的海洋权益；二是国家管辖海域之外的被法律所认可的海洋权益。海洋权益是国家安全的核心内容之一。

海洋权益属于国家的主权范畴，它是国家领土向海洋延伸形成的权利；或者说，海洋权益是国家在海洋上获得的属于领土主权性质的权利，以及由此延伸或衍生的部分权利。国家在领海区域享有完全排他性的主权权利，这与陆地领土主权性质完全相同；在毗连区享有的权利也属于排他性的，主要有安全、海关、财政、卫生等管辖权，是领海主权延伸或衍生过来的权利；在专属经济区和大陆架享有勘探开发自然资源的权利，这属于专属权利；另外，还拥有对海洋污染、海洋科学研究、海上人工设施建设的管理权。

海洋权益包括海洋政治权益，主要是海洋主权、海洋管辖权、海洋管制权等；海洋经济权益，主要是开发领海、专属经济区、大陆架的资源，发展海洋经济产业等；海上安全权益，主要是通过外交、军事等手段，防止发生海上军事冲突；海洋科学权益，主要是使海洋成为科研基地，以获得对海洋的认识等；此外，还有海洋文化权益，如观光旅游、举办跨海域的文化活动。

> **合作研讨**
>
> 自主探究，查阅资料，对"海权"和"海洋权益"这两个概念进行辨析。

## 二、维护我国的海洋权益

党的第二十届中央委员会第三次全体会议通过的《中共中央关于进一步全面深化改革　推进中国式现代化的决定》要求健全海洋资源开发保护制度，完善促进海洋经济发展体制机制，健全维护海洋权益机制。有效维护和拓展海洋权益是建设海洋强国的前提，为了保护我国的海洋权益，我国政府早于1958年就发表关于领海的声明，宣布我国的领海宽度为12海里。该规定适用于我国的一切领土，"包括中国大陆及其沿海岛屿，和同大陆及其沿海岛屿隔有公海的台湾及其周围各岛、澎湖列岛、东沙群岛、西沙群岛、中沙群岛、南沙群岛以及其他属于中国的岛屿"；渤海和琼州海峡是我国的内海，属于内水范畴。我国政府还于1992年颁布了《中华人民共和国领海及毗连区法》，于1998年颁布了《中华人民共和国专属经济区和大陆架法》。

依法维护国家海洋权益是宣示海洋国土主权的重要途径和手段，对保障国家领土和主权完整、确保海上通道安全、扩展战略纵深等方面均有重要的战略意义。

维护国家海洋权益有利于维护我国的主权和领土完整。漫长的海岸使我国获得了内水和领海，为我国增添了领土，同时也设置了一道海洋屏障。维护好内水和领海的权益，使其不受侵犯，对保护我国的领土完整、政治独立和主权将起到重要作用。维护国家海洋权益有利于国家安全。在我国管辖和管制的海域依法维护海洋权益有利于我国的政治、经济和资源安全。例如，防止和惩治外国船舶在内水和领海的违法行为，可保护我国领水中的良好秩序和安宁；在专属经济区和大陆架中防止和惩处违法行为，可维护我国在这两个区域的资源安全。

维护国家海洋权益有利于海洋资源的开发利用，促进经济发展。我国的海洋资源对我国人民的生活和经济发展起着重要作用。我国是一个人口众多的农业大国，充分开发利用海洋资源对促进我国经济的发展极为重要。只有维护好我国的海洋权益，才能保证我国对海洋资源的开发利用顺利进行。

全球化的今天，没有与世隔绝的孤岛。海洋的和平安宁关乎世界各国安危和利益，需要共同维护，携手构建海洋命运共同体、促进合作共赢是建设海洋强国的必由之路。

### 交流研讨

小组合作，查阅资料，交流研讨我国维护海洋安全和海洋权益的重要意义，并通过具体事例说明我国维护国家海洋安全和海洋权益的实践路径。

## 拓展·深化

1. 网上观看中国海洋大学公开课"海洋权益与中国（上、下）"，撰写观后感。

2. 北冰洋是世界最小、最浅又最冷的大洋，大部分位于北极圈以内，洋面绝大部分终年被海冰覆盖。近年来受全球变暖影响，北冰洋冰面逐渐萎缩，加之北冰洋有狭窄的白令海峡与太平洋相通且与大西洋相连，这使得北冰洋航线的开辟成为可能。查阅世界地图和有关资料，思考我国在北冰洋拥有哪些海洋权益，北冰洋航线的开通对我国有哪些意义。

3. 作为一名青年学生，我们应如何为维护国家海洋安全和海洋权益做出自己的贡献？就此话题撰写一篇小论文。

## 不可忘却的中国近代海上屈辱

### 任务·目标

**（一）任务**

1. 学习本专题中"来自海上的近代中国屈辱"，自主探究不能忘记这些屈辱的原因。

2. 学习本专题中"近代中国屈辱多来自海上的原因分析"，合作研讨英国为什么要发动鸦片战争。

3. 学习本专题中"近代中国海上屈辱的启示"，合作研讨北洋水师在中日甲午海战中失利的原因。

4. 网上观看央视大型纪录片《大国崛起》并撰写观后感，撰文论述"当代大学生应如何为维护国家的海洋权益做出自己的贡献"，组织"国之殇，永不忘"主题演讲会。

**（二）目标**

1. 了解我国近代来自海上的屈辱达到何种程度，能说明这些屈辱给中国社会发展和人民生活带来的严重危害，进一步激发爱国主义精神。

2. 认识我国近代屈辱为什么多来自海上，能具体分析中国近代遭受的来自海上屈辱事件的原因，强化对于我国建设海洋强国重要意义的理解，提高运用历史唯物主义和辩证唯物主义观点分析、解决问题的能力。

3. 了解不能忘却我国近代来自海上的屈辱的原因，能说明我国近代来自海上的屈辱的启示，增强责任担当意识。

### 情境·问题

#### 国之殇，不能忘

中华传统文化历来看重六十年一轮回的甲子之年。1894—2014是两个甲子之年！

1894年爆发的甲午中日战争，在中国近代史上留下一道惨痛的伤痕。2014年甲午中日战争爆发120周年之际，《解放军报》撰文回顾这来自海上的中国近代屈辱，总结惨痛的历史教训，以激发中华儿女为实现中华民族伟大复兴而奋斗的爱国之情！

#### 民族痛与中国梦——甲午中日战争对中国历史命运的影响有多大

"历史上每次大的海战，都将决定两个国家的命运。"

公元1588年英国与西班牙大海战，新兴的资本主义国家打败海上霸主的"无敌舰队"，一跃成为强大的"日不落帝国"，而西班牙从此一蹶不振。萨拉米斯海战之于波斯和希腊，阿克兴海战之于罗马和埃及，对交战国的前途命运都曾产生决定性影响。

1894年7月25日，日军以偷袭大清帝国运兵舰队为发端，不宣而战，挑起了一场蓄谋已久的大规模侵华战争。

从丰岛海战到鸭绿江溃败，从大连陷落到旅顺屠城，从黄海海战到威海北洋水师全军覆没，再到《马关条约》的签订，最后以割让台湾及其附属岛屿、赔偿2.3亿两白银而告终。这笔巨大的赔款，相当于清朝年收入的3倍，日本年财政收入的4.5倍！

民之痛，国之殇。中国近代的反侵略战争中，甲午中日战争可以说是规模最大、影响最深的一场战争。

甲午中日战争，成为两国历史命运的分水岭。战争的结局置换了日本和中国在亚洲的地位，日本靠强索中国的巨额赔偿完成了资本原始积累，进而脱亚入欧，跻身列强，走向了对外扩张的帝国主义之路，为其后更大规模的侵华战争埋下了伏笔。

甲午中日战争，可谓一个庞大帝国崩溃的临界点。正如一贯谴责列强侵华的恩格斯于1894年11月深刻指出的："在中国进行的战争给了古老的帝国以致命的打击。"

甲午中日战争加深了中国半殖民地化进程。《马关条约》签订之后，中国彻底沦为半封建半殖民地国家，从而引起外国殖民者新一轮瓜分中国的高潮。

甲午中日战争中断了中国的现代化进程。战争的失败，无情地证明了此前"洋务运动"的图强求富，不过是暂时延缓了大清帝国的寿命。好比一艘破烂不堪在海上飘摇的舰船，中华民族的命运开始跌入历史的谷底。

甲午中日战争，也是中华民族觉醒的一个重要转折点。遭此奇耻大辱，国人开始重新认识自己、认识世界。

梁启超对此曾有过入木三分的评论："吾国四千年大梦之唤醒，实自甲午战败割台湾、偿二百兆始。"

"四万万人齐下泪，天涯何处是神州？"

甲午中日战争彻底打碎了"天朝上国"的迷梦，也进一步唤醒了中华民族伟大复兴的中国梦。在哭泣、悲歌、呐喊和抗争中，孙中山喊出了振聋发聩的口号："振兴中华！"从此，"振兴中华"成了一代代爱国者梦寐以求的宏伟理想。

一次次的失败和痛苦，急切呼唤新的"主义"、新的政党登上历史舞台。中国近代以来的发展实践雄辩地证明：只有在中国共产党的坚强领导下，才能赢得民族的解放、独立和尊严；只有社会主义能够救中国，只有中国特色社会主义能够发展中国。

一切历史都是当代史。回首甲午，这场战争不仅改变了两个国家的历史走向，而且深刻地改变了亚洲政治格局和世界发展的进程，直到今天仍有着挥之不去的影响。

170多年灾难深重的近代遭遇，为我们提供了沉重的历史警示。习近平总书记提出实现中华民族伟大复兴的中国梦，反映了几代中国人的夙愿和共同心声，展现出中华民族前所未有的光明前景。同时我们要看到，两个甲子之后的世界复杂多变，我国周边仍不安宁，东海、南海依旧风云诡谲、波叠浪涌，在甲午中日战争中被日本窃取的钓鱼岛成为中日之间屡起争端的外交问题。今天怎样防止甲午中日战争的悲剧重演？中国梦、强军梦的愿景能不能实现？面对这一系列沉甸甸的拷问，我们理应交出一份无愧于历史与民族的答卷！

抗日战争纪念网刊发的"甲午中日战争与日本侵占台湾"图片，再现了日本侵略者的罪恶行径，再次提醒我们"国之殇，不能忘"！请看以下所选图片（图7-2-1至图7-2-6）。

图7-2-1　从1894年10月24日开始，日军2.4万余人在辽东半岛花园口登陆

图7-2-2　1894年11月17日，日军向旅顺进犯

图7-2-3　1894年11月22日，日军侵占旅顺后大肆屠杀当地民众

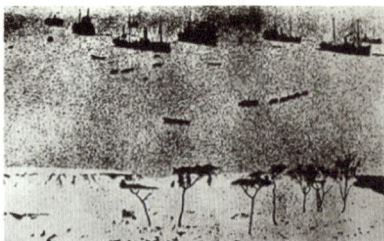

图7-2-4　1895年1月，日军在山东荣成登陆

图7-2-5　日军由山东荣成向威海卫进攻

图7-2-6　日军侵占威海卫炮台

（改编自刘新如.民族痛与中国梦——甲午中日战争对中国历史命运的影响有多大［N］.解放军报，2014-01-06）

**问题导引**

1. 中国近代都有哪些来自海上的屈辱？它们给中国社会的发展和人民生活带来了哪些严重危害？
2. 中国近代屈辱为什么多来自海上？
3. 来自海上的中国近代屈辱给了我们哪些启示？

**探究·发现**

### 一、来自海上的近代中国屈辱

据不完全统计，1840年鸦片战争后的百余年间，西方列强从海上入侵中国84次（表7-2-1），入侵舰艇达1 860多艘次。西方列强的海上入侵，导致我国沿海几乎所有的重要港口、港湾、岛屿都遭到洗劫：台湾和澎湖列岛相继沦丧；旅顺、九龙、威海卫等沿海地区，或成为列强的"租界"，或丧失了部分主权……日本入侵我国沿海地区的次数最多。19世纪中叶的日本与我国同病相怜，在炮舰面前被迫打开国门签订屈辱条约。但日本很快找到了西方列强耀武扬威的"法宝"。1868年3月明治天皇发表的《天皇御笔》宣称，要以武力开拓万里波涛、布国威于四方，为此确立了海上强兵政策。日本于1874年派兵侵犯我国台湾，1878年再次出兵侵占中国的藩属国琉球，并于1894—1895年悍然发动甲午中日战争，此后霸占我国台湾长达50年，统治大连、旅顺等地区40余年，跻身于帝国主义列强行列。

表7-2-1 近代列强从海上入侵中国分区统计

| 入侵地区 | 次数 | 入侵地区 | 次数 |
|---|---|---|---|
| 辽东半岛 | 4 | 江苏沿海 | 10 |
| 山东半岛 | 12 | 浙江沿海 | 9 |
| 渤海湾 | 10 | 福建沿海 | 8 |
| 台湾 | 10 | 广东沿海 | 21 |

　　战败后，当时的中国政府与西方列强签订了一系列不平等条约（表7-2-2）。据统计，从1842年英国强迫清政府签订第一个不平等条约《南京条约》算起，从1842—1919年，西方列强迫使当时的中国政府签订了709个不平等条约。这些不平等条约使我国沿海地区的贸易权、海关和内河航行权纷纷落入列强手中，严重损害了中国人民的利益以及中国的国家统一、领土完整和海洋权益。

表7-2-2 近代中国与列强签订的不平等条约统计

| 国家 | 条约个数 | 国家 | 条约个数 |
|---|---|---|---|
| 英国 | 163 | 葡萄牙 | 13 |
| 日本 | 153 | 意大利 | 7 |
| 沙俄 | 104 | 荷兰 | 5 |
| 法国 | 73 | 奥匈帝国 | 5 |
| 德国 | 47 | 西班牙 | 4 |
| 美国 | 41 | 其他国 | 68 |
| 比利时 | 26 | 总计 | 709 |

　　这期间，鸦片战争、甲申中法战争、甲午中日战争特别让中国人感到屈辱和震惊。

**（一）第一次鸦片战争**

　　第一次鸦片战争前，我国是一个独立自主的封建国家。由于自然经济占统治地位，我国通过正当贸易向英国出口大量茶叶和生丝等，而当时刚刚成为世界工厂的英国向海外市场倾销棉纺织品等商品，但对我国的销量有限，于是英国对华贸易处于逆差地位。为了改变这一状况，英国开始向我国偷运鸦片，这给中华民族带来了深重的灾难，人民群众强烈要求禁烟。钦差大臣林则徐受道光帝指派，前往广州，开展了以虎门销烟为代表的一系列禁烟运动，给英国偷运鸦片以沉重的打击。为保护自身利益，1840年，英国40余艘军舰进犯广州海域，发动了侵略中国的鸦片战争。战争中，虽然有广大爱国官兵和三元里人民英勇战斗，但清政府奉行妥协方针，导致战争的失败。1842年，英国强迫清政府签订中英《南京条约》，自此中国从封建社会沦为半殖民地半封建社会。

**（二）第二次鸦片战争**

　　第二次鸦片战争为英、法两国于1856—1860年联合发动的侵略中国的战争，是第一次鸦片战争的继续和扩大。1854年，英、法两国为扩大自身利益向清政府提出修改《南京条约》的要求，遭到清政府的拒绝。1856年，英军进攻广州，被击退。次年，英、法两国组成侵华联军，攻占了广州。1858年，英法舰队北上，在俄、美支持下攻陷大沽炮台，逼近天津。英、美、法、俄强迫清政府分别签订《天津条约》。其后，英、美、法又迫使清政府签订了《通商章程善后条约》，俄还用武力迫使清军黑龙江将军奕山签订《瑷珲条约》。1859年，英、法两国以换约为借口，再次进攻大沽口，遭清军反击，英法舰队受到重创。1860年，英法联军再次发动大规模侵华战争，攻陷大沽口，侵占天津，继而入侵北京，沙俄则趁机割占了中国东北、西北100余万平方千米的领土。英、法、俄迫使清政府与之签订《北京条约》，并迫使清政府批准了中英、中法《天津条约》，承认俄国与奕山签订的《瑷珲条约》。第二次鸦片战争使中国进一步沦为半殖民地半封建社会。

### （三）甲申中法战争

1883年8月，法国海军舰队攻占越南首都顺化，强迫越南签订《顺化条约》，规定越南为法国的保护国。为了摆脱完全沦为法国殖民地的命运，越南两次请求清政府支援。而法国则准备以越南为跳板侵略中国。1883年12月11日，法军向驻扎越南山西的中国军队发起进攻，蓄意挑起中法战争。之后，法军全部占领了红河三角洲，清军败退。面对法国的侵略和挑衅，清政府在"主战""主和"之间矛盾重重。法国决定趁新胜之机和清朝谈判，迫使清政府屈服。1884年5月11日，清政府与法国在天津签订了《中法简明条约》，承认法国占有全部越南，将驻北圻的军队调回边界。然而，清政府的妥协退让，并未换来它所企求的"和局"。还未等到清军从北圻撤走，法军便迫不及待地进兵谅山附近的北黎地区，悍然开枪打死清军代表并炮击清军阵地，清军被迫反击，虽伤亡惨重但也致法军死伤近百人。法国由此将战火扩大到中国东南沿海。1884年8月5日，法舰队轰击基隆，法军强行登陆，被清军击退。法国政府要求清政府赔款8 000万法郎遭拒，中法外交关系正式破裂。1884年8月23日，法舰队向清军舰船攻击，清军战舰或沉或伤，近800名官兵罹难。法舰又炮轰摧毁了马尾船厂及船厂与海口间的岸防设施后于马祖澳集结。8月26日，清政府对法宣战，令陆路各军进兵沿海各地严防法军侵入。10月初，法舰队分头进犯台湾基隆和淡水，清军被迫放弃基隆坚守淡水。法军在基隆登陆后再犯淡水被清军击退。法舰队从10月23日起对我国台湾实行海上封锁。1885年初，法军接连从基隆向台北进攻。3月底，法军占领澎湖岛及渔翁岛。1885年4月4日，清政府和法国派代表在巴黎匆促签订停战协定（《巴黎协定书》）。之后，清政府批准《中法简明条约》，并分期撤回北越驻军；法国解除对我国台湾和北海的封锁，中法战争至此停止。

### （四）甲午中日战争

19世纪末，日本侵略朝鲜和中国的罪恶阴谋终于显露。1894年7月，日本偷袭了在朝鲜丰岛的清朝运兵船；8月，日本对中国正式宣战。9月，清军在朝鲜平壤大败；同月，黄海海战爆发，在黄海海战中，清朝北洋水师官兵英勇战斗，最终以惨烈的损失重创日军；然而，主张"避战保船"的李鸿章命令北洋水师剩余军舰躲入威海港，日本借此取得黄海制海权。1895年，日军在山东半岛登陆，以"海陆夹击"的方式摧毁了北洋水师的基地——威海卫军港，北洋水师全军覆没。战败后，清政府被迫与日本签订了丧权辱国的《马关条约》。《马关条约》的主要内容为中国承认朝鲜独立，将辽东半岛、台湾岛及其附属岛屿、澎湖列岛割让给日本，赔偿日本军费白银两亿两，开放沙市、重庆、苏州、杭州四地为通商口岸等。

战后，日军在威海卫部署了军队，直至清政府还清赔款后才撤出。然而，就在日本撤军的第二天，英军登上刘公岛，强租威海卫，国土再丧。

---

**自主探究**

查阅资料，了解更多来自海上的近代中国屈辱，思考来自海上的近代中国屈辱为什么不能忘记？

## 二、近代中国屈辱多来自海上的原因分析

古代的西方，包括中亚、西亚的许多国家皆有过辉煌的航海史。例如，公元前4世纪左右，古希腊的海外贸易名列世界前茅。公元2世纪，罗马帝国几乎垄断了东西方的海上贸易。我国盛唐时期，阿拉伯帝国的疆域东起印度河流域，西临大西洋，横跨亚、非、欧三大洲，几乎控制了从地中海到大西洋、印度洋的陆海通道。

15世纪以来，随着欧洲资本主义萌发，新兴资产阶级开始向海外大肆掠夺和扩张。西班牙人和葡萄牙人先后完成了地理大发现。之后，西方殖民主义势力拉开了近代殖民掠夺活动的序幕，整个西方世界以资本原始膨胀为目标，以殖民贸易为手段，以海洋作为主要通道，从欧洲走向全球，疯狂扩大海外市场。

从15世纪末到19世纪初，西方殖民主义各国开展了两个半世纪之久的海上争霸战。其间，16世纪80年代的西班牙海军拥有134艘军舰、3 000门大炮，自称"无敌舰队"；17世纪中期的荷兰商船队拥有16 000艘船只，其船只吨位相当于英国、法国、葡萄牙、西班牙四国船只吨位总和；经过工业革命的英国，把海军当作向外扩张的主要工具，到19世纪初已拥有240艘战列舰、317艘巡洋舰，成为当时世界上的"海上霸主"。

西方殖民主义者数百年来对外的疯狂掠夺和彼此之间的激烈厮杀，一方面使西方海权观念不断得到强化，企图通过控制海洋来统治世界；另一方面使海上军事力量不断增强，原来难以逾越的天然屏障——海洋也变为对外扩张的便利通道。

鸦片战争后，妄图在对华贸易中取得更大利益并进一步侵吞中国的西方列强，便不约而同地选择海洋作为入侵中国的切入点和跳板。

### 合作研讨

小组合作，阅读以下资料，交流研讨英国人对于清朝时期的中国为什么会有如此看法？他们为什么要发动鸦片战争？

资料1：乾隆五十七年（1792），英政府派遣以马戛尔尼勋爵为首、由700余人组成的庞大代表团来中国，为乾隆皇帝祝寿并提出开放口岸通商等一系列要求，被乾隆皇帝以"天朝物产丰盈，无所不有，原不借外夷货物以通有无"为由拒绝了。马戛尔尼在他之后的日记中写道，"中华帝国只是一艘破败不堪的头等战舰""只需几艘三桅战舰就能摧毁其海岸舰队""当我们（欧洲）每天都在艺术和科学领域前进时，他们实际上正在变成半野蛮人"。

资料2：在鸦片战争后，进入中国的鸦片战争越来越多，甚至成倍增长：1821—1827年为9 708箱，1828—1835年为18 712箱，1836—1839年为35 445箱，1854年7月—1855年6月，上海进口货物总值为1 262万两白银，其中鸦片价值911万两白银，约占总货值的72%。

## 三、近代中国海上屈辱的历史启示

2014年，习近平总书记在中国科学院、工程院两院院士大会上的重要讲话中深刻指出："今年是甲午年。甲午，对中国人民和中华民族具有特殊的含义，在我国近代史上也具有特殊的含义。回首我国近代史，中华民族遭受的苦难之重、付出的牺牲之大，在世界历史上是罕见的。面对厄运和苦难，

中国人民没有屈服，奋起抗争，前仆后继，终于在中国共产党领导下找到了实现中华民族伟大复兴的正确道路，掌握了自己的命运。"

2018年6月，习近平总书记来到胶东（威海）党性教育基地刘公岛教学区，登上东泓炮台遗址（图7-2-7），了解北洋海军威海卫基地防务情况和威海卫保卫战、刘公岛保卫战历史；随后，来到中国甲午战争博物馆陈列馆，参观甲午战争史实展。习近平总书记语重心长地说："我一直想来这里看一看，受受教育；要警钟长鸣，铭记历史教训，13亿多中国人要发愤图强，把我们的国家建设得更好更强大。"

图7-2-7 东泓炮台遗址

回顾近代中国的海上屈辱，从中我们可以得到深刻的启示。

**（一）必须克服"重陆轻海"的传统观念，增强海洋意识，维护海洋权益**

纵观世界历史不难看出，许多称霸一时的国家，无不以海立国、以海兴国，其崛起都与经略海洋息息相关，无论是葡萄牙、西班牙、荷兰还是英国和美国等，都发轫于海洋并最终成为具有强大的控制海洋能力的国家。例如，英国依靠强大的海上势力打败荷兰，掠夺了世界上许多国家的领土和海域，鼎盛时期被称为"日不落帝国"；而后，摆脱英国统治的美国，依靠其背靠太平洋和大西洋的地理优势，一举崛起，替代英国，成为世界海洋的新霸主。

受传统陆疆观念以及明清历代封建王朝实行海禁政策的影响，长期以来，我国国民的海洋意识较为薄弱；尽管一些有识之士呼吁国家要重视海洋，明代伟大的航海家郑和甚至警告说"国家欲富强，不可置海洋于不顾，财富取自于海，危险亦来自海上"，但"重陆轻海"的传统观念使得近代中国在与世界的交往中始终处于被动的地位，以至于使得海洋成为西方列强侵吞中国的切入点、突破口或跳板。这正如马克思在《鸦片贸易史》中所说："一个人口几乎占人类三分之一的大帝国，不顾时势，安于现状，由于被强力排斥于世界联系的体系之外而人为地隔绝于世，并因此竭力以天朝大国尽善尽美的幻想自欺。这样一个帝国注定最后要在一场殊死的决斗中被打垮。"

近代中国海上力量屡弱、屡次战败与海防观念薄弱、忽视维护海洋权益密切相关。鸦片战争前，中国历史上对政权的威胁基本来自内陆地区，包括中原内部纷争和北方游牧民族侵犯中原的压力，历代朝廷把相当一部分精力和财力用在维持北方的安定上，而忽略了巩固海防。

中国海上威胁的出现开始于明朝，沿海倭寇与反明势力使得中国封建王朝开始同时面对来自陆路和海上的双重威胁。尽管倭患的袭扰使得海防思想在明代得以萌生，尤其是俞大猷、戚继光（图7-2-8）等抗倭将领实施了"御海洋、固海岸、严城守"的战略安排，但由于明王朝始终要面对来自北方陆上的威胁，难以长期维持强化海防的战略，最终形成的则是以防

图7-2-8 戚继光画像

守为特征并随倭寇势力强弱而起伏变化的海防战略。

清朝前中期基本承袭明朝的海防思想。清朝后期，一些有识之士认识到维护海洋权益的重要性和紧迫性，提出加强海防的主张。林则徐和魏源（图7-2-9）就是鸦片战争时期中国海防思想的代表人物。林则徐认为，海防要建立在"探访夷情"的基础上，针对中西在军事装备与技术上的差距，主张采取"固守藩篱""以守为战"的策略。同时，林则徐认为筹建"船炮水军"是安定海疆的长远之计。魏源倡导"师夷长技以制夷"，主张购买、建造船炮等兵器，加强军队训练，并提出了"内守外攻"的海防战略。在他们的倡议下，"师夷长技"的观点逐渐得到广泛认同，成为晚清海防思想得以重视的基础和前提。在晚清朝廷中，以左宗棠为代表的塞防派认为"东则海防，西则塞防，两者并重"。以李鸿章为代表的海防派则认为"新疆不复，于肢体之元气无伤，海疆不防，则腹心之大患愈棘"。

图7-2-9　魏源画像

捍卫国家海洋国土，维护海洋权益，关键在于破除"重陆轻海"的传统观念、树立与增强海洋意识。

### （二）唯有建设强大的海军，才能有力地保护国家海洋国土和海洋权益

为了实现海外扩展、攫取更大的利益，西方列强十分重视海军建设。以日本发展海军为例。1854年，日本与美国签订了《日美友好条约》，开始重视海军建设并建造了第一座海军造船厂。1886年，日本人首次目睹了清朝北洋水师的铁甲巨舰，深受震撼。1887年，日本天皇拨款加强海防建设，全国贵族和富豪也竞相捐款支持。随后几年，日本的海军力量迅速赶超中国。1894年，北洋水师受到日本联合舰队的挑衅，在丰岛海战、黄海海战中均遭失败，日本从此成为东亚海军强国。随后，日本又将俄国锁定为打击目标。1904年，日俄战争爆发，俄国参战舰队几乎全军覆没。从此，日本独霸了东亚海权，成为世界海军强国。

近代中国的海军建设始终是一块短板。

为应对倭寇骚扰，明朝朝廷实行海禁却没有建立海军打击日寇。这一情况，到清朝时仍在延续。晚清时期，面对西方列强从海上入侵我国的现实，清廷决定打造北洋水师、南洋水师、福建水师和广东水师四支水师，但因为战事频发加上因各种不平等条约给西方列强的高额赔款，财政匮乏，没有充足的经费投入水师建设。由于北洋水师是清朝末年大臣李鸿章一手建立的，因此经费预算相对充裕，形成了一定的规模，而其他水师规模皆不大。

北洋水师，或称北洋舰队、北洋海军，正式成立于1888年，是我国建立的一支近代化舰队，拥有主要军舰25艘、辅助军舰50艘、运输船只30艘、官兵4 000余人，其中许多战舰都是李鸿章从国外购买的铁甲舰，如"定远"号、"镇远"号铁甲舰，吨位达7 300吨，火炮口径305毫米，是当时世界上战斗力最强的先进战舰之一。北洋水师一度成为亚洲的"第一海军"。但是，清廷并未真正重视北洋舰队的基本建设，有些大臣甚至为了取悦慈禧太后，挪用水师建设费用建造颐和园等给慈禧太后祝寿，从而使北洋水师多年没有新的战舰入役。

1894年，中日两国爆发战事，在黄海海战中，北洋水师损失了"致远""经远""超勇""扬威""广甲"5艘战舰，但也重挫了日军5艘战舰。之后，一手控制北洋水师的李鸿章为了保存实力而让北洋水师避战，导致在黄海海战中遭日军舰队埋伏偷袭。在与日本海军最后一战的威海卫之战中，北洋水师被围在了刘公岛，尽管抵住了日本联合舰队的7次攻击，但因为得不到增援最后仍败

给日军，全军覆灭，北洋水师提督丁汝昌（图7-2-10）自杀殉节。

南洋水师，又称南洋海军或南洋舰队，主要负责江浙一带的海防事务，由两江总督、南洋大臣沈葆桢主管。南洋水师建立于1875年，拥有主力舰艇17艘，总吨位2万余吨，整体实力仅次于北洋水师。北洋水师覆没后，南洋水师部分舰艇调防北洋。至1909年，南、北两洋水师合并，改成立巡洋舰队及长江舰队，南洋舰队正式消失。

图7-2-10　丁汝昌塑像

福建水师由福州船政局控制，舰船大多数是福州船政局修建的，是清代国内生产制造的水平最高的一支水师，拥有主战舰船26艘，总吨位1.1万吨，驻守厦门。1884年8月23日，法国东京舰队突然偷袭停泊在马尾军港的福建水师，福建水师被迫仓促应战，由于整体实力远不及法国舰队，基本上全军覆灭。

广东水师，是清朝末期部署于南海区域的一支近代化海军舰队，主要基地设在广州黄埔，拥有舰船37艘，总吨位1.1万吨。广东水师的"广甲"号、"广乙"号、"广丙"号3艘舰船参与了甲午中日战争，其中"广甲"号和"广乙"号在丰岛海战、黄海海战中被摧毁，"广丙"号被俘。之后，广东水师又购入一些舰船并有了千吨级的军舰，但也同样未能避免衰败的命运。

晚清水师的战败使我们清醒地认识到，中国的海军建设靠"洋务"是行不通的，要捍卫海洋国土、维护海洋权益，必须建设独立自主、适应中国海洋"国情"、国家统一指挥、完全为国效力、敢打胜仗、善打胜仗的、强大的中国海军。

**合作研讨**

小组合作，查阅资料，交流研讨北洋水师在甲午海战中失利的原因。

### （三）必须汲取沉痛的历史教训，不忘国耻，警钟长鸣

为了使人们牢记近代中国来自海上的屈辱，接受沉痛的历史教训，发奋建设强大海防，我国许多地方建起了纪念场馆，如鸦片战争博物馆、三元里人民抗英斗争纪念馆和中国甲午战争博物院。

鸦片战争博物馆是中国古遗址专门性博物馆，1985年建立，位于广东省东莞市虎门镇镇口社会南面的林则徐销烟池旧址内，由馆本部及沙角炮台管理所、威远炮台管理所三个部分组成，总面积为20多万平方米。鸦片战争博物馆管理的虎门炮台旧址——沙角炮台、威远炮台、靖远炮台、镇远炮台、南山炮台、蛇头湾炮台、九宰炮台、广东水师提督署寨墙是重要的战争遗迹，为全国重点文物保护单位。鸦片战争博物馆馆藏文物中有一批抗英时用过的大炮、炮子、火药缸、火药埕、大刀、长矛及当年缴获英军的洋枪、洋炮等，几门"功劳炮"，在当年鸦片战争中曾痛击过英国侵略者。该馆基本陈列的是"鸦片战争史实陈列"，内容分英国发动鸦片战争、广东军民的抗英斗争、沿海各省军民的抗英斗争、鸦片战争的结局、扑不灭的反侵略烈火等部分。该馆还通过放映录像等形式配合陈列展览，向观众开展爱国主义教育。图7-2-11所示的是，鸦片战争博物馆中的林则徐虎门销烟雕塑。

图7-2-11　鸦片战争博物馆中的林则徐虎门销烟雕塑

　　三元里人民抗英斗争纪念馆，位于广州市广园中路34号（广州市北部城郊接合部的三元里），占地面积1 250平方米，建筑面积357平方米，是社会科学类历史专题博物馆。该馆原址为广州城北郊三元古庙，始建于明末清初，已有300多年的历史。1958年11月，三元古庙辟为三元里人民抗英斗争纪念馆。郭沫若为该馆亲笔题词。馆藏文物有三元里人民抗英用过的兵器、当年升平社学门前的一对古石狮等。另外，三元里村口山岗上有纪念碑一座，上刻"一八四一年广东人民在三元里反对英帝国主义侵略斗争中牺牲的烈士们永垂不朽"（图7-2-12）。三元里人民抗英斗争纪念馆以文物、绘画、图片、文字及场景模拟等形式，配合声光图影，形象展示了三元里人民抗英斗争的过程，复原了当年三元里农民高举三星旗誓师抗英场景，其中有当年使用过的各种抗英武器、缴获的战利品和反映当年战况的大型沙盘。三元里人民抗英斗争纪念馆是全国一百家中小学爱国主义教育基地之一，又是全国爱国主义教育示范基地。1961年3月4日，三元里平英团遗址被国务院列入第一批全国重点文物保护单位名单。2016年12月，三元里人民抗英斗争纪念馆入选《全国红色旅游景点景区名录》。

图7-2-12　三元里村口山岗上纪念碑

　　中国甲午战争博物院（图7-2-13），位于山东省威海市刘公岛，创建于1985年，是以北洋海军和甲午战争为中心内容的纪念性博物馆，是中国近代海防设施中保存最完整、现存数量最多、规模最大的文物遗址群。博物院总面积10多万平方米，所辖北洋海军和甲午战争的历史遗迹28处，馆藏文物有历史照片1 000多幅，北洋海军与甲午战争文物资料200多件，打捞舰船文物300多件。图7-2-14所示的是中国甲午战争博物院展出的火炮。该馆以"甲午战争：1894—1895"为基本陈列，复制了大量甲午战争时期的武器装备，还原再现了多个超写实人物塑像场景。整个展馆分为"序厅""甲午战前的中国和日本""甲午战争""深渊与抗争""尾厅"五个部分。1988年1月，中国甲午战争博物院的28处北洋海军旧址被国务院公布为全国重点文物保护单位。2008年，中国甲午战争博物院被国家文物局列入中国首批一级博物馆。2019年11月12日，中国甲午战争博物院被国家民委公布为"第六批全国民族团结进步教育基地"。

图7-2-13　中国甲午战争博物院

图7-2-14　中国甲午战争博物院展出的火炮

## 拓展·深化

　　1. 观看央视大型纪录片《大国崛起》，写一篇观后感。

　　2. 结合本专题内容，撰写"国之殇，永不忘"演讲稿，并与同学们一起举行一次"国之殇，永不忘"演讲会。

## 扬帆奋进向海图强的人民海军

### 任务·目标

**（一）任务**

1. 学习专题中的"艰苦创业 扬帆起航"，了解人民海军初创时期以及在社会主义革命和建设时期的发展状况，思考：毛泽东主席为什么说"核潜艇，一万年也要搞出来"？

2. 学习专题中的"改革开放，乘风破浪"，了解党的十一届三中全会至21世纪初这一时期人民海军真正成为一支独立的战略性军种的发展状况，小组交流研讨：052型"哈尔滨"号驱逐舰为什么被称为"中华第一舰"？

3. 学习专题中的"强国强军，挺进深蓝"，了解人民海军在习近平强军思想的指引下战斗力建设一次又一次突破、向着全面建成世界一流海军砥砺奋进的发展状况，小组交流研讨、深刻感受人民海军将士"铁心向党、奋斗强军"的坚定意志和"扛起光荣使命，奋力向战而行"的英雄精神。

**（二）目标**

1. 了解人民海军的性质和历史使命，能进一步理解加强海防建设、维护国家主权和海洋权益的重要意义。

2. 了解人民海军辉煌的发展历史，能说明人民海军在党的领导下发展壮大的历程以及取得的伟大成就，增强对人民海军的热爱之情，为人民海军的发展壮大而感到自豪。

3. 深刻领悟习近平强军思想，认识到新时代建设一支强大的人民海军的必要性，能说明党和国家为了实现人民海军现代化所采取的重大措施，增强新时代大学生的责任担当意识。

### 情境·问题

#### 三代"南昌"舰传承革命传统的传奇历程

南昌起义，是指1927年8月1日，由周恩来、贺龙、叶挺、朱德、刘伯承等人领导革命军在南昌发动的武装起义。南昌起义打响武装反抗国民党反动派的第一枪，标志着中国共产党独立领导革命战争、创建人民军队和武装夺取政权的开端。1933年7月，中华苏维埃共和国临时中央政府决定：8月1日为中国工农红军成立纪念日，为中国人民解放军的建军节。

"八一""南昌"成为人民军队革命传统的象征。在中国海军史上，只有1艘军舰独享过"八一"和"南昌"两个舰名的荣誉，而有3艘军舰被命名过"南昌"舰，传承着南昌起义的光荣传统，记载着人民海军由弱到强的发展历程。

## 第一代"南昌"号护卫舰的传奇经历

日本侵略中国期间，日本特设了一支驻华内河舰队（亦称"第一遣支舰队"），1941年竣工的"宇治"号炮舰充当日本内河舰队的旗舰。该舰全长80.5米，宽9.7米，标准排水量达1 350吨，吃水2.5米，装有3门120毫米主炮及8门25毫米机炮，在长江流域执行独立作战任务，横行于长江和沿海水域数年，炮轰沿岸目标和抗敌民众，欠下中国人民累累血债。

1945年日本战败投降，"宇治"号是中国接收日本的最大降舰，改名为"长治"号。"长治"号首任舰长是邓兆祥上校。

1949年渡江战役前夕，毛泽东组织地下党策划国民党舰队起义，以消除渡江的"拦路虎"并加快人民海军建设。当时吨位最大的作战军舰"长治"号成为国共两党激烈争夺的对象。国民党海军总司令桂永清坐镇"长治"号，建立了严密管束的特务统治，中共上海地下组织则通过各种渠道策划该舰起义。

"长治"号起义后，一直遭到国民党轰炸机的追踪轰炸，"长治"号官兵英勇对空作战4个昼夜，弹药耗尽，难以持久。华东军区领导决定"舍舰保人"，经过仔细涂油防锈处理后让其沉于长江燕子矶江底。新中国成立后，该舰被打捞出水，经修理、改装了2座130毫米主炮，被编入华东海军，成为火炮口径最大、战斗力最强的护卫舰，起初命名为

图7-3-1　第一代"南昌"号护卫舰

"八一"号，首任舰长是郭成森。在"华东军区海军成立一周年暨军舰命名授旗典礼"上，"八一"号更名为"南昌"号，并担任新中国第六舰队的旗舰。图7-3-1为第一代"南昌"号护卫舰。

"南昌"号护卫舰继承了南昌起义的革命传统，参与了解放东矶列岛之战和一江山岛战役，为保卫国家主权和解放沿海岛屿立下卓越战功。该舰传承红色基因，在实战中历练人才。

1953年2月24日，毛泽东主席在南京检阅了"南昌"号护卫舰，乘坐该舰从南京航行至浦口，并为该舰题词："为了反对帝国主义的侵略，我们一定要建立强大的海军"（图7-3-2）。1968年2月15日，为纪念毛泽东主席视察海军15周年，经军委批准授予"南昌"号护卫舰荣誉舷号"53-224"（图7-3-3）。1979年，走过30年风雨历程的"南昌"号护卫舰在旅顺港光荣退役。

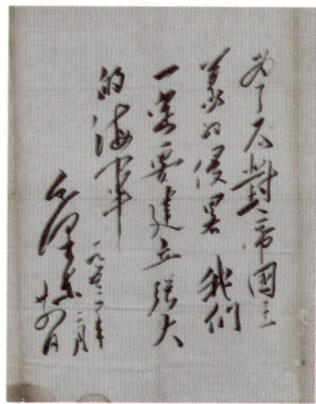

图7-3-2　毛主席为"南昌"号护卫舰的题词

图7-3-3　"53-224"舰在海上演习

213

## 第二代"南昌"号驱逐舰为海军现代化做出重要贡献

20世纪50年代，人民海军只有4艘从苏联买进的"二战"时期的老式驱逐舰，这4艘驱逐舰被称为"四大金刚"，实难捍卫国家主权和海洋权益。为实现毛泽东主席"一定要建设强大海军"的发展战略以及保障我国远程导弹全程海上试验、配合战略核潜艇驶向远洋，为将来担当航母编队的"持刀卫士"的历史使命，我国开始自行设计建造新051型导弹驱逐舰。为传承革命传统，续写海洋辉煌，保持"南昌"

图7-3-4　第二代"南昌"号驱逐舰（舷号163）

舰名薪火相传，第二代"南昌"号由隶属南海舰队的051型导弹驱逐舰（舷号163）继承（图7-3-4）。

事实上，051型导弹驱逐舰是中国在困难时期自力更生建造的国产第一代导弹驱逐舰。它是一种试验性的驱逐舰，除了承担编队海上突击任务以及编队防空、反潜护卫任务外，还可在登陆、抗登陆作战中作支援兵力，使中国海军开始拥有从领海到第一岛链的制海能力。除此之外，它的另一个重要使命就是在执行海上作战任务中检验、提供试验数据，积累技术和经验。

随着我国军工技术的提高和经济实力的增长，051型导弹驱逐舰得到不断改进和升级，逐步形成了051基本型、051D型、051Z型、051G型等型号，形成了17艘战舰的驱逐舰家族。

051型"南昌"号驱逐舰开创了主机、主炮、钢材、导弹的"四大件"自主研发的先河，为建造更大、更现代化的052、055新型驱逐舰奠定了坚实基础。

2016年9月8日，"南昌"号驱逐舰在海洋上征战34年，累计航程17余万海里，圆满完成了担当的历史使命，见证了中国海军从弱到强、从黄水走向深蓝的壮丽征程。南昌市政府接收退役的"南昌"号驱逐舰，并将其打造成爱国主义和国防教育基地，以继续发扬南昌起义的光荣传统，为国防事业贡献力量。

## 第三代"南昌"号万吨大型驱逐舰功勋卓著

第三代"南昌"舰由我国先进的万吨级大型导弹驱逐舰（舷号101）继承（图7-3-5）。新型"南昌"舰是人民海军实现战略转型发展的标志性成就，以"带刀侍卫"的身份加入航母编队，更好地肩负起维护国家主权、安全、发展利益，以及维护世界和平稳定的神圣使命。

2024年1月7日传来喜讯，在全党全军全国各族人民奋进强国建设、民族复兴新征程之际，中共中央宣传部向全社会宣传发布海军"南昌"舰党委先进事迹，并授予该党委"时代楷模"的荣誉称号（图7-3-6），这是全国人民、全军、全体海军的光荣。

图7-3-5　第三代"南昌"号万吨级大型驱逐舰（舷号101）

图7-3-6　中共中央宣传部授予海军南昌舰党委"时代楷模"的荣誉称号

第三代"南昌"号万吨级大型驱逐舰于2020年1月服役，是我国自主研制的055型导弹驱逐舰首舰，是海军新质作战力量的典型代表。

第三代"南昌"号万吨级大型驱逐舰多次参加海上阅兵、中外联合演习，是大家眼中的"明星舰"；它远航白令海，战巡太平洋，护卫航母编队，勇斗挑衅外舰，是大家心中的"劳模舰"。

（本文选编自陆儒德．"'南昌'舰的昨天与今天"[N]．人民海军，2021-05-18）

**问题导引**

1. 人民海军是一支什么样的军队，具有怎样的发展历程？
2. 建设强大的人民海军具有什么重要意义？
3. 新时代建设强大的人民海军，我国为此都采取了哪些重大措施？

**探究·发现**

寄托着中华民族向海图强的世代夙愿，70多年来，在中国共产党的坚强领导下，人民海军在战火中诞生、在发展中壮大，从小到大、从弱到强，一路劈波斩浪，纵横万里海疆，勇闯远海大洋，逐步发展成为潜艇部队、水面舰艇部队、航空兵、陆战队、岸防部队五大兵种齐全以及核威慑和常规打击兼备的战略性军种。

进入新时代，人民海军坚定不移地推进现代化进程，大踏步赶上时代发展潮流，加速向全面建成世界一流海军迈进，取得了举世瞩目的伟大成就，正以全新姿态屹立于世界东方。

**自主探究**

查阅资料，了解中国人民解放军都有哪些军种、人民海军与其他军种有何联系与区别，认识人民海军担负的重要任务。

### 一、艰苦创业，扬帆起航

#### （一）光荣诞生

在革命斗争中，解放军部队先后历经红军时代、八路军时代逐步发展壮大，从单一的步兵发展到多兵种作战，如在解放战争中陆续建立了炮兵、装甲兵、铁道兵等兵种；但是，这些兵种仍然属于陆军的范畴，解放军部队还没有建立专门的海军和空军。在平津战役中，由于缺少海军力量，国民党部队从塘沽撤走了5万兵力，使平津战役未能达到全歼平津之敌的目的。为了解放全中国，创建海军的问题已被提到了党中央的议事日程上。

1949年1月6—8日，中共中央在西柏坡举行政治局会议，讨论并通过《目前形势和党在一九四九年的任务》的决议，决议提出要组成一支能够保卫沿海沿江的海军。3月24日，毛泽东主席和朱德总司令在致"重庆"舰起义官兵慰勉电中指出，中国人民必须建设自己强大的国防，除了陆军外，还必须建立自己的空军和海军。

1949年4月23日，中国人民解放军第一支海军部队——华东军区海军在泰州白马庙（图7-3-7）宣告成立。张爱萍任司令员兼政治委员。

4月23日人民解放军渡过长江时，国民党海军第二舰队所属25艘舰艇起义，加入了人民解放军，成为人民海军的一部分。

8月28日，毛泽东在百忙中召集华东地区海军领导讨论海军建设问题，并题词"我们一定要建设一支海军，这支海军要能保卫我们的海防，有效地防御帝国主义的可能的侵略"。9月21日，毛泽东在中国人民政治协商会议第一次全体会议致开幕词：

图7-3-7　人民海军诞生地——泰州白马庙

"我们将不但有一个强大的陆军，而且有一个强大的空军和一个强大的海军。"建设强大的海军被列入了建国纲领和国家发展战略。

经过一年多的艰苦奋斗，华东地区海军拥有134艘舰艇，组建了一支包括三个舰队和若干大队的作战编队，初步建成一支能够有效防止外国入侵和国民党军队的封锁袭扰的正规编制的作战部队，创办了第一所海军学校及第一个海军技术研究指导机构。

1950年4月14日，人民海军领导机构在北京成立，时任第四野战军第十二兵团司令员的萧劲光担任海军司令员，一直持续了30年。

### （二）在毛泽东思想的光辉指引下发展壮大

1953年2月，毛主席首次视察人民海军舰艇部队，乘坐"长江"舰同官兵一起航行了4天3夜，并为5艘军舰题写了相同的题词："为了反对帝国主义的侵略，我们一定要建立强大的海军。"他在同指战员谈话时指出："我们一定要把我国18 000公里的海岸线筑成'海上长城'和'海上铁路'。"这句话诠释了建设强大的海军，既要建立能够保卫祖国海疆安全的"长城"，又要建立联通海外世界各民族，共同管理、开发和共享海洋资源的"铁路"。3月，中国人民解放军总司令朱德在海军首届英雄模范代表会议上提出："建设强大的海上战斗力量，把任何敢于侵犯我们的敌人歼灭在海洋里。"11月，周恩来在上海检阅华东军区海军舰艇部队时为人民海军题词："为建设强大的人民海军而奋斗！"

1953—1956年，人民海军确定了发展目标与指导方针，组建了东海、南海舰队和海军青岛基地，补充了舰艇装备，完成了由单一兵种（水面舰艇部队）向五大兵种与后勤保障部队相结合的转型。

毛主席十分重视海军的潜艇建设。早在1959年，他就强调指出："核潜艇，一万年也要搞出来！"在他的亲自领导下，我国第一艘核潜艇于1970年下水，1974年正式服役。现在人民海军建立了强大的核潜艇舰队，有效维护海洋的和平局面，实现了他的夙愿。

毛主席心系人民海军建设，在他一生最后的岁月里，仍关心海军的建设事业。1975年5月，82岁高龄的毛主席对海军负责人说："海军要搞好，使敌人怕！"海军党委专门给毛主席写了《关于海军建设的报告》，提出了海军的发展规划，即"力争在十年内建设一支强大的海军"。毛主席看了以后非常高兴，在海军的发展规划上批示："同意。努力奋斗，十年达到目标！"这是毛主席对海军指战员的期待和最后嘱咐。

### （三）兵种建设与武器装备建设

#### 1. 1949年至1955年，人民海军创建时期的兵种建设

20世纪50年代中期，在国家各部门的大力支持下，人民海军力量进一步壮大，到1955年底已拥有各种舰艇800余艘、飞机500余架以及各种口径海岸炮、高射炮600多门，并先后组建了水面舰艇部队、潜艇部队、岸防部队、航空兵和陆战队五大兵种，初步形成了一支诸兵种合成的适于近海作战的轻型海上战斗力量。

（1）组建护卫舰部队和驱逐舰部队。

1949年11月，人民海军第一支护卫舰部队正式组建。1950年，该部队扩建为华东军区海军第六舰队，1955年改名为中国人民解放军海军护卫舰第六支队，下辖三个大队，拥有护卫舰十四艘。

1954年3月，人民海军的第一支驱逐舰部队开始筹建。当时海军已决定从苏联购买四艘"自豪"级驱逐舰，还专门从华东军区海军护卫舰第六舰队和淞沪基地选调一批官兵以及从苏联学习回来的部分干部组成两套接舰人员，

图7-3-8 我国第一艘驱逐舰——"鞍山"号（1954年从苏联购买）

分别命名为海军青岛基地第一、第二训练大队。就这样，人民海军有了第一支驱逐舰部队。图7-3-8为我国第一艘驱逐舰——"鞍山"号。

（2）组建海军鱼雷快艇部队。

鱼雷快艇部队是根据当时实际国情，依据"建军先建校"的原则组建的。1950年8月，海军快艇（鱼雷艇）学校成立，其任务不仅是培训鱼雷艇部队所需的各类人员，而且要负责把学员编配成艇和艇队建制，形成战斗单位。另外，学校还负责筹建青岛鱼雷艇基地。经过1年2个月的培训，学校共培训了897名学员，配备了42艘鱼雷艇，成立了4个鱼雷大队，组建了我国第一支鱼雷快艇部队。

（3）组建潜艇部队。

1951年，海军派出由275人组成的潜艇学习队前往苏联海军太平洋舰队驻旅顺潜艇分队学习。

1952年，人民海军在青岛修建第一个潜艇基地。

1954年3月26日，中国装配制造的第一艘W级潜艇下水。1954年6月19日，人民海军第一支潜艇部队——海军独立潜水艇大队成立。

（4）组建海岸炮兵部队。

人民海军创建初期，人民海军的舰艇部队和航空兵部队还很薄弱，面对发动侵朝战争并妄图侵犯我国的美军以及伺机反攻大陆的台湾国民党军队尚难以担负起防卫任务，亟须组建海岸炮兵部队。

1950年8月，人民海军成立了炮兵学校，以培训海岸炮兵指挥员和炮手。1950年10月21日，人民海军第一个海岸炮兵营在青岛成立。到1955年底，人民海军共建有19个海岸炮兵团，装备火炮343门，基本上形成了我国从北到南沿海地区海岸炮兵防御作战体系。

（5）组建海军航空兵部队。

海军航空兵部队的创建始于海军航空学校的建立。人民海军第一所海军航空学校于1950年11月1日开学，于1952年扩建为两所学校以分别培训空勤人员和地勤人员。1952年，人民海军航空兵部队在

北京正式成立；同年，海军第一支航空兵部队——航空兵第一师在上海虹桥机场成立，标志着海军航空兵部队的诞生。1953年，海军航空兵第一支歼击机部队——航空兵第二师在浙江宁波机场正式组建。1955年，海军航空兵第一支水上飞机部队——海军航空兵第一独立大队成立。

（6）组建海军陆战队。

1953年，经中央军委批准，原步兵第八十九团团部及第一、第二建制连和炮兵营中的57毫米炮连组成海军陆战第一团，这是人民海军的第一支陆战队。1954年12月，人民海军以海军陆战第一团为基础，抽调了华东军区水兵师师部及原水兵第二团等部队合并组成了第一海军陆战师。第一海军陆战师的主要任务是保卫沿岸基地、港口，独立或配合陆军实施登陆作战，夺取并巩固登陆点和登陆地段，保障后续梯队登陆。

### 2. 1955年至20世纪70年代作战平台和武器装备建设

这一期间，人民海军加快现代化建设步伐，全力提升在近海主要作战方向上夺取并保持制海制空权的能力，并大力增强在必要时间里有效控制连通中国海区几个重要海上通道的能力，以及具备在与中国海区相邻海区的作战和活动能力。为此，人民海军先后设计、建造了许多新型国产潜艇、驱逐舰、护卫舰和飞机，初步形成以第二代装备为主体、第三代装备为骨干的武器装备体系。水面舰艇部队形成了以新型导弹驱逐舰、护卫舰为代表的水面打击力量。潜艇部队具备水下反舰、反潜、布雷和一定的核反击能力。航空兵部队形成了以对海攻击飞机为代表的空中打击力量，具备侦察、反舰、反潜、防空作战能力。陆战队形成了以两栖装甲车为代表的两栖作战力量，具备了两栖作战能力。岸防部队形成了以新型岸舰导弹为代表的岸防力量，具备了海岸防御作战能力。

为了尽快掌握制造导弹舰艇新技术、提高新武器的研制水平，人民海军于1958年成立了一系列科研机构和部门。

1958年10月，我国从苏联引进了五型舰艇及两种导弹。1960年，国家有关工业部门和海军组成了造船工业及科研专业小组。1961年初，我国舰艇研究院成立。截至1965年底，我国已能够独立制造鱼雷艇、护卫舰、大型导弹艇、猎潜艇、扫雷艇等水面舰艇。1970年2月，4艘苏制驱逐舰中的一艘火炮驱逐舰被成功改装为导弹驱逐舰并顺利完成海上导弹发射试验；接着，其余3艘苏制驱逐舰也改装成功。1971年，我国自行研制的第一代导弹驱逐舰首制舰"济南"号正式加入海军序列。1972年，我国又对"济南"号进行了鉴定和定型并开始批量生产，这标志着人民海军水面舰艇仿制历史的结束和研制建造新阶段的开始。柴油机、推进电机和蓄电池组是常规动力潜艇在水上和水下航行时的主要动力装置。经过几年的艰辛研制，潜艇柴油机于1967年定型并开始批量生产，潜艇蓄电池于1964年定型并开始批量生产，潜艇推进电机则于1964年仿制成功。从1969年开始，我国常规动力潜艇全部采用国产材料和设备制造，并逐步扩大了制造数量并研制了新的品种。

除了常规动力潜艇外，中共中央、中央军委高度重视核潜艇的设计与建造工作。1962年下半年，在国民经济十分困难的情况下，周恩来总理主持召开中共中央专门委员会，决定继续进行核动力装置的理论研究和试验，为研制核潜艇做好准备。1968年11月，我国第一艘核潜艇开工建造。1970年12月，我国自行研制的第一艘攻击型核潜艇下水。1974年8月，中央军委将第一艘核潜艇命名为"长征一号"并正式将其编入海军战斗序列。1976年底，人民海军252潜艇率先穿越"第一岛链"成功深入太平洋腹地……从此，人民海军吹响了远征大洋的号角，加速了驶向蓝水的步伐。

**自主探究**

查阅资料，分析研究毛泽东主席为什么要强调"核潜艇，一万年也要搞出来！"

### （四）光辉战绩

#### 1. 万山海战

1950年4月，海南岛解放后，万山群岛仍被国民党军队占据。国民党军队拥有兵力3 000余人，拥有各类舰船30余艘。5月25日，广东军区江防部队配合陆军解放万山群岛，海战历时72天，共毙伤俘敌700余人，击沉敌炮艇4艘，击伤敌舰艇12艘，缴获11艘。8月4日，万山群岛全部解放。这是人民海军自组建以来首次取得以小艇打大舰的重大胜利。

#### 2. 激战头门山

1951年6月24日，奉命担任对3艘运粮船和900多艘渔船护航任务的驻浙江石浦的华东军区海军温台巡防大队411、413、414（图7-3-9）、416艇，进入南泽、北泽海面待机，不久就发现4艘敌船抢劫运粮船。414艇先插入敌船群，接着416艇跟进，两艇猛烈向敌开火救出了运粮船；之后，411、413、414、416艇4艇会合猛追敌船，击沉敌船1艘，击伤敌船3艘，毙敌30余人，伤敌20余人。414艇在奔袭披山、檀头山、东矶列岛的战斗中屡建战功，这次海战又深入敌群孤艇作战，战绩显著，于1951年10月7日被华东军区海军授予

图7-3-9　头门山海战英雄艇（中国人民革命军事博物馆藏）

"头门山海战英雄艇"荣誉称号。该艇后来被保存在中国人民革命军事博物馆作为永久的陈列品。

#### 3. 三门湾空战

1954年3月，华东军区海军舰艇部队和航空兵部队奉命对袭扰猫头洋渔场的国民党军队发起反击。18日，4架国民党空军F-47型战斗轰炸机飞抵浙江三门湾上空空袭担负护渔任务的舰艇部队，航二师六团副大队长崔巍、中队长姜凯奉命驾机迎击，一举击落敌机2架。这是海军航空兵首次升空作战并击落敌机，显示了人民海军新兵种的超强作战能力。

#### 4. 击沉"太平"号护卫舰

1954年11月1日，人民海军鱼雷艇31大队6条鱼雷艇首次南下，以夺取浙东前线制海权。11月14日，国民党"太平"号护卫舰被发现，4艘鱼雷艇迅速隐蔽接敌，先后发射鱼雷将"太平"号击沉。这是人民海军鱼雷艇部队自组建以来首次作战取得的胜利。

#### 5. 解放一江山岛

一江山岛位于浙江省椒江口外，岛上驻有国民党"一江山地区司令部"及所属"反共救国军"1 000多人，易守难攻。1954年冬，华东军区遵照中央军委的命令解放一江山岛。11月1日至17日，海军航空兵和舰艇部队首先与敌人展开了争夺战区制空权和制海权的战斗。1955年1月18日，陆、海、空三军向一江山岛发起总攻。海军航空兵和舰艇部队首先对一江山岛实施强大的火力攻击，使敌防御工事、炮兵阵地和指挥系统陷于瘫痪。随即，由140多艘舰艇组成的登陆输送大队突击登陆，两个多小时后攻占全岛。此次战斗，共毙敌司令以下519名，俘敌567名。解放一江山岛的战斗是

陆、海、空三军首次协同作战。

### 6. 解放嵊泗列岛

横亘于长江口东南海面的嵊泗列岛控制着上海港对外出入的南航道。1950年年初，盘踞该岛的当地游杂武装和海匪500余人在国民党军队支持下抢劫商船、袭扰渔场、蹂躏岛民，作恶多端。7月6日，华东军区海军派出6艘舰艇，协同陆军98师部分兵力，发起解放嵊泗列岛的战斗；2天的战斗毙敌100余人、俘敌300余人，至7月8日嵊泗列岛获得全部解放。

### 7. "八六"海战

1965年8月6日，国民党海军巡防第二舰队"剑门"号猎潜舰和"章江"号猎潜舰向南澳岛以南海域窜犯骚扰，南海舰队派出护卫艇、鱼雷艇组成突击编队接敌。4艘高速护卫艇紧紧咬住"章江"号，经过历时1小时41分的战斗，将其打得起火爆炸沉没。之后，5艘鱼雷快艇在护卫艇掩护下追击"剑门"号猎潜舰，将其击沉。这次战斗中，国民党海军巡防第二舰队少将司令及170余名官兵被击毙，611号护卫艇、119号鱼雷艇分别荣获人民海军授予的"海上英雄艇"和"英雄快艇"的称号。

### 8. 崇武以东海战

1965年11月13日13时20分，国民党"永泰"号猎潜舰率护航炮舰"永昌"号从澎湖出发，企图窜犯福建沿海地区。福建基地指挥所以6艘护卫艇、6艘鱼雷艇组成突击编队，另派588等4艘护卫艇进至崇武以东海区担任警戒和海上救援任务。突击编队乘夜出击，将"永昌"号击中使其当即失去机动能力，至14日凌晨取得了击沉"永昌"号和击伤"永泰"号的重大胜利。

### 9. 收复西沙群岛战役

1974年1月15日，南越当局不顾中国政府的多次警告，派舰入侵我国西沙永乐群岛海域，炮击并占领我国甘泉岛。1月16日，南越军队侵占西沙金银岛。为维护国家主权，海军南海舰队派巡逻编队驶往永乐群岛海域，在与南越舰艇交涉中遭到南越驱逐舰的突然袭击。人民海军编队奋起反击，以损失1艘军舰、阵亡18名官兵的代价，击沉敌舰1艘，击伤多艘，毙伤敌军百余人并一举收复了被南越侵占的西沙群岛。

### 10. 赤瓜礁自卫反击战

1988年3月13日，中国海军舰船到南沙群岛的九章群礁海域对部分岛礁进行考察。14时25分，舰船在南沙群岛赤瓜礁海域停泊抛锚，并组织人员登上赤瓜礁，建立观察点。14日6时25分，越南海军604、605运输船和505登陆舰悍然窜入赤瓜礁海区进行挑衅活动，并派出43名武装人员携带轻机枪、冲锋枪，强行登上赤瓜礁。8时47分，越方人员首先使用冲锋枪向中国海军开枪，打伤中国海军考察人员1人。与此同时，越南海军604运输船上的多挺轻机枪一齐向中国海军舰船和礁上人员射击。随即，越南海军的其他舰船使用舰炮向停泊在赤瓜礁附近海区的中国海军舰船开炮。在忍无可忍的情况下，中国海军舰船被迫进行了有限度的自卫还击。战斗持续28分钟，中国海军将越南海军604运输船击沉，重伤其605运输船和505登陆舰，捍卫了中国的领海主权。

## 二、改革开放，乘风破浪

20世纪70年代末，国际国内形势发生了深刻变化。中央军委做出国防和军队建设由"临战状态"向服从和服务于国家经济建设的方向实行战略性转变的重大决策。国际上，美国等世界军事大国开始发展海军的"由海向陆"打击能力，以增强海军对陆上战局进程的影响力。

党的十一届三中全会开启了改革开放与社会主义现代化建设的新进程，人民海军也进入现代化建设的新时期。

　　海军广大官兵响应党中央、中央军委的号召，坚定建设强大海军的正确方向，加快了现代化建设步伐，武器装备进入导弹化、电子化、自动化的新阶段，舰艇反潜、反舰、防空、电子对抗等一系列技术难题得以攻克。

　　人民海军先后设计、建造了许多新型国产潜艇、驱逐舰、护卫舰和飞机，初步形成以第二代装备为主体、第三代装备为骨干的武器装备体系。水面舰艇部队形成了以新型导弹驱逐舰、护卫舰为代表的水面打击力量。潜艇部队具备水下反舰、反潜、布雷和一定的核反击能力。航空兵部队形成了以对海攻击飞机为代表的空中打击力量，具备侦察、反舰、反潜、防空作战能力。陆战队形成了以两栖装甲车为代表的两栖作战力量，具备了两栖作战能力。岸防部队形成了以新型岸舰导弹为代表的岸防力量，具备了海岸防御作战能力。1988年9月，人民海军核潜艇水下发射运载火箭试验圆满成功，我国成为继美、苏、英、法之后，世界上第五个拥有核潜艇并具备核潜艇水下发射运载火箭能力的国家。

**合作研讨**

　　中国海军052型哈尔滨号驱逐舰（图7-3-10），于1989年9月8日在江南造船厂开工制造，1991年8月28日下水，1994年5月8日列编海军，被誉为"中华第一舰"。

　　小组合作，查阅资料，交流研讨：052型哈尔滨号驱逐舰为什么被称为"中华第一舰"？

图7-3-10　052型哈尔滨号驱逐舰

　　经过几代人的不懈奋斗，中国第一艘航空母舰——辽宁舰（图7-3-11）于2012年9月25日正式交接入列。在这一刻，中国人终于圆了航母梦。

图7-3-11　中国第一艘航空母舰——辽宁舰

改革开放，乘风破浪，人民海军真正成为一支独立的战略性军种，其装备也由接收、购买、装配、仿制转向自行研制，战斗力建设实现了突破性发展。

### 三、强国强军，挺进深蓝

党的十八大以来，中国特色社会主义进入新时代，实现中华民族伟大复兴的事业前程似锦。中共中央总书记、国家主席、中央军委主席习近平站在实现中华民族伟大复兴中国梦的战略高度，统揽全局，亲力推动，开启了全面建成世界一流海军的新航程。

2018年4月12日，中共中央总书记、国家主席、中央军委主席习近平在出席南海海域海上阅兵时发表的重要讲话强调："在新时代的征程上，在实现中华民族伟大复兴的奋斗中，建设强大的人民海军的任务从来没有像今天这样紧迫。要深入贯彻新时代党的强军思想，坚持政治建军、改革强军、科技兴军、依法治军，坚定不移加快海军现代化进程，善于创新，勇于超越，努力把人民海军全面建成世界一流海军。"

"坚持从思想上政治上建强海军"，"努力锻造听党指挥、政治过硬的海上劲旅"。进入新时代，习近平主席多次视察海军，擘画蓝图、亲力推动，开启了全面建成世界一流海军的新航程。

人民海军坚持以习近平新时代中国特色社会主义思想为指导，深入贯彻习近平强军思想，贯彻新时代军事战略方针，贯彻习近平关于海军建设重要指示，着眼实现党在新时代的强军目标，坚持政治建军、改革强军、科技强军、人才强军、依法治军。

在作战平台和武器装备方面，"旅洋"级Ⅰ型导弹驱逐舰首制舰、"旅洋"级Ⅱ型导弹驱逐舰、"元"级首制艇、"旅洲"导弹驱逐舰、"江凯"级改进型导弹护卫舰首制舰、大型船坞登陆舰首制舰等大量新型作战平台与武器装备相继建成服役；我国自主研制的055型万吨级驱逐舰作为水面作战力量的骨干，以更快、更准、更强的性能优势，将人民海军区域防空反导能力和远程精确打击能力推上一个新的台阶。

航母是海洋大国的"护身铠甲"，舰载机是其攻防战略结构中的中坚力量。继2012年9月25日我国第一艘航空母舰辽宁舰入列，2019年12月17日我国第一艘国产航空母舰山东舰入列，2022年6月17日我国完全自主设计建造的首艘弹射型航空母舰福建舰正式下水并于2024年5月8日成功完成首次海试。人民海军进入三航母时代，这是现代中国智慧与能力的鲜明体现。

航空母舰、新型战略核潜艇、万吨级驱逐舰、两栖攻击舰、综合补给舰等密集入列，舰载机批量交付，预警机、舰载直升机家庭再添新成员……新时代的人民海军以临战的思想、迎战的姿态、实战的标准，向着新的胜利奋勇前进！

"能战方能止战""宁可备而不战，不可无备而战。"全体海军将士时刻牢记习近平主席的重托，从严从难大抓实战化军事训练，不断提升核心作战能力。着眼信息化条件下联合作战特点，人民海军高质量推进以航母编队、核潜艇、两栖作战编队等新域新质力量为重点的海上力量体系建设，加速远海远域、新型军事力量融入作战体系综合运用，努力缩短战斗力生成周期。从东海、南海再到太平洋，从空中、水面再到水下，人民海军的舰艇编队、航空兵一次次突破岛链，一系列实战化课题在远海大洋轮番上演；持续推进重大战场设施配套建设，加强海上投送、海上补给、海上医疗救护等保障力量建设，构建起岸基、海上、岸海一体的综合保障链。海军舰艇远海训练已成常态，航母编队体系化训练持续推进，一条条不断刷新的航迹，镌刻着人民海军战斗力建设的一次又一次突破。

2019年《新时代的中国国防》白皮书明确指出，中国军队坚持共同、综合、合作、可持续的安全观，秉持正确义利观，积极参与全球安全治理体系改革，深化双边和多边安全合作，促进不同安全机制间协调包容、互补合作，营造平等互信、公平正义、共建共享的安全格局。

2008年起，根据联合国安理会的决议，中国海军护航编队分多批次远赴亚丁湾、索马里海域执行护航任务（图7-3-12）。2014年9月底，也门国内战事连连升级，局势持续动荡不安，我国在也门中资机构工作人员、留学生、医疗队和使领馆人员面临生死考验。危急时刻，正在亚丁湾护航的临沂舰、潍坊舰和微山湖舰于2015年3月29日至4月6日分5批次撤出中国同胞621人以及来自15个国家的276名外国公

图7-3-12　执行首批护航任务期间，海口舰巡航亚丁湾

民，在实战背景下完成国际人道主义救援行动，受到国内外一致好评。从"护航行动"到"万里归途"，人民海军这支和平之师的"朋友圈"越来越大，航迹越来越远。15年多的时间里，人民海军累计派出46批护航编队、150余艘次舰艇、3.6万余名官兵，圆满完成1 600余批7 200余艘中外船舶护航任务，解救、接护各类船舶近百艘，为维护世界和平稳定做出重要贡献。

"和平方舟"号医院船是我国专门为海上医疗救护"量身定做"的专业大型医院船，舰名"岱山岛"号，舷号866，为世界上第一艘超万吨级大型专业医院船，航迹遍布太平洋、印度洋、大西洋，到访六大洲的几十个国家和地区，为当地人民提供医疗服务，是当之无愧的军事外交"明星舰"，被誉为舰行万里守卫和平的友谊使者。

人民海军作为国家海上力量主体，积极参与海上公共事务，维护海洋和平安宁和良好秩序，为国际社会持续提供公共安全产品。菲律宾台风肆虐、马尔代夫淡水危机、汤加王国火山灾害，人民海军星夜兼程，累计运送物资1 400余吨、救助患者2 200余名、为上万名灾民送医送药。2015年，人民海军紧急赶赴也门，帮助除中国外的15个国家279名外国公民安全撤离；2023年，人民海军紧急赴苏丹撤侨，撤离人员中包括231名外籍人员。

2024年4月21日至24日，第19届西太平洋海军论坛年会在青岛市举行。这是时隔10年中国海军第二次承办西太平洋海军论坛年会。中国海军愿与参会各国海军一道，为构建海洋命运共同体贡献更大的力量。

做世界和平的建设者、全球发展的贡献者、国际秩序的维护者，人民海军驶向深蓝的一道道航迹绘就国际安全的绚丽图景。人民海军成为维护世界和平、促进合作共赢的重要力量。

习近平主席指出："建设强大的现代化海军是建设世界一流军队的重要标志，是建设海洋强国的战略支撑，是实现中华民族伟大复兴中国梦的重要组成部分。"习近平主席的殷殷嘱托，为人民海军指明了前行航向。

人民海军忠于党，舰行万里不迷航。站在新的历史起点上，全体海军将士初心如磐、使命如炬、征途如虹，向着全面建成世界一流海军砥砺奋进、破浪远航！

## 拓展·深化

1. 查阅资料，了解人民海军的五大兵种及其主要的武器装备。

2. 观看中国航母主题宣传片《深蓝！深蓝！》和航母入列10周年宣传片《航母这十年》，感受人民海军发展成就，撰写观后感。

# 主题八
## 推进全球海洋治理，贡献中国智慧中国方案

　　随着工业化的发展，全球海洋面临的问题日益严重和多样，主要包括海洋健康问题、海洋资源开发问题和海洋非传统安全问题，如气候变暖导致的冰川融化和海平面上升问题、工业化导致的海洋污染和海水酸化问题、过度捕捞和资源开发不当问题以及海盗和海洋恐怖主义等非传统安全问题。这些问题严重威胁到全人类的海洋利益，制约着海洋的可持续开发。进一步加强海洋治理，保护海洋生态环境，成为国际社会面临的共同责任。

　　党的二十大报告强调，构建人类命运共同体是世界各国人民前途所在。万物并育而不相害，道并行而不相悖。只有各国行天下之大道，和睦相处、合作共赢，繁荣才能持久，安全才有保障。

　　中国作为负责任的大国，始终积极参与联合国框架下的全球海洋治理，为全球海洋治理提出了独具智慧和充满活力的中国方案。中国将始终做全球海洋治理的建设者、国际海洋秩序的维护者，与其他国家一起，共同践行"海洋命运共同体"理念，为实现人类与海洋的可持续发展做出积极贡献。

# 专题 **1**

## 面临现实威胁的全球海洋

• **任务·目标**

（一）任务

1. 学习本专题中"海洋健康问题"，观看科普视频《走进海洋——海洋生命的紧迫现状——保护和改善海洋环境》并撰写观后感，自主探究图瓦卢要在元宇宙中复制自己的国家的原因，分析总结我国当前海洋环境面临的挑战，合作研讨海洋在减缓气候变化的影响方面发挥的重要作用。

2. 学习本专题中"海洋资源开发利用中的问题"，自主探究延续了500年的纽芬兰捕鱼业彻底破产的主要原因。

3. 学习本专题中"海洋非传统安全问题"，交流研讨海盗活动和海上恐怖主义等海洋非传统安全威胁成为国际公害的原因。

4. 制作"全球海洋面临的严峻挑战"课件，总结从全球海洋所面临的问题与威胁中得到的启示。

（二）目标

1. 了解当今全球海洋面临的健康问题，能从气候变暖对海洋的影响、海水酸化及其影响、海洋污染及其影响等方面说明海洋面临的健康问题产生的原因和带来的危害，增强海洋环境保护意识。

2. 了解当今全球海洋资源开发利用中的问题，能从过度捕捞造成渔业资源衰退趋势明显、海洋矿产资源开发做法不当造成环境污染、不可再生资源浪费使用与开发利用不可持续等方面，说明全球海洋资源开发利用中的问题产生的原因和带来的危害，树立海洋可持续发展观。

3. 认识传统安全和非传统安全，了解当今全球海洋非传统安全问题，能说明海盗活动和海上恐怖主义产生的原因和带来的危害，认识应对海洋非传统安全威胁的重要性和紧迫性，提高国际问题理解力，增强新时代大学生的责任担当意识。

**情境·问题**

### 全球海洋与沿海生物多样性保护面临的问题与威胁

2022年7月7日的《自然生态学与进化》杂志上，发表了2022年全球海洋和沿海地平线扫描项目汇集的，来自全球11个国家的30位具有跨学科专业知识背景的科学家、自然资源保护者、资源管理者和决策者，关于未来5～10年可能对海洋和沿海生物多样性保护产生潜在严重影响而目前却鲜为人知的三大类15个新问题的研究结果。

### （一）海洋生态系统面临的问题与威胁

#### 1. 野火

野火尤其是森林火灾除了释放二氧化碳外，还会释放含有多种化学元素（如氮、磷，以及铜、铅和铁等微量金属）的气溶胶、颗粒物和大量可溶性营养物，风和雨可将这些物质携带至很远的地方并落入海洋中，威胁海洋生态系统。

### 2. 浅海海域暗化

全球变暖、海洋污染、降雨量增加、风暴、冻土融化和海岸侵蚀加剧了光在海水中的衰减；富营养化导致藻类大量繁殖，进一步阻碍了光线穿透；港口和航道疏浚以及海底捕捞等增加了海底扰动，导致海水浊度增加……这些将会改变海洋物种的组成、分布和行为，致使沿海栖息地及其生态系统功能下降，甚至永久性改变浅海生态系统的运转。

### 3. 海洋酸化导致金属污染

气候变化所导致的海洋酸化以及排海物质增加，改变了海水和沉积物中的金属元素含量，对一些海洋生物产生直接影响并通过海洋食品影响到人类的健康。

### 4. 气候变暖导致赤道海洋生物群落衰退

气候变暖导致的海水温度上升，使部分海域变得对海洋生物来说越来越不适宜居住、觅食和繁殖，使得一些生物种群迁往其他地方（如向两极迁移），生活在中高纬度的生物则可能被来自较温暖地区的物种所取代。据推算，全球范围内的海洋生物随环境变化而迁移的速度是陆地生物的5倍。

### 5. 气候变化导致鱼类营养成分改变

温度与浮游生物所能制造生物必需脂肪酸（包括$\Omega$-3）的数量呈负相关。持续的气候变暖正在影响浮游生物对生物必需脂肪酸的合成。浮游生物合成生物必需脂肪酸作用的变化或将引发蝴蝶效应，对食物链上物种的营养成分产生级联效应，继而给海洋捕食者和人类健康带来不良后果。

## （二）资源开发利用产生的问题与威胁

### 1. 对胶原蛋白的追逐可能使减少大规模捕捞的努力功亏一篑

胶原蛋白是一种结构蛋白，越来越多地应用于化妆品、药品、营养品和生物医学领域。海洋生物是胶原蛋白的重要来源，特别是鱼皮富含胶原蛋白（图8-1-1），这为海洋养殖业和海洋捕捞业带来巨大发展机遇，但大面积海洋养殖会带来海洋环境问题，海洋捕捞业的发展会导致海洋生物资源的过度捕捞问题。

### 2. 崇尚新的海洋珍馐对目标物种和非目标物种造成危害

鱼鳔中含有大量氨基酸和鱼鳞硬蛋白（图8-1-2）。鱼鳔的主要成分为高级胶原蛋白，含有多种维生素及钙、锌、铁、硒等多种微量元素，是一种理想的高蛋白低脂肪食品，现在人们对鱼鳔的需求量在增长。对鱼鳔无节制的追求会触发过度捕捞以及使用拖网等非法捕捞，导致目标鱼类种群的不可持续发展，并对副渔获物等海洋生物如鲨鱼、鳐鱼、海龟等造成威胁。

图8-1-1　鱼皮富含胶原蛋白

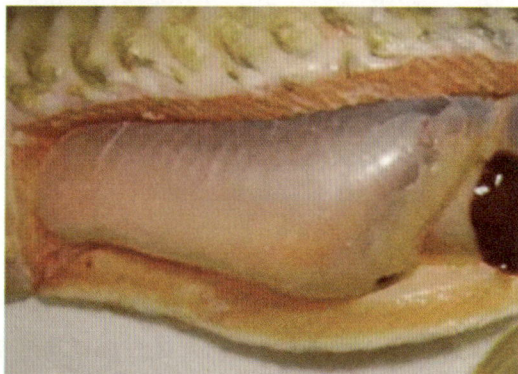

图8-1-2　鱼鳔中含有大量氨基酸和鱼鳞硬蛋白

### 3. 大规模捕捞中层鱼类会破坏碳从大气到海洋底部的运送

虽然大部分中层鱼类如灯笼鱼并不适合人类食用，但它们昼夜的垂直迁移可以将夜间在表层水中进食而获得的碳，在白天转移到数百甚至数千米的深水中，成为海洋生物泵和深海碳封存的重要途径。随着对粮食安全担忧的增强，人类的海洋捕捞活动越来越集中于200～1 000米深度的上中层鱼类，影响了海洋生物碳泵的循环，使海洋成为低效率碳汇。

### 4. 深海盐卤池中锂的提取对深海盐水生态系统产生重大影响

到2030年，包括电动汽车在内的电池需求可能会导致对锂的需求量超过当前水平的5倍。深海盐水和冷泉区可以提供高浓度锂，深海盐卤池将成为锂的新的提取点。但是，这些盐卤池里很可能栖息着许多特殊物种，其中一些物种至今尚未被发现，锂资源的开采可能对深海盐水生态系统产生重大影响。

## （三）海洋新技术带来的问题与威胁

### 1. 新的海洋基础设施的兴建长期内对环境的影响尚待评价

世界正在建设的新的海洋基础设施，如海上风电场、海洋牧场等，满足了日益增长的能源供给、渔业生产和海上运输的需求，但由于缺乏充分的环境管理与评估，科学家们对这些基础设施长期内是否会对环境产生影响表示疑虑。

### 2. 海上漂浮城市的基底部分或将助推入侵物种的蔓延

海上漂浮城市的概念诞生于20世纪中叶，虽然其设计理念是在不伤害海洋生态系统的同时避免造成不可挽回的损失，但科学家们认为海上漂浮城市的基底部分或将助推入侵物种的蔓延。

### 3. 全球绿色技术发展加剧微量元素污染

现在汽车行业中电动汽车的研制呈迅猛发展态势，并将使未来对电池的需求每年增加10%以上。不过，电池从生产原材料提取到回收或报废的整个生命周期都存在微量元素排放问题，电池黏合剂和电解质对水生生物有毒害作用，从而大大增加了全球海洋和沿海系统中有毒微量元素污染的可能性。

### 4. 非表层海洋动物监测是否影响动物行为需要关注

基于声学遥测的新型无电池技术，"水下后向散射定位（UBL）"可实现对在任何深度和远距离旅行的动物的高精度（小于1米）跟踪，为沿海和近海地区以及公海的空间管理提供信息。然而，这项新技术背后存在一些问题，如对动物的行为存在影响的问题。

### 5. 海洋监测需要仔细斟酌其对海洋生物多样性的利弊

受生物启发使用柔性材料制成的、能够更加深入海中的软体机器人，有助于收集用于生物多样性监测的精细样本，提高监测和绘制深海地图的能力，但也可能将污染物和废弃物留在这些未被探索的环境中，甚至被捕食者误以为是猎物而吞食，从而使海洋动物受到伤害。

### 6. 新型生物降解材料对海洋环境的影响

现在应对塑料污染的新型生物降解材料中，有很多未经适当的毒性和生命周期评估就投入使用，目前尚不清楚将生物降解材料用于服装等产品会对自然环境造成何种长期的和大规模的影响，但已被证实的是，一些天然超细纤维在被水生无脊椎动物食用后会对生物体产生比塑料超细纤维更大的毒性；一些新材料（如聚丁二酸丁二醇酯、聚乳酸或纤维素和淀粉基材料等），可能会带来类似于传统塑料的有害影响。

这3大类15个问题只是全球海洋在生物多样性保护方面面临的问题与威胁，只是全球海洋所面临的挑战的"冰山一角"。总的来说，全球海洋面临着海洋健康、海洋资源开发和非传统安全三方面的挑战，值得人们深思与研究。

**问题导引**

1. 本文预测了未来5～10年全球海洋和沿海生物多样性保护面临的问题，当前生物多样性保护还面临哪些问题？

2. 除了生物多样性保护方面外，当前全球海洋还面临哪些问题与威胁？

3. 全球海洋所面临的问题与威胁是怎样产生的，会带来哪些危害？

4. 全球海洋所面临的问题与威胁给了我们哪些启示？

## 探究·发现

前全球海洋委员会联合主席戴维·米利班德曾指出，如果把公海看作一个"国家"，那公海将是"一个正处在危难边缘的国家"。当前全球海洋主要面临着海洋健康问题、海洋资源开发利用中的问题和海洋非传统安全问题的严重挑战。

### 一、海洋健康问题

#### （一）气候变暖对海洋的影响

##### 1. 海水温度升高，两极冰川融化

温室气体增多使海水温度逐渐升高。2022年全球温室气体浓度达到有记录以来的最高水平。2015—2021年是有观测记录以来最暖的7年，全球海洋上层2 000米持续增温，2021年海洋热含量达历史新高。这使得两极冰川快速融化。全球几乎所有冰川均在退缩，相比1992—1999年，2010—2019年冰盖消融的速度增加了4倍。2020年9月至2021年8月，格陵兰冰盖损失约1 660亿吨冰体。反过来，北极海冰的减少，不但会改变北极的气候和生态环境，还会通过大气环流对北半球中高纬度地区的天气气候过程产生重要影响。

##### 2. 海平面上升，严重影响沿海地区

世界气象组织公布的数据显示，海平面在20世纪已经上升了约15厘米，预计未来还会继续上升。2021年8月9日，政府间气候变化专门委员会（Intergovernmental Panel on Climate Change，IPCC）发布第六次评估周期第一工作组报告《气候变化2021：自然科学基础》及决策者摘要指出，预计到2100年，在低、中、高情景下全球平均海平面将分别上升0.44米、0.56米和0.77米，全球海洋系统因气候变暖而发生变化的规模是过去几个世纪甚至数千年来前所未有的。

全球海平面上升主要是由气候变暖导致的上层海水增温膨胀、陆地冰川和极地冰盖融化等因素造成的。据研究，自1900年以来，海平面上升速率超过3 000年内的任何一个世纪，且在百年至千年时间尺度上不可逆转。

另外，沿海地区地面沉降也可导致相对海平面上升。除地质构造运动、地壳均衡调整和地面压实等自然因素作用外，沿海地下水开采、高层建筑群建设等人类活动均会加剧地面沉降。在海拔较低的区域，地面沉降对相对海平面上升风险的贡献更大。例如，荷兰平均海拔低且地面沉降较为严重，约1/4的区域低于平均海平面。

海平面上升带来的主要影响包括海水入侵，使大部分海岸带特别是广大低平的三角洲平原变为"泽国"，严重影响海岸带生态系统；减少可耕地面积，淹没一些沿海城市，甚至使一些岛屿消失；

加剧风暴潮灾害，造成滨海城市洪涝；海水的动力作用增强，加剧对海岸的侵蚀，加大侵蚀海岸的修复难度；引起地下水位上升，形成咸潮，造成淡水资源危机，改变土壤生态系统，影响工农业生产以及居民生活和健康。

---

**自主探究**

阅读下文，思考图瓦卢为什么要在元宇宙中复制自己的国家，进一步认识海平面上升带来的危害。

**海平面上升威胁生存，图瓦卢将成首个进驻元宇宙的国家**

太平洋岛国图瓦卢2022年11月15日表示，由于海平面上升有可能淹没这个小岛国，它计划建立一个数字版的图瓦卢，复制岛屿及其地标，保存其历史和文化。

图瓦卢外交部长西蒙·科菲（Simon Kofe）在为第27次联合国气候变化大会（COP27）发表的演讲视频里说："我们的土地、我们的海洋、我们的文化是我们人民最宝贵的资产，为了使它们不受伤害，无论在自然世界发生什么，我们都将把它们移到云端。"在视频中，他站在一个受到海平面上升威胁的小岛的数字复制品上。

图瓦卢将是世界上第一个在元宇宙中复制自己的国家。"我们的想法是继续作为一个国家运作，除此之外，还要在数字空间中保存我们的文化、我们的知识和我们的历史。"科菲告诉路透社。图瓦卢位于澳大利亚和夏威夷之间，由9个岛屿组成，约有12 000人，长期以来一直受气候变化和海平面上升威胁。首都地区高达40%的面积在涨潮时被淹没，预计到21世纪末，整个国家都将被淹没。

科菲说，图瓦卢即使完全被淹没也能继续作为一个国家运作很重要，因为他们需要确保国家继续得到国际社会承认，即使岛屿被淹没，其海洋边界和这些水域内的资源也能得到维护。

（源自"澎湃新闻"2022-11-16，有删减）

---

### 3. 海水温度上升，导致珊瑚白化

珊瑚本身是白色的，之所以呈现五颜六色，是因为珊瑚虫体内有共生藻，珊瑚的颜色实际上是共生藻的颜色。珊瑚虫体内的共生藻通过光合作用向珊瑚提供能量，如果共生藻离开或死亡，珊瑚就会变白并最终因失去营养供应而死亡，这就是所谓的"珊瑚白化"（图8-1-3）。导致珊瑚白化的原因有温度升高、太阳辐射和海洋污水等因素。珊瑚虫适应的温度范围很窄。海水温度升高，珊瑚会把体内的藻类排出；水温暖化1℃超过一周，珊瑚就会白化。轻微的暖化，珊瑚还有

图8-1-3　白化的珊瑚（左）和完全死亡的珊瑚（右）

机会恢复；但如果是剧烈、持久的暖化，珊瑚就会死亡，只能静待新的珊瑚长出，这个过程需要5年之久。如果珊瑚礁没有足够的时间来自我修复，再加上因富营养化疯长的藻类挤压了珊瑚礁的生存

空间，那么珊瑚礁生态系统最终将不可逆转。海水变得浑浊，对阳光的透视能力下降，也会导致珊瑚白化。另外，海洋污水导致海洋的水质变差，会影响珊瑚的生存环境，很多珊瑚无法适应这种变化，也会出现白化现象。

### （二）海洋酸化及其影响

#### 1. 海洋是一个庞大的pH缓冲体系

海水pH的变化范围通常为7.5～8.6。海水pH变化范围之所以如此狭小，是因为海水是一个庞大的pH缓冲体系，具有一定的酸碱缓冲能力。海水中可起缓冲作用的成分主要为二氧化碳体系，其次是弱酸及其盐。正是由于海洋是一个庞大的pH缓冲体系，能够抵御少量的酸碱变化，所以在工业革命之前长达几千万年的时期内，海洋的pH都保持相对稳定。

#### 2. 二氧化碳浓度增高导致海洋酸化

工业革命后，人类活动使大气二氧化碳浓度逐渐增高，部分二氧化碳被海洋吸收并溶解在海水中形成碳酸，超出了海水的缓冲能力，从而降低了海水的pH和碳酸钙饱和度，使海洋酸化。海洋表层水的pH约为8.2，呈弱碱性。研究人员估计，自19世纪工业革命以来，海洋的酸度已经上升了约30%。以此种酸化速度，到2100年海洋表层水的pH将下降到7.8。2021年，世界气象组织秘书长彼得里·塔拉斯在接受采访时说，过去40年，海洋吸收了人类活动造成的二氧化碳排放量的20%～30%。目前全球海洋正处于2 300万年以来海洋酸化速度最快的时期，海水酸化从最初的海洋表面进入到海平面下的500米、1 000米，并从较远的海域扩展至边缘海区。

#### 3. 海洋酸化的严重后果

海水酸性的增强，将改变海水化学反应的种种平衡，使依赖于化学环境稳定性的多种海洋生物乃至生态系统面临巨大威胁。与20世纪50年代相比，现在海洋中珊瑚礁面积减少了约80%。海洋酸化导致商业渔业资源的永久改变，最终会影响到海洋捕捞业的产量和产值；还对海水养殖业尤其是近海贝类养殖业造成严重冲击，因为贝类幼体的外壳易解体，从而对其成体也会带来影响，导致其发育迟滞甚至死亡。

全球气候变暖使得海洋上表层海水温度上升而密度变小，从而减弱了与中深层海水的物质交换，导致海洋上部混合层变薄，不利于浮游植物的生长。过量的二氧化碳溶解在海水中，影响浮游植物吸收营养盐，使其难以生存，导致海洋处理二氧化碳的能力下降。如此一来，大气中会积累更多的二氧化碳，进一步加剧温室效应，使温度进一步升高，海洋表层温度也会随着升高，而且大气中二氧化碳的积累会使海洋酸化加重，形成恶性循环。2021年，世界气象组织秘书长彼得里·塔拉斯在接受新华社记者专访时说，近年来，温室气体排放导致的全球海洋变暖和酸化有增无减，其危害将"持续数百年，因为海洋有很长的记忆"。

> **合作研讨**
>
> 　　海洋通过吸收热量和二氧化碳，在减缓气候变化的影响方面发挥着极其重要的作用。小组合作，交流研讨海洋是怎样影响地球气候的，地球气候又是怎样影响海洋的。

### （三）海洋污染及其影响

#### 1. 海洋污染

海洋污染是指由于人类活动，直接或间接地把物质或能量引入海洋环境，可能造成损害海洋生物资源、危害人类健康、妨碍捕鱼和其他各种合法活动、损害海水的正常使用价值和降低海洋环境的质量等有害影响。海洋污染物依其来源、性质，可分为以下几类：① 石油及其制品；② 金属（包括铬、锰、铁、铜、锌、银、镉、锑、汞、铅等），非金属（包括磷、砷等），以及酸和碱等；③ 农药；④ 放射性物质，主要来自核爆炸、核工业或核舰艇的排污；⑤ 有机废液和生活污水；⑥ 热污染和固体废物，主要包括工业冷却水和工程残土、垃圾及疏浚泥等。其中，在海洋和海岸环境中具有持久性的、人造的或经加工的固体废弃物称为海洋垃圾，其主要成分是塑料。直径小于5毫米的塑料颗粒称为微塑料，是一种造成海洋污染的主要载体。

海洋污染与大气、陆源污染有很多不同。一是污染源广。二是持续性强。海洋是地球上地势最低的区域，无法像大气和江河那样通过一次暴雨或一个汛期就可使污染物转移或消除，污染物一旦进入海洋很难被转移出去，不能溶解和不易分解的物质会在海洋里越积越多，并通过生物的浓缩作用和食物链传递对人类造成潜在威胁。三是扩散范围广。全球海洋相连相通，一片海域被污染了，污染物就会向周边扩散甚至波及全球。四是治理难，危害大。海洋污染是一个长期积累的过程且难以被及时发现，一旦形成，需要长期治理且治理费用大，造成的危害是多方面的，对人体产生的毒害更是难以彻底清除。

### 2. 海洋污染的影响

海洋污染已经成为联合国环境规划署提出的威胁人类的十大环境祸患之一。

海洋污染造成的海水浑浊会严重影响海洋植物的光合作用进而影响海域生产力，危及鱼类的生存。海洋污染会导致海水和沉积物中的营养盐和重金属等含量发生改变。重金属和有毒有机化合物等有毒物质在海域中累积并通过海洋生物富集，对海洋动物和以此为食的其他动物造成毒害，降低其利用价值。石油污染在海洋表面形成大面积的油膜，会阻止空气中的氧气溶解于海水，而石油的分解又要消耗海水中的溶解氧，造成海水缺氧，危及海洋生物的生存并祸及人类。污染引起的赤潮（海水富营养化的结果）会造成海水缺氧，导致海洋生物死亡。流入海洋的工业冷却水会提高局部海域海水温度，降低海水的溶解氧浓度，影响海洋生物的新陈代谢。

塑料垃圾污染十分严重。目前全球每年生产的塑料超过3亿吨，每年有200万～800万吨的塑料垃圾进入海洋。据统计，现在海洋中漂浮着逾5万亿件污染性塑料，到2050年，海洋里塑料垃圾的总量可能会超过鱼类的总量。海洋垃圾严重影响海洋生物的生存。海洋动物经常错把塑料垃圾当成食物吞食，大块的塑料垃圾会卡在动物的食道、胃部，或划破器官造成感染、死亡，或使海洋动物无法觅食直至饿死。海洋垃圾缠绕在某些海洋生物如鲸、海龟等身上，使其无法挣脱，严重时甚至致死。海洋垃圾抑制了海洋植物的光合作用，使其产氧量减少，导致海洋生物的可用氧也随之减少，大大抑制了海洋生物的活动与生命活力，破坏了海洋生态系统的平衡稳定。海洋垃圾会影响海上航运和破坏海滨旅游资源，影响海洋运输业和旅游业的发展。

微塑料有颗粒小、数量多、分布广的特点，被称为"隐形杀手"，非常容易被海洋生物摄取。微塑料除了少量能够随消化道排出体外，大部分会在生物体内堆积，对生物体生长构成严重的威胁。另外，一些微塑料也能够进入生物体组织，不仅影响生物的繁殖发育，还会造成污染物的累积和沿食物链的传递，对人类构成威胁。

### 自主探究

查阅有关资料，了解我国当前海洋环境状况。

## 二、海洋资源开发利用中的问题

### （一）过度捕捞造成渔业资源衰退趋势明显

过度捕捞是指人类的捕鱼活动导致海洋中生存的某种鱼类种群的繁殖不足以补充种群数量的减少。造成过度捕捞的主要原因：一是对渔业资源的有限性认识不足，没有对捕捞生产制定最高产量限制条件；二是捕捞企业和个人不顾及社会利益，为取得自身利益的最大化而对一些经济效益高的渔业资源滥捕；三是机动渔船的数量和总功率增长过快并过剩，捕捞生产力过于强大；四是捕捞生产方式不合理，底拖网和定置网的比例过大且网目缩小，对渔业资源特别是幼鱼危害程度高。海洋和大气科学家西尔维娅·厄尔指出，影响渔业资源最严重的是拖网捕鱼作业——渔船就像海底推土机，"铲走"所经之处的每种生物，包括古老的深海珊瑚。

过度捕捞导致渔业资源结构发生巨大变化，主要表现为：捕获能力大大提升使得捕获量远远超出海洋渔业资源可持续发展的承受量，导致海洋渔业资源密度降低、渔获量逐年减少；捕获的鱼大部分是幼鱼又不及时放生，捕获的低营养且经济价值低的海洋鱼类大幅度增加而优质鱼比例大幅度下降，传统渔获种类不断减少，海洋渔业资源衰退趋势明显，海洋渔业资源的可持续发展受到严重影响。科学家研究发现，全球近1/3的鱼类资源遭到过度捕捞，鱼类资源呈下降趋势，大型肉食性鱼类（包括金枪鱼、旗鱼、鲨鱼等）锐减90%，河口和近海水域的大型鲸减少了85%，小型的也少了近60%。过度捕捞导致海洋生物资源数量减少、质量降低，也使部分物种濒临灭绝。

---

**自主探究**

加拿大纽芬兰渔场曾是世界四大渔场之一，历史上产量异常丰富甚至"供养了欧洲"。然而，从20世纪90年代开始，鱼群消失，延续了500年的纽芬兰捕鱼业彻底破产。查阅资料，思考是什么样的灾难降临在这座世界超级渔场的身上。

---

### （二）海洋矿产资源开发不当造成环境污染

海洋矿产资源开发过程中的不当排放和发生的事故会造成海洋环境污染甚至引发灾难。

以石油为例。由于在全球范围内石油的生产、运输、使用和处置广泛存在，在许多情况下尤其是海洋环境中，因突发性石油泄漏而造成对水体的污染相当普遍且十分严重。据统计，每年约有占全世界石油总产量0.55%的石油和石油化工产品通过各种方式泄入海洋中，倾注到海洋中的石油量有200万～1 300万吨；运输过程中排入海洋的石油污染物有160万～220万吨，其中油轮在海上发生突发事故而导致石油泄漏造成的污染物约占28%。海上油田在勘探、开采过程中的溢漏或井喷使石油进入海洋、海上油气生产过程中产生的含油污水不经过处理而直接排入大海、海洋底层局部自然溢油等都是造成海洋水体石油污染的原因。

海上石油开采造成的灾难性事故也时有发生。2010年4月20日夜间，美国石油公司租赁的"深水地平线"海上石油钻井平台在路易斯安那州附近的墨西哥湾发生爆炸并沉没（图8-1-4）。自2010年4月24日，沉没的钻井平台每天漏油达到5 000桶，后来为2.5万～3万桶。原油漂浮带长约200千米、宽约100千米，并不断扩散。2010年6月23日，美国墨西哥湾原油泄漏事故再次恶化，美国路易斯安那州、亚拉巴马州、佛罗里达州的部分地区以及密西西比州因漏油事件影响先后宣布进入紧急状态。

图8-1-4　2010年墨西哥湾溢油事故后被污染的近海

　　油船泄漏或沉没也会导致大规模海洋环境污染。2002年11月13日，巴哈马籍油轮"威望"号满载7.7万吨重质燃料油驶经西班牙加利西亚附近海域时遭遇暴风雨，油轮在强风和巨浪的侵袭下失去控制而搁浅，随后船体裂开一道35米长的口，最终在离葡萄牙海域约50海里处断为两半沉入海中，油轮载有的燃料油倾泻到海上，给当地生态环境造成严重威胁，引起世界震惊。事件发生后，大约150种海洋动物受到威胁，沿海4 000名渔民无法入海捕鱼。此次事件的经济损失高达120亿美元。

## 三、海洋非传统安全问题

### （一）传统安全问题和非传统安全问题

　　安全问题分为传统安全和非传统安全问题。传统安全问题主要是指国防问题、领土纠纷、主权问题、国家之间的军事态势等"高政治安全问题"。非传统安全问题是指传统安全问题之外的其他安全问题，即经济安全、恐怖主义、环境污染、人口爆炸、毒品走私、跨国犯罪、艾滋病传播等"低政治安全问题"。相比较而言，非传统安全威胁覆盖的范围和领域更加广泛，其根源更加复杂，并涉及经济、社会、文化、环境等多个领域，且不再以国家为单一主体，而以个体、群体、国家、地区、全球等为主体，即主体呈现多元化，其应对和解决的途径也更加复杂多样。非传统安全问题具有跨国性、非政治性和非军事性等特点。

### （二）海洋非传统安全威胁

　　海洋非传统安全威胁是一种特殊的非传统安全威胁，海底地震、海啸（图8-1-5）、台风、风暴潮、赤潮等典型的海洋自然灾害则是首要的海洋非传统安全威胁，海盗活动、海上恐怖活动已成为国际公害。

　　与其他领域的非传统安全威胁相比较，海洋非传统安全威胁具有更鲜明的特殊性。

　　（1）影响程度更深。

　　海洋连接着世界五大洲，一旦发生大规模的海洋非传统安全威胁，所产生危害的地

图8-1-5　2011年日本茨城县海滨因海啸引发的巨大漩涡

区化、国际化和全球化程度必定比其他领域的非传统安全威胁更深。

（2）不可预测性更强。

海洋是由海水、海底、海岸和海空四部分组成的复杂体系，海洋地质和地理的特殊性、海洋生态与气候的复杂性等都造成了对其进行系统探究和观测的巨大难度，一旦发生大规模海洋非传统安全威胁，其不可预测性必定比其他领域的非传统安全威胁更强。

（3）预防更加困难。

鉴于海洋体系的复杂情况，为防范大规模海洋非传统安全威胁所要建立的海洋预测、预警机制的技术要求和资金要求等都较高，这就使预防海洋非传统安全威胁比预防其他领域的非传统安全威胁更加困难。

（4）国际合作应对规模更大。

国际合作应对大规模海洋非传统安全威胁时所需要的协调工作更为繁杂，所需要的国际合作规模更大。

### （三）国际公害：海盗活动和海上恐怖主义

海盗作为一种古老的犯罪形式，早在人类开始海上贸易时就存在并在历史上屡遭打击，但不劳而获的巨大利益始终驱使一部分人铤而走险。海盗问题多发生在政治局势不稳定、战乱不断的沿海国家和地区。索马里附近海域、亚丁湾、几内亚湾、孟加拉湾、马六甲海峡是世界上海盗高危海域。在海上贸易日益发达的今天，海盗的存在无疑是对世界经济发展的严重威胁。

现代海盗活动有以下几种主要类型。

（1）小股海盗。

通常由4～10人组成，以抢劫财物为目的，驾驶快艇对商船实施攻击，惯用手法是先用钩子钩住船只栏杆或外舷，上船后立即对船员实施抢劫并洗劫船上的货物及金钱，得手后便迅速逃离现场。

（2）海盗犯罪团伙。

海盗犯罪团伙具有牢固的基地和可靠的情报渠道，在海上攻击前通常有详细计划并实施谨慎的攻击。他们配有大量的先进武器并运用现代化通信方式与世界各地的犯罪集团甚至恐怖分子联系，随时获得相关信息。海上船舶和停泊在港口内、近岸的货船都是这类海盗攻击的目标，他们会驾驶快艇高速追赶货轮，强行登船，杀害船员并劫持船舶，甚至翻新所劫持的船舶、伪造文件并到其他港口将货物和船舶卖掉。

（3）分离主义者或恐怖分子海盗。

分离主义者或恐怖分子海盗属于一种混合体，他们或实为某分离主义组织、恐怖主义组织的成员，或受这些组织的操纵与控制。有组织、有预谋、规模庞大、手段先进的海上恐怖主义袭击正在成为更严重的海事威胁。现代恐怖分子的目的是对抗政府、制造混乱，攻击目标既包括油轮和商船，也包括军舰、码头、港口、旅游胜地乃至居民聚集区。随着现代科技的发展，海上恐怖分子的装备更为先进，作案手法也更加高明，有的甚至还走上了集团化、组织化、国际化的道路。

---

**合作研讨**

小组合作，交流研讨为什么说海盗活动和海上恐怖主义等海洋非传统安全威胁是现在的国际公害。

拓展·深化

1. 网上观看科普视频《走进海洋——海洋生命的紧迫现状》中的《保护和改善海洋环境》，撰写观后感。

2. 梳理本专题学习内容，制作"全球海洋面临的严峻挑战"课件。

3. 思考：从全球海洋所面临的问题与威胁中，我们应得到哪些启示？

# 专题 2

## 全球海洋治理与全球海洋治理的中国智慧中国方案

### 任务·目标

（一）任务

1. 学习本专题中"全球海洋治理"，合作研讨全球海洋治理的重要意义、取得的成果及面临的挑战。

2. 学习本专题中"全球海洋治理的中国智慧中国方案"，自主探究全球海洋治理的中国方案的主要内容和深刻内涵，撰文论述"践行构建海洋命运共同体理念的重大意义"；合作研讨我国参与全球海洋治理所采取的措施与行动的重大意义，制作"全球海洋治理的中国力量"的微视频。

（二）目标

1. 了解全球海洋治理的含义，能说明全球海洋治理的主客体、治理的推进动力以及所面临的挑战，加深对全球海洋治理重要意义的理解。

2. 理解海洋命运共同体理念的丰富内涵和重要意义，能从政治、安全、经济、文化和生态的角度说明海洋命运共同体是人类命运共同体在海洋领域的细化和深化，能说明共建海洋命运共同体是中国在全球海洋治理领域贡献的光辉智慧与卓越方案，树立海洋命运共同体理念引领的新型海洋观。

3. 了解我国参与全球海洋治理的具体行动，能够说明这些行动的重大意义；深刻体会全球海洋治理中国智慧的魅力和中国方案的力量，增强新时代大学生的责任担当意识。

### 情境·问题

**中国携手多国成功举办"现代海洋法促进可持续发展"主题研讨会**

中国、萨尔瓦多、斐济、巴基斯坦和南非常驻联合国代表团在2022年可持续发展高级别政治论坛期间共同举办"现代海洋法促进可持续发展"视频主题研讨会。

中国常驻联合国代表张军主持会议。联合国负责法律事务的副秘书长苏亚雷斯、国际海底管理局秘书长洛奇和联合国秘书长海洋事务特使汤姆森作为特邀嘉宾致辞。来自亚太、非洲、欧洲和美洲地区的专家学者聚焦海洋法和可持续发展问题发表见解。

中国常驻联合国代表张军在"现代海洋法促进可持续发展"视频研讨会上发表开场致辞。

各位来宾，女士们、先生们：

海洋孕育生命、富含资源、联通世界，是促进可持续发展的重要平台。当前，全球海洋治理面临环境污染、气候变暖、海平面上升等各种挑战，这些问题并非哪个国家凭一己之力就能解决，需要国际社会携手应对。正如中国国家主席习近平所说，"我们人类居住的这个蓝色星球，不是被海洋分割成了各个孤岛，而是被海洋连结成了命运共同体"。我们应共同高举多边主义旗帜，捍卫以联合国为核心的国际体系，维护以国际法为基础的海洋秩序，促进落实2030年可持续发展议程。

女士们、先生们，

可持续发展需要倡导国际合作。去年九月，习近平主席在联大提出全球发展倡议，为推动国际社会聚焦发展、形成合力、加快落实2030年议程贡献中国智慧和中国方案。倡议符合时代潮流，契合各方需求，得到100多个国家和联合国等国际组织积极支持，已有60个国家加入"全球发展倡议之友小组"。海上互联互通和各领域海洋合作是经济社会发展的重要增长点，也是落实全球发展倡议的重要着力点。中方愿与各方一道，合力应对海洋挑战，共享海洋发展成果，推动实现更加强劲、绿色、健康的全球发展。

可持续发展需要凝聚政治共识。今年6月，习近平主席主持全球发展高层对话会，与有关新兴市场和发展中国家领导人共商全球发展大计，达成重要共识，并发布包含32项举措的成果清单。中国将与合作伙伴一道，积极落实好这些重要成果，其中包括成立全球减贫与发展伙伴联盟、推动建立全球清洁能源合作伙伴关系等，还包括推动建立蓝色伙伴关系，支持发展中国家海洋资源可持续利用和能力建设，为后疫情时代的经济复苏注入"蓝色活力"，为促进全球共同发展做出贡献。

可持续发展需要加强海洋法治。现代海洋法是一个开放包容的体系，涵盖《联合国海洋法公约》（以下简称《公约》）、其他涉海国际法律文书以及习惯国际法。它们为全球海洋治理提供了重要法律规范，也丰富了可持续发展的法律框架。中方愿与各方共同捍卫以国际法为基础的海洋秩序，维护海洋和平、安全与可持续发展。各方应客观、历史地看待《公约》地位和作用，善意、准确地解释和适用《公约》。期待国际社会有序推进涉海立法进程，为海洋可持续发展提供新的契机。期待各方依据国际法和平解决争端，通过谈判妥处分歧，加强合作追求共赢。

女士们、先生们，

21世纪是海洋的世纪，我们要共同维护以现代海洋法为基础的国际海洋秩序，共同推进全球海洋治理，共同构建海洋命运共同体，为落实2030年议程、促进全球发展贡献力量。

谢谢大家。

各方普遍赞同《联合国海洋法公约》对促进海洋法治、完善全球海洋治理和实现可持续发展具有重要意义。许多代表同时强调现代海洋法并不限于《联合国海洋法公约》，而是一个开放包容的体系。各方肯定此次研讨会的积极意义，愿就加强全球海洋治理、加快落实2030年议程深化合作。

---

**问题导引**

1. 全球海洋治理主要包括哪些内容？
2. 全球海洋治理的中国方案的主要内容是什么？
3. 中国对全球海洋治理做出了哪些贡献？

探究·发现

## 一、全球海洋治理

### （一）全球海洋治理的含义

联合国秘书长在2012年《关于海洋和海洋法的报告》中指出："无论我们是否临海而居，海洋都在我们生活中发挥关键作用。作为可持续发展的基本组成部分，海洋提供许多发展机会，例如实现粮食保障、便利贸易、创造就业、开辟旅游去处。海洋还通过制造氧气、调节气候、碳固存和营养循环，为支撑地球上的生命发挥着至关重要的作用。"伴随着人类对海洋的开发与利用，尤其是全球化趋势的深化，全球海洋治理愈来愈成为国际社会的重要议题。

全球海洋治理的定义基于全球化（Globalization）、全球治理（Global Governance）、海洋治理（Ocean Governance）、海洋综合管理（ICOM）等概念群。学者们认为，全球海洋治理指的是在全球化背景下，各主权国家政府、政府间国际组织、非政府间国际组织、企业（跨国企业）、个人等主体，为了在海洋领域应对共同的危机或追求共同的利益，通过协商和合作来共同解决在利用海洋空间的活动和对海洋资源的开发利用活动中出现的各种问题，主要方式和方法是制定和实施全球性或跨国性的法律、规范、原则、战略、规划、计划和政策等并采取相应的具体措施。全球海洋治理的核心目标是建立和维护主体（国家、组织和个人）之间在海洋领域（海洋活动和相关事务）中的平等互利、友好合作关系；建立与维护人类与海洋之间的和谐关系，保护和促进海洋健康、实现海洋资源的可持续开发利用。

海洋治理和海洋管理（Ocean Management）具有明显区别。美国学者比莲娜·西西恩-赛恩和罗伯特·克内希特认为："海洋治理用来表示那些用于管理海洋区域内公共和私人的行为，以及管理资源和活动的各种制度的结构和构成。海洋管理则是指为了达到人们所希望的某一目标而对某一特定资源或者某一特定海域进行管理的过程。"与海洋管理相比，海洋治理的范畴和内容更加宏观、宽泛，内容更加多元、丰富，而且海洋管理也在朝着海洋治理的方向转变。

### （二）全球海洋治理的主体与客体

#### 1. 全球海洋治理的主体

目前，在全球海洋治理活动中起主导作用的是各国政府和国际组织（具体指联合国组织），其次是国际非政府组织、跨国企业。联合国"海洋与沿海区域网络"（UN-Oceans）以及国际非政府组织在全球海洋治理中具有十分重要的作用。

（1）联合国"海洋与沿海区域网络"。

1992年联合国环境与发展大会通过《21世纪议程》，该议程是全球的21世纪可持续发展行动计划。《21世纪议程》第17章专门论述了海洋、海洋保护和海洋资源的合理利用与开发问题。1993年，联合国系统内各涉海机构经协商同意后，在联合国协调行政管理委员会下面设立了负责协调统一工作的"海洋与沿海事务分委员会"。2003年9月，联合国计划高级委员会批准在"海洋与沿海事务分委员会"的基础上设立"海洋与沿海区域网络"，工作范围涉及一系列广泛的海洋问题，参与单位包括联合国系统内的各相关计划、实体、专门机构以及各有关国际公约秘书处。

联合国"海洋与沿海区域网络"的职能主要包括加强对联合国系统内涉海工作的合作与协调；审议联合国系统内为执行《联合国海洋法公约》《21世纪议程》和《约翰内斯堡执行计划》而实施的

计划和开展的有关工作；研究新出现的问题，确定应采取的联合行动，以及为解决这些问题而设立特别工作组；促进全球的海洋综合管理；酌情帮助联合国秘书长在其海洋年度报告中增加相关内容；促进联合国系统和联合国海洋事务协调网络成员单位，根据联合国大会规定的职权范围、《千年发展目标》确定的优先领域和《约翰内斯堡执行计划》协调各项涉海工作。

联合国"海洋与沿海区域网络"的主要构成单位包括联合国秘书处各个部门当中的海洋事务与海洋法司、经济和社会事务部；联合国计划与基金当中的联合国开发计划署、联合国环境规划署；联合国专门机构当中的国际劳工组织、粮农组织、教科文组织、政府间海洋学委员会、世界银行、国际海事组织、世界气象组织、工业发展组织、世界旅游组织；其他的相关组织有国际原子能机构，相关公约（联合国公约和非联合国的公约）秘书处如国际海底管理局等。其他可以加入联合国"海洋与沿海区域网络"的机构有世界贸易组织、世界卫生组织、联合国人居署、《气候变化框架公约》《拉姆萨尔公约》、贸易发展会议、联合国大学、经贸合作组织和国际航道测量组织等。联合国"海洋与沿海区域网络"认为，应当鼓励有关非政府国际组织和国际上的其他利益攸关方参与特别工作组。

（2）国际非政府组织。

随着全球公民社会的兴起，国际非政府组织在全球海洋治理中发挥的作用越来越大。所谓全球公民社会，是指公民为了个人或集体的目的而在国家和市场活动范围之外，进行跨国结社或活动的领域，包括国际非政府组织和非政府组织联盟、全球公民网络、跨国社会运动等全球公共领域，是"在全球范围内为人类共同幸福而展开活动"（美国莱斯特·萨拉蒙提出）。全球公民社会代表着一种非政府的组织、网络、运动和制度体系，它以超越国家领土局限的全球意识为价值取向，在战争与和平、环境、人权和妇女运动等议题领域以及抗议和治理全球不公正的领域展开活动。

### 2. 全球海洋治理的客体

全球海洋治理的客体即治理对象，主要是海洋领域（发生在海上或者涉及海洋）的已经影响或者将要影响全人类，但又很难依靠单个国家得以解决而必须依靠双边、多边乃至国际社会的共同努力来解决的跨国性问题。目前需要加以关注和解决的问题主要有非传统海洋安全问题、海洋健康问题、海洋资源开发利用问题、海洋技术（海洋科学与技术、海洋管理经验与技术）国际转让问题、气候变化与海洋问题等。

### （三）全球海洋治理的推进动力

全球海洋治理是在第二次世界大战后新一轮全球化浪潮高涨、全球性海洋挑战与威胁持续加剧的背景下，基于自由主义国际秩序架构缘起与发展的，主要受以下三方面作用的推动。

### 1. 全球化的推进作用

英国学者戴维·赫尔德等人将人类历史上的全球化过程划分为以下四个阶段。第一阶段：新航路开辟到工业革命，资本主义世界市场开始形成；第二阶段：第一次工业革命到第二次工业革命，资本主义世界市场初步形成；第三阶段：第二次工业革命后，资本主义世界市场最终形成；第四阶段：第二次世界大战后，经济全球化快速发展。1945年第二次世界大战结束以来的时期属于当代全球化时期。这一时期，随着生产要素、人员、货物、资本、文化等各个领域的流动和相互联系不断达到新的高峰，全球性公共问题不断产生，全球治理也应运而生。例如，全球化海洋贸易的蓬勃发展，使得跨国或跨区域海盗治理和航道安全维护成为全球关注的问题；海洋水产品、海洋油气等海洋资源的全球流动性，使得不同地区或国家间围绕公海及部分争议海域海洋资源的争端日趋剧烈，海洋渔业资源衰竭和生态环境破坏及其治理成为全球公共议题。全球化的不断推进，一方面催生了全球治理议题的出现并赋予这些议题解决的全球公共性，另一方面也为全球跨国政府间海洋治理合作创造了动力。

### 2. 全球性海洋威胁和挑战的推进作用

20世纪90年代以来，随着世界经济迅猛发展，世界各国对海洋资源的需求与日俱增，使得海洋面临来自多个方面的威胁，对世界各国可持续发展的推动力不断降低。面临着日益严峻的海洋威胁与挑战甚至将"失去"海洋支持的危险，世界各国出于自身发展的考虑，开始寻求通过构建全球海洋治理体系来解决区域或全球性海洋问题。

### 3. 以"合作、互利、共赢"为核心的思潮的推动作用

第二次世界大战后尤其自冷战结束以来，通过区域或全球海洋合作来实现海洋利益的最大化成为国际上的普遍共识。世界大多数国家在摆脱马汉海权至上主义的桎梏之后，认识到通过《联合国海洋法公约》及各种国际海洋治理规则与制度性安排来实现各自利益诉求的重要性。以"合作、互利、共赢"为核心的思潮取代以控制主义、权力至上和相对收益为基准的现实主义思潮，使得全球海洋治理力量一步步成长壮大。

## （四）全球海洋治理面临的挑战

近些年来，随着西方世界民粹主义、民族主义和保护主义的滋生与蔓延，"逆全球化"思潮及其实践给全球海洋治理带来了前所未有的不确定性，使得全球海洋治理面临着严重挑战。

### 1. 全球化进程中"逆流"兴风作浪

2020年，瑞士联邦苏黎世理工学院经济研究所的研究结果表明，自2007年以来全球化进程明显放缓甚至进入停滞状态。2020年以来席卷全球的新冠疫情，加剧了西方世界对全球化的排斥。在"逆全球化"思潮泛滥的影响下，全球海洋治理同其他领域的全球治理一道遭到了国际社会的质疑。

### 2. 单边主义和保护主义作祟

全球海洋治理作为第二次世界大战后国际秩序的重要组成部分，一直由美国主导与操控，英国、日本、法国、澳大利亚等辅助，它们把持着全球海洋治理的绝对话语权。当前，美、英等国单边主义、民粹主义对国际秩序建设的"负面影响"正在向海洋治理领域蔓延，破坏了全球海洋治理体系赖以生存与发展的基础。

### 3. 现实主义权力政治复活

美国及其诸盟友和伙伴国复活现实主义权力政治，奉行权力至上，秉持"零和博弈思维"，将追求权力优势置于优先地位，向以自由主义为基础的全球海洋治理体系发起挑战，导致隐藏在全球海洋治理深处的国际体系"无政府"特征凸显，全球海洋治理体系乃至国际海洋秩序的建立与发展再次回到以权力争夺为主导的时代，全球海洋治理面临着止步不前乃至倒退的挑战。

---

**合作研讨**

小组合作，查阅资料，用具体事例交流研讨全球海洋治理的重要意义、取得的成果及面临的挑战。

---

## 二、全球海洋治理的中国智慧中国方案

全球海洋治理的中国智慧中国方案主要包括：践行构建海洋命运共同体理念；构建蓝色伙伴关

系，大力发展蓝色经济和推动海洋生态文明建设；优化海洋秩序，维护海洋安全。

**（一）践行构建海洋命运共同体理念**

### 1. 构建海洋命运共同体理念

2013年，习近平主席在莫斯科国际关系学院发表演讲时首次提出人类命运共同体概念。在2017年1月18日联合国日内瓦总部的讲话中，习近平主席发出了构建人类命运共同体理念的时代最强音，并指出"宇宙只有一个地球，人类共有一个家园"。对此，联合国秘书长古特雷斯说："中国已成为多边主义的重要支柱，而我们践行多边主义的目的，就是要建立人类命运共同体。"构建人类命运共同体理念于2017年2月10日，被写入联合国社会发展委员会"非洲发展新伙伴关系的社会层面决议"；3月17日，被写入联合国安理会关于阿富汗问题的第2344号决议；3月23日，被写入联合国人权理事会关于"经济、社会、文化权利"和"粮食权"两个决议；11月2日，被写入联大"防止外空军备竞赛进一步切实措施"和"不首先在外空放置武器"两份安全决议……

2019年4月23日，习近平主席在青岛集体会见应邀出席中国人民解放军海军成立70周年活动的多国代表团团长时，首次提出了构建海洋命运共同体的理念。习近平主席指出，海洋孕育了生命、联通了世界、促进了发展。我们人类居住的这个蓝色星球，不是被海洋分割成了各个孤岛，而是被海洋连结成了命运共同体，各国人民安危与共。国家间要有事多商量、有事好商量，不能动辄就诉诸武力或以武力相威胁。

人类命运共同体是政治、安全、经济、文化和生态构成的有机统一体，海洋命运共同体是人类命运共同体在海洋领域的细化和深化。

（1）政治上，海洋命运共同体建立的是战略互信的蓝色伙伴关系。

其理念核心是各国在海洋治理方面"目标一致、利益共生、权利共享、责任共担"。构建海洋命运共同体倡导和平发展，不能动辄诉诸武力解决国家之间的海洋争端。构建海洋命运共同体理念"共商共建共享"的特色鲜明，有利于建立海洋合作机制、增进国家之间的政治互信以及国家之间通过平等协商的和平方式解决海洋争端问题。

（2）安全上，海洋命运共同体营造的是共享海洋安全的局面。

构建海洋命运共同体理念主张建立持久和平、普遍安全的海洋秩序，呼吁各国抛弃零和思维，坚持通过对话协商寻求共同的海上安全利益，合力维护海洋和平安宁，共同推动新型海洋安全秩序的形成。这有力地传承了《联合国宪章》追求和平与安全的目标。

（3）经济上，海洋命运共同体要建立互利共赢的合作关系。

构建海洋命运共同体理念倡导海上互联互通和务实合作，推动海洋成为国家间经济交往的纽带，引导各国在寻求自身海洋利益的同时兼顾他国的海洋利益，在共同发展中寻求各方海洋利益的最大公约数，尤其是在海洋科学技术研发以及海洋资源开发与利用方面确立共享的原则、体制和机制，共享蓝色海洋为人类带来的福祉。

（4）文化上，海洋命运共同体实现的是不同海洋文化的和谐共生。

构建海洋命运共同体理念继承了中华传统文化中和而不同的思想，推动不同海洋文化相互交融。构建海洋文化命运共同体有助于消除海洋文化隔阂，增进共同体成员对海洋命运共同体思想的认同感和归属感。

（5）生态上，海洋命运共同体要实现的是海洋与人类的可持续发展。

构建海洋命运共同体理念倡导的可持续发展是海洋环境保护法律的立法依据。海洋资源不是取之不尽的，要将海洋生态观与海洋利益观相结合，坚持绿色发展。海洋环境污染具有跨界性特点，需要构建海洋生态命运共同体，推动共同体成员共同应对海洋环境污染的威胁。

**2. 构建海洋命运共同体理念对于全球海洋治理的重大意义**

（1）构建海洋命运共同体是推动人类命运共同体建设走深走实的必然要求。

纵观大航海时代后的人类发展史，西方强国崛起无不伴随着对海洋利益、资源的抢夺侵占。海洋一度沦为一些资本主义国家夺取海上霸权、进行殖民侵略的战场。时至今日，部分国家依旧奉行霸权主义，动辄诉诸武力解决海洋权益争端。历史表明，零和思维、丛林法则没有出路，只能给世界带来灾难。习近平总书记提出的构建海洋命运共同体倡议是对传统的霸权主义、零和思维的全面超越，致力于推动全球各国通过协商合作携手应对各类海上共同威胁和挑战，推动各国把人类共同居住的蓝色星球建成和睦的蓝色家园。海洋命运共同体倡议是人类命运共同体理念在海洋领域的深入拓展和具体实践，为国际社会妥善处理涉海分歧、共商海洋治理提供了正确方向，必将有力推动各国共同维护海洋和平安宁，推动世界发展进步。

（2）构建海洋命运共同体理念是对传统全球海洋治理理念的超越和发展。

全球治理体制变革离不开正确理念的引领。海洋命运共同体，意味着人类社会同在一个地球村，各国相互依存、命运与共，"你中有我、我中有你"。构建海洋命运共同体理念，是对传统全球海洋治理理念的超越和发展，回答了"建设一个什么样的海洋、如何建设海洋"等关乎人类前途命运的重大问题，为解决全球海洋问题指明了前进的方向。

（3）构建海洋命运共同体是积极变革全球海洋治理方式的深刻彰显。

海洋是全球治理的重要领域，随着全球海洋治理进入结构调整、秩序变革的新阶段，全球海洋治理面临着海洋公共产品供给不足、全球地缘政治竞争不断冲击、国际海洋合作倡议遭受抵制等矛盾困境，探寻全球海洋治理的出路，成为国际社会共同面临的重要课题。中国全面参与联合国框架下的海洋治理机制，在海洋环境保护、海洋安全维护、海洋法律体系完善等方面做出重要贡献，推动建立公正合理的国际海洋秩序。构建海洋命运共同体，为全球海洋治理提供了价值引领和根本遵循，对有效应对海洋治理难题具有重大意义。

**自主探究**

查阅资料，深刻理解构建海洋命运共同体理念对于全球海洋治理的重要意义。

**（二）构建蓝色伙伴关系，大力发展蓝色经济和推动海洋生态文明建设**

近年来，习近平总书记多次在不同场合为全球海洋治理提供中国方案，主张促进海上互联互通和各领域务实合作，积极发展"蓝色伙伴关系"。2017年6月，我国在联合国海洋可持续发展大会上提出了"构建蓝色伙伴关系""大力发展蓝色经济"和"推动海洋生态文明建设"三大倡议，推动构建更加公平、合理和均衡的全球海洋治理体系。2017年，我国和欧盟携手举办了"中国-欧盟蓝色年"活动，推进双方的涉海企业、科研机构、金融机构、产业协会、管理部门间形成合作伙伴关系。2018年7月，中欧双方领导人正式签署《在海洋领域建立蓝色伙伴关系的宣言》，这是欧盟与域外国家建立的第一个蓝色伙伴关系。2019年9月，首届中欧蓝色伙伴关系论坛在比利时布鲁塞尔举行，标志着新时期中欧海洋"蓝色伙伴关系"走深走实，展现了中欧在全球海洋治理中的责任与担当。

蓝色伙伴关系是开放包容的。中国主张国家不分大小，在推进海洋可持续发展进程中都可以平等地表达自己的关切，并根据自身能力积极参与海洋可持续发展进程，分享国际海洋合作的红利。建立蓝色伙伴关系，要特别注意倾听发展中国家特别是小岛屿国家的声音，使得蓝色伙伴关系的建立切实适应并服务于海洋可持续发展主题的多元化，促进海洋可持续发展目标与沿海国家经济社会发展目标的有机结合。

蓝色伙伴关系是务实的。蓝色伙伴关系致力于解决海洋可持续发展进程中不断出现的新挑战和新问题，重点就海洋经济发展、科技创新、能源开发利用、生态保护、可持续渔业、垃圾和酸化治理、防灾减灾、海岛保护与管理、南北极科考等开展合作；同时，关注相关重大国际议程的磋商进程，推进全球、地区、国家以及科研机构之间的务实合作。

蓝色伙伴关系是互利共赢的。蓝色伙伴关系使有关各方成为共促海洋可持续发展的互信共同体、共享蓝色发展的利益共同体、共担海洋环境和灾害风险的责任共同体，不断增强沿海国家因海而兴、依海而强的获得感，携手前进，共赢美好未来。

世界因海洋而联通、因联通而发展、因发展而繁荣。海洋承载着国际贸易最活跃的部分，是世界经济可持续发展的依托和纽带。我国积极推动21世纪海上丝绸之路建设，保障海上资源、商品、人员、技术更加便捷地自由流动，与沿线国家建立蓝色伙伴关系，实现沿线国家优势互补、以海致富，与世界友好国家平等相待、互利共赢，共同开发利用海洋资源，提升海洋产业多领域深层次合作。我国印发了《“一带一路”建设海上合作设想》《蓝色伙伴关系原则》《“一带一路”蓝色合作倡议》等一系列合作文件，与50多个共建“一带一路”国家和国际组织签署了海洋领域合作协议，为务实合作奠定了坚实基础。

我国不断加强合作平台建设与项目合作，努力发展海洋经济，加强海洋技术交流，改善海洋生态环境，应对气候变化和海洋防灾减灾，为实现海洋可持续发展、共建美好蓝色家园做出更大贡献。我国分别与印度尼西亚、泰国等9个国家共建了海洋联合研究中心/实验室等合作平台，与欧盟、非洲、东南亚的一些国家建立了定期举办海洋合作论坛机制，与一些发达国家加强在海洋政策与管理领域的交流与协调，在海洋科学研究、海洋防灾减灾、海洋生态环境保护、资源开发规划制订等方面为有关沿海国家和岛屿国家提供技术支持和能力建设培训，在濒危海洋生物研究、海洋生态系统和生物多样性保护修复、海上搜救和溢油漂移预报等方面与有关国家和地区开展具体、务实的合作。这些都充分说明了中国对于世界各国都抱持兼容并包、海纳百川、求同存异的积极合作态度。

我国致力于海洋领域公共产品和服务的提供。例如，我国承建了环印联盟区域科技转移中心下的海水淡化技术协调中心，为环印区域内各国提供了海水淡化的技术转移应用和示范；承建了联合国教工组织政府间海洋学委员会框架下的南中国海区域海啸预警中心，为南海周边国家提供实时的海啸预警和预报服务；承建了亚太区域海洋仪器检测中心，为各国海洋仪器的计量和校准提供服务和技术支撑；承建了APEC海洋可持续发展中心，目前已经举办了6届APEC蓝色经济论坛，定期发布APEC海洋可持续发展报告；通过中国政府海洋奖学金，在2013—2023年间已经为“一带一路”合作伙伴国家及37个国家提供了300个海洋奖学金名额，来培养青年海洋科学人才和管理人才。在2023年10月召开的联合国“海洋科学促进可持续发展十年”海洋与气候协作中心国际启动大会上，联合国教科文组织政府间海洋学委员会批准并推荐发布了2项国际前沿科技成果，即浪致混合理论和新一代全球导航卫星系统（GNSS）海洋表层漂流浮标。该两项成果是“海洋十年”海洋与气候协作中心联合其负责协调的海洋与气候无缝预测系统（OSF）大科学计划，为联合国“海洋十年”提供的高质量公共服务产品，是我国海洋科研工作者向世界贡献的"中国方案"。

我国致力于保护公海渔业资源和生物多样性。随着科技和经济的发展，公海海洋渔业资源、海洋生物资源的开发和利用，海洋水文气象的研究等将成为人类未来开发、利用海洋资源的重要内容。为有效养护公海渔业资源和海洋生物多样性，近年来我国重点采取了以下三项行动。一是实施公海自主休渔制度。农业农村部于2020年6月印发《关于加强公海鱿鱼资源养护促进我国远洋渔业可持续发展的通知》，要求在西南大西洋、东太平洋等我国远洋渔船集中作业的重点渔场试行自主休渔措施，目的在于加强公海鱿鱼资源的科学养护和长期可持续利用。此后，我国相继在2020年7月和2021年7月试行并正式实施了公海自主休渔制度。这是我国针对尚无国际组织管理的部分公海区域渔业活动采取的创新举措，是积极参与全球海洋治理、主动承担国际义务的有力体现，对促进国际公海渔业资源的科学养护和可持续利用具有十分重要的意义。二是核准《预防中北冰洋不管制公海渔业协定》。我国于2018年10月与8个国家及欧盟缔结了《预防中北冰洋不管制公海渔业协定》，并于2021年5月完成了国内核准工作。这展现了中国作为北极事务重要利益攸关方，对北极生态环境保护和开展负责任渔业活动的高度重视，是我国坚持"尊重、合作、共赢、可持续"基本原则参与北极事务的重要实践。三是常态化组织公海渔业执法活动。我国积极落实公海渔业执法的规定，派遣舰艇前往北太平洋开展公海渔业执法，并形成常态化机制。

做好国际海底资源的开发，对于推进全球海洋治理至关重要。长期以来，中国作为国际海底管理局理事会成员，为国际海底治理体系建设、资源开发与可持续利用、环境保护等方面做出重要贡献。目前，中国是世界上获得国际海底勘探矿区数量最多、资源种类最全的国家。"中国-国际海底管理局联合培训与研究中心"是国际海底管理局与成员国建立的首个培训和研究机构，主要面向发展中国家、欠发达国家和小岛屿国家的学员，致力于深海科学、技术、政策培训和研究工作。这一中心的成立展示了中国促进发展中国家能力建设、推动构建海洋命运共同体的实际行动。

海洋经济是全球经济的重要组成部分。在经济全球化的推动下，构建海洋命运共同体的经济路径就是推动海洋经济的可持续发展。我国以"蓝色伙伴关系"为纽带，深化海洋领域国际经济合作，共同分享来自海洋的发展机会并承担相应的治理责任。近年来，我国海洋经济拉动国民经济增长贡献突出，由辽东半岛、渤海湾和山东半岛沿岸地区所组成的北部海洋经济圈，由长江三角洲沿岸地区所组成的东部海洋经济圈，由福建、珠江口及其两翼、北部湾、海南岛沿岸地区所组成的南部海洋经济圈，依托资源禀赋和区位优势，形成各具特色的海洋经济发展布局，以科技创新推动产业升级，发展新质生产力，推动海洋经济的高质量发展。放眼世界，海洋经济对全球经济增加值的贡献在加速增长。据经济合作与发展组织预测，到2030年，海洋经济对全球经济增加值的贡献（相对2016年）将翻一番，占全球经济增加值的比重约为2.5%。我国海洋经济向质量效益型转变取得显著成效。党的十八大以来，我国海洋产业生产总值占国内生产总值的比重保持在8%左右。

我国是海洋生态环境保护的坚定推动者和积极行动者。2024年7月11日，国务院新闻办公室11日发布《中国的海洋生态环境保护》白皮书。白皮书除前言和结束语外分为七个部分，分别是构建人海和谐的海洋生态环境、统筹推进海洋生态环境保护、系统治理海洋生态环境、科学开展海洋生态保护与修复、加强海洋生态环境监督管理、提升海洋绿色低碳发展水平、全方位开展海洋生态环境保护国际合作。白皮书指出，多年来，中国坚持生态优先、系统治理，统筹协调开发和保护的关系，以高水平保护支撑高质量发展，努力构建人海和谐的海洋生态环境；中国积极推进海洋环境保护国际合作，切实履行国际公约责任义务，为全球海洋环境治理提出中国方案、贡献中国力量，彰显了负责任大国的作为和担当；新征程上，中国坚持新发展理念，推进生态文明建设，继续构建人海和谐的海洋生态环境；中国坚守胸怀天下、合作共赢的精神，以实际行动践行海洋命运共同体理念，愿与世界各国一道，同筑海洋生态文明之基，同走海洋绿色发展之路，让海洋永远成为人类可以栖息、赖以发展的美好家园，共同建设更加清洁、美丽的世界。

### （三）优化海洋秩序，维护海洋安全

和平安全的海洋外部环境，是各国经济发展的重要保障。安全的海洋环境，有利于各国的经济发展和区域间的共同发展。

《联合国海洋法公约》立足全人类共同利益，兼顾不同类型国家诉求，积极维护各国特别是发展中国家合法权益，顺应时代潮流，维护公平正义，促进海洋合作，是多边外交的成功实践，是多边主义的重要成果。

《联合国海洋法公约》平衡规定了各国在不同海域的权利和义务，为开展海洋活动提供了综合法律框架。各方应尊重《联合国海洋法公约》的原则精神和立法原意，正确解释和适用《联合国海洋法公约》条款，坚持《联合国海洋法公约》宗旨和原则，促进公平合理的海洋秩序。

中国支持《联合国海洋法公约》，重视国际海洋法法庭、大陆架界限委员会和国际海底管理局等三大机构为维护海洋秩序、促进人类开发利用及保护海洋资源所承担的职责和作用，希望在此基础上积极主动倡导构建海洋命运共同体理念，建立公平正义的海洋国际秩序。中国全程参与《〈联合国海洋法公约〉下国家管辖范围以外区域海洋生物多样性养护和可持续利用协定》磋商并发挥建设性作用，2023年首批签署了这一重要法律文件；积极响应"联合国海洋十年"倡议，分享在海洋科研、环保、减灾等领域的实践和经验；通过举办全球滨海论坛、厦门国际海洋周等国际活动，推进中国经验传播、技术共享，为全球海洋环境保护工作提供最佳实践案例参考。中国还倡导成立"世界海洋治理大会"或引进设立国际海洋常设机构，联接区域海洋组织和不同领域的海洋机构，协商制定可持续的全球海洋治理战略。

全世界巨大的贸易量和海上运输量，决定了海上通航安全的重要性。中国作为贸易大国和航运大国，有义务保障通航安全，打击海盗和海上恐怖主义，与世界各国共同优化海洋秩序，维护海上通航安全。

鉴于自2008年起亚丁湾索马里海域海盗活动日趋猖獗，而索马里过渡联邦政府又没有海军的形势，2008年6月2日，联合国安理会通过第1816号决议，授权各会员国在"过渡联邦政府事先知会秘书长情况下同过渡联邦政府合作打击索马里沿海海盗和武装抢劫行为"。之后，联合国安理会又多次通过决议，延长各国打击海盗行为的授权期限。根据联合国有关决议，参照有关国家做法，并得到索马里政府的同意后，中国海军南海舰队派出包括2艘驱逐舰、1艘补给舰在内的联合舰队，于2008年12月26日前往亚丁湾索马里海盗频发海域开始进行人道主义护航，拉开了中国海军海外护航的序幕。护航的主要任务是保护航行该海域中国船舶人员和外国船舶人员安全、保护世界粮食计划署等世界组织运送人道主义物资船舶安全。护航编队在结束护航任务后通常会对一些航线沿岸国家进行以加强双方军事合作为目的的舰艇访问活动。在护航过程中，中国海军成功解救、接护和救助了数十艘遇险中外船舶，不仅被各国商船誉为"值得信赖的保护伞"，也赢得了外国海军同行的尊重。

共同合作建设安全、友好的海洋外部环境，既是当前全球经济一体化的现实需要，也是各国保障陆地安全的战略需求。海洋安全问题直接影响陆地安全，除去地缘政治因素考量，在横向上，海洋是连通各国的天然纽带，因此海上安全与否直接影响到各国经贸的往来，而充满危险、战乱不安的海洋

环境，不仅危及周边国家，甚至会影响全球安危。

　　搁置争议、共同开发是我国在处理与邻国和地区海洋争端时所坚持的重要原则之一。"搁置争议，共同开发"的基本含义是：第一，主权属我；第二，对领土争议，在不具备彻底解决的条件下，可以先不谈主权归属，而把争议搁置起来，搁置争议并不是要放弃主权，而是将争议先放一放；第三，对有些有争议的领土，进行共同开发；第四，共同开发的目的是通过合作增进相互了解，为最终合理解决主权的归属创造条件。搁置争议与共同开发原则体现了相互尊重主权和领土完整、平等协商、互利友好等国际法原则，同时也深刻体现了海洋命运共同体所蕴含的共商原则，成为当前解决海洋争端、构建海洋命运共同体的重要路径。2022年，中国与东盟各国启动《南海行为准则》的多轮磋商，不仅符合包括《联合国海洋法公约》在内的国际法，也为域外国家的合法权益提供了更有效的保障，符合中国与东盟各国的共同利益，也是确保南海成为和平合作之海的关键之举。

**合作研讨**

　　小组合作，查阅资料，进一步梳理全球海洋治理的中国方案，制作思维导图。

## 拓展·深化

　　1.梳理本专题学习内容，撰写"构建海洋命运共同体理念的重大意义"的小论文。

　　2.查阅资料，制作"全球海洋治理的中国智慧中国方案"微视频。

# 参考文献

［1］卜祥伟. 汉晋时期民间信仰与道教关系之研究［D］. 武汉：华中师范大学，2014.

［2］陈高华. 宋辽金画家史料［M］. 北京：文物出版社，1984.

［3］陈连增，雷波. 中国海洋科学技术发展70年［J］. 海洋学报，2019，41（10）：3-22.

［4］陈旭，彭丹. 简述海洋音乐在中国的发展历程［J］. 艺术研究，2020（4）：47.

［5］陈晔，戴昊悦. 中国远洋渔业发展历程及其特征［J］. 海洋开发与管理，2019，36（3）：88-93.

［6］程宇，刘海. 愿景与行动："一带一路"战略下的职业教育发展逻辑［J］. 职业技术教育，2015，36（30）：11-17.

［7］崔凤，唐国建. 海洋与社会协调发展战略［M］. 北京：海洋出版社，2014.

［8］崔凤，赵缇，沈彬. 治理与养护：实现海洋资源的可持续利用［M］. 北京：社会科学文献出版社，2017.

［9］傅轶，黄少辉. 南海海神信仰文化研究——以南海神和妈祖为例［J］. 海洋开发与管理，2009，26（11）：84-87.

［10］盖广生. 海洋部落［M］. 青岛：中国海洋大学出版社，2017.

［11］耿可欣，李包庚. 人类命运共同体思想的世界意义［J］. 中国矿业大学学报（社会科学版），2022，24（3）：33-44.

［12］顾煜彤. 龙王在前，妈祖在后——长岛海神信仰的历史发展与现状［J］. 中国民族博览，2016（20）：97-98.

［13］郭晓勇. 郑和下西洋的影响及其中断原因——海洋文化的视角［D］. 武汉：华中师范大学，2006.

［14］黄纯艳. 宋代水上信仰的神灵体系及其新变［J］. 史学集刊，2016（6）：11-24.

［15］纪丽真. 海盐传奇［M］. 青岛：中国海洋大学出版社，2017.

［16］季岸先. 中国古代海洋意象史辑［M］. 青岛：中国海洋大学出版社，2010.

［17］姜波，赵云，丁见祥. 海上丝绸之路的内涵与时空框架［J］. 中国文物科学研究，2016（2）：23-28.

［18］姜波. 海上丝绸之路：环境、人文传统与贸易网络［J］. 南方文物，2017（2）：142-145.

［19］康建东. 海洋艺术［M］. 青岛：中国海洋大学出版社，2012.

［20］老舍. 五月的青岛·客居青岛［M］. 青岛：青岛出版社，1999.

［21］冷卫国. 中国历代海洋诗歌评选［M］. 青岛：中国海洋大学出版社，2014.

［22］冷卫国. 中国历代海洋文学经典评注［M］. 济南：山东画报出版社，2021.

［23］李彩霞.法显、义净南海行程与唐代交通的转向［J］.吉林大学社会科学学报，2019，59（2）：205-211+224.

［24］李杰，姜炜.海上强军之路——人民海军60年建设与发展［J］.军事历史，2009（3）：27-30.

［25］李世源.珠海宝镜湾岩画年代的界定［J］.东南文化，2001（11）：65-73.

［26］李雪.溯潮观海：中国海洋文学发展［M］.青岛：中国海洋大学出版社，2022.

［27］林国平.海神信仰与古代海上丝绸之路——以妈祖信仰为中心［J］.福州大学学报（哲学社会科学版），2017，31（2）：5-9，15.

［28］刘芳，于会娟.我国远洋渔业发展阶段特征、演进动因与趋势预测［J］.海洋开发与管理，2017，34（9）：59-64.

［29］柳和勇.简论中国海洋艺术的发展历程及审美特色［J］.浙江海洋学院学报（人文科学版），2012，29（6）：14-20.

［30］柳和勇.中国海洋文学历史发展简论［J］.浙江海洋学院学报（人文科学版），2010，27（2）：1-7.

［31］陆儒德.中国海军之路［M］.大连：大连出版社，2009.

［32］彭克慧，陆杨，叶念.改革开放40年中国海洋军事战略的演进及经验［J］.军事历史，2019（1）：18-23.

［33］乔培华.中国航海日之历史考察［J］.广州航海学院学报，2013（4）：30-32.

［34］乔英斐.中国龙王信仰的发生与定型［J］.民俗研究，2022（1）：83-93.

［35］曲金良，周益锋.从龙王爷到"国家级"海洋女神——中国历代海洋信仰［J］.海洋世界，2006（2）：6-10+13-17.

［36］曲金良.古港春秋［M］.青岛：中国海洋大学出版社，2017.

［37］曲金良.中国海洋文化概论［M］.青岛：中国海洋大学出版社，1999.

［38］曲金良.中国海洋文化史长编：近代卷［M］.青岛：中国海洋大学出版社，2013.

［39］曲金良.中国海洋文化史长编：明清卷［M］.青岛：中国海洋大学出版社，2012.

［40］曲金良.中国海洋文化史长编：宋元卷［M］.青岛：中国海洋大学出版社，2012.

［41］曲金良.中国海洋文化史长编：魏晋南北朝隋唐卷［M］.青岛：中国海洋大学出版社，2013.

［42］曲金良.中国海洋文化史长编：先秦秦汉卷［M］.青岛：中国海洋大学出版社，2008.

［43］肜新春.试论新中国海运事业的发展和变迁（1949—2010）［J］.中国经济史研究，2012（2）：127-137，145.

［44］尚光一.海洋信仰观照下的唐诗海洋书写［J］.集美大学学报（哲学社会科学版），2016，19（2）：39-44.

［45］沈斯亨.郑振铎和《海燕》［J］.语文建设，1995（8）：21-23.

［46］盛晴.情、知、理：现当代海洋文学抒写及其形态［D］.济南：山东大学，2017.

［47］孙悦民，宁凌.海洋资源分类体系研究［J］.海洋开发与管理，2009，26（5）：42-45.

［48］王慧，王莘萱.看上去很亮——蓬莱渔灯节［J］.海洋世界，2006（2）：13-14.

［49］王强武.基于游客感知价值的田横岛祭海节开发研究［D］.青岛：中国海洋大学，2011.

［50］王文涛.推动海洋可持续发展的价值和路径——写在2020年生物多样性国际日［J］.可持续

发展经济导刊，2020（6）：23-25.

［51］王旭，张敏学.中国海洋安全保障体系建设探析［J］.国家安全研究，2023（5）：98-117+154.

［52］吴晓菁，陈秀莲.郑成功雕像荣获全国城雕成就奖［N］.厦门日报，2010-01-14（002）.

［53］吴兴南.走向海洋：海洋资源的开发利用与保护［M］.北京：社会科学文献出版社，2017.

［54］吴雪凤."寻找在路上"：山东海洋文学母题研究［D］.济南：山东大学，2013.

［55］席龙飞.中国古代造船通史［M］.北京：海洋出版社，2013.

［56］邢广梅.中国拥有南海诸岛主权考［J］.比较法研究，2013，6：1-15.

［57］徐静波.梁实秋散文选集［M］.天津：百花文艺出版社，2009.

［58］许华.海权与近代中国的历史命运［J］.福建论坛（文史哲版），1998（5）：25-28.

［59］叶澜涛.试论海神信仰的功能性特征［J］.广东海洋大学学报，2007，27（5）：26-29.

［60］叶澜涛.中国当代文学的海洋意象嬗变［J］.当代文坛，2021（3）：180-181.

［61］叶澜涛.中国当代文学中海洋书写的解读路径［J］.浙江海洋大学学报（人文科学版），2021（4）：19.

［62］於贤德.论徐福东渡与中华文化的探索精神［J］.汕头大学学报（人文社会科学版），2010，26（6）：75-80.

［63］张诗雨.我国古代海运事业的形成：《海上丝路叙事》系列之六［J］.中国发展观察，2016（6）：60-62.

［64］张世宏.中国第一部航海诗集《鲸背吟集》考论［J］.厦门大学学报（哲学社会科学版），2016（3）：63-72.

［65］张晓辉.依托海洋民俗发展海洋旅游经济［J］.中国科技信息，2008（10）：133，135.

［66］张颖.中国海洋安全：理念认知、现实意义和实践路径［J］.亚太安全与海洋研究，2022（1）：19-34+2.

［67］章巽，我国古代的海上交通［M］.北京：商务印书馆，1986.

［68］赵成国.勇者乐海［M］.青岛：中国海洋大学出版社，2017.

［69］郑振铎.郑振铎全集（第2卷）［M］.石家庄：花山文艺出版社，1998.

［70］中国勘察设计协会建筑分会.中国建筑设计行业发展环境（2018—2019）Ⅱ［J］.建筑设计管理，2020，37（10）：25-60.

［71］周秋麟，杨圣云，陈宝红.我国海洋生物物种多样性研究［J］.科技导报，2005，23（2）：12-16.

［72］朱建君.从海神信仰看中国古代的海洋观念［J］.齐鲁学刊，2007（3）：43-48.

# 后 记

地球是人类的家园。海洋是地球生命的摇篮，是地球环境的主要调节器，是连接大陆的重要通道，更是人类生存与发展的资源宝库和广阔空间。

我国是一个陆海兼备的海洋大国，向海图强对于我国的经济社会发展和国家安全具有十分重要的意义。党的十八大提出"建设海洋强国"，党的十九大要求"坚持陆海统筹，加快建设海洋强国"，习近平总书记在党的二十大报告中进一步指出："发展海洋经济，保护海洋生态环境，加快建设海洋强国。"建设海洋强国是全面建设社会主义现代化国家的重要组成部分，是全面推进中华民族伟大复兴的重大战略任务。

海洋强国建设呼唤全民海洋意识的提升，青年学生应成为全民海洋意识提升的带头人。习近平总书记强调："青年强，则国家强。当代中国青年生逢其时，施展才干的舞台无比广阔，实现梦想的前景无比光明。"青年工作，尤其是青年学生的教育工作，格外重要。高校要用党的科学理论武装青年学生，用党的初心使命感召青年学生，引导广大青年学生努力学习、全面发展，将来积极投身于国家的社会主义现代化强国的建设之中；根据国家建设海洋强国的战略部署，当前要注意关注海洋，培养热爱海洋的情感，增强经略海洋意识和海洋科学思维，弘扬海洋精神，提高海洋素养，为在建设海洋强国的实践中担当作为、实现梦想打好基础。

2016年，国家海洋局与教育部、文化部、国家新闻出版广电总局、国家文物局联合印发《提升海洋强国软实力——全民海洋意识宣传教育和文化建设"十三五"规划》。这一规划明确了七项任务，其中第三项是以海洋知识"进教材、进课堂、进校园"为重点，增强海洋基础知识教育。2018年，山东省教育厅提出要求，加强海洋教育，充分发挥课堂教学主渠道、主阵地作用，将海洋教育渗透于教育教学全过程，在课堂教学中渗透海洋教育；鼓励开发开设海洋教育特色课程，构建海洋教育课程体系，建设一批海洋教育特色学校。

威海海洋职业学院是一所海洋特色鲜明的高等职业院校，海洋相关专业占所有33个招生专业的近三分之二。学院提出中华优秀传统文化、红色革命文化与蓝色海洋文化协同育人的人才培养模式，在海洋通识教育方面开设了海洋生物文化、海洋食品文化、海洋牧场、航海文化、海洋民俗文化、海洋环境保护、海洋文学、海洋世界8门选修课程，在普及海洋知识、弘扬海洋文化、增强学生的海洋意识方面取得了显著成效。随着党的二十大提出的建设社会主义现代化强国、实现中华民族伟大复兴战略任务的实施，学院拟在原有海洋通识教育课程的基础上，开设反映海洋与中国发展的关系、弘扬中国海洋文化、增强民族自信、进一步提升学生海洋素养的课程。目前图书市场上缺乏这方面的适用教材，学院决定与青岛蔚蓝生物股份有限公司一起，校企合作编写《海洋中国》海洋通识教育教材。

教材编写团队由高校、企业、行业人员组成，经验丰富，熟悉高等职业院校海洋通识教育定位以及关心海洋、认识海洋、经略海洋核心素养提升路径。其中，王星淘、于春晓任主编；王星淘负责书稿统筹及主题一、后记的编写，于春晓负责书稿统筹及主题四的文稿编撰，吕云云负责主题三、六的文稿编撰，高洪霞负责主题五的文稿编撰，冯阳阳负责主题二的文稿编撰，王月凯负责主题七、八的文稿编撰；甘晓燕、刘航、杨琼、季岸先、黄翔对书稿内容进行了审改。为了确保书稿质量，学院特聘请有关专家对书稿进行了审阅。

《海洋中国》作为职业院校海洋通识教育教材，在使用过程中应力争做到四个"结合"：一是课上学习与课下学习相结合，充分发挥学生的主体作用，使学生在教师指导下，根据教材要求，做好课前、课中、课后统筹，实现学、思、行统一，完成各项学习任务；二是教材使用与课程建设相结合，教师在教学过程中，根据教材核心内容与课程目标，把握教学重点和教学节奏，着力培养学生海洋素养，完善和优化课程体系建设；三是教学活动与校园文化建设相结合，广泛开展海洋主题的校园文化建设和校园实践教育活动，宣传海洋知识，弘扬海洋文化；四是学校教学活动与社会教育活动相结合，依托周边海洋科研院所、海洋生产企业、海洋类展馆、海洋实训基地、海洋功能区，建设大中小学生常态化、固定化的教育实践体系，充实完善海洋实践教育资源。

经审阅，山东省大中小学海洋文化教育研究指导中心决定向职业院校推荐《海洋中国》作为海洋通识教育教材，这是对编写团队的信任与鼓励，在此向山东省大中小学海洋文化教育研究指导中心表示衷心的感谢！

同时，感谢中国海洋大学海洋文化教育研究中心王海涛主任和刘宗寅特聘研究员的全方位指导！感谢中国海洋大学出版社的大力支持！

由于海洋通识教育有很多问题需要做深入探讨，加之编写团队边研究边编写，教材中难免有不足之处，请读者批评指正，以使教材不断得以完善。

王星淘

2024年7月2日